"十四五"职业教育国家规划教材

高等职业教育"新资源、新智造"系列精品教材

工厂电气控制设备

(第3版)

张晓娟　于秀娜　主　编

马莹莹　张立娟　王佰红
高艳春　田　军　于永利　副主编

電子工業出版社

Publishing House of Electronics Industry

北京·BEIJING

内容简介

本书紧密结合各类工厂的实际情况，介绍工厂目前广泛应用的低压电器、电气控制线路，以及电气控制系统的设计、安装和调试方法。

全书分为7章。内容主要包括常用低压电器、基本电气控制线路、常用机床的电气控制、起重设备的电气控制、继电—接触器控制系统的设计与调试、电气控制系统故障分析与检查及电气控制设备实训。

本书注重实用技能的操作与训练，每一章的知识都结合工厂实例进行讲解，并在最后列出了12个电气控制设备实训项目，促使学生强化前面所学的知识，提高动手能力。

本书既可作为高等职业院校机电一体化技术、电气自动化技术、工业生产自动化技术、工业机器人技术等相关专业的教材，也可作为企业培训人员、电控设备安装与维修人员及工厂技术人员的学习用书。

图书在版编目(CIP)数据

工厂电气控制设备 / 张晓娟，于秀娜主编. —3版. —北京：电子工业出版社，2020.9(2024.8重印)
ISBN 978-7-121-37801-0

Ⅰ.①工… Ⅱ.①张… ②于… Ⅲ.①工厂-电气控制装置-高等学校-教材 Ⅳ.①TM571.2

中国版本图书馆CIP数据核字(2019)第240853号

责任编辑：王昭松
印　　刷：天津嘉恒印务有限公司
装　　订：天津嘉恒印务有限公司
出版发行：电子工业出版社
　　　　　北京市海淀区万寿路173信箱　邮编 100036
开　　本：787×1 092　1/16　印张：15.75　字数：403.2千字
版　　次：2007年6月第1版
　　　　　2020年9月第3版
印　　次：2024年12月第12次印刷
定　　价：49.00元

凡所购买电子工业出版社图书有缺损问题，请向购买书店调换。若书店售缺，请与本社发行部联系，联系及邮购电话：(010)88254888，88258888。

质量投诉请发邮件至 zlts@phei.com.cn，盗版侵权举报请发邮件至 dbqq@phei.com.cn。

本书咨询联系方式：(010)88254015，wangzs@phei.com.cn，QQ：83169290。

第 3 版前言

微课：课程导学

《工厂电气控制设备》一书自 2007 年首次出版以来，由于内容实用、语言简练、习题丰富并配有电子教学参考资料、便于教与学，被全国多所职业院校的机电一体化技术、电气自动化技术、工业生产自动化技术、工业机器人技术等专业的学生使用，深受学生们的欢迎，取得了良好的学习效果。目前已累计印刷 30 余次，销量近 10 万册。本书入选“十二五”“十三五”“十四五”职业教育国家规划教材。

本书面向中国智能制造，基于智能制造多样性的特点，以职业工作岗位分析作为课程开发的起点，在章节规划、内容编写、案例编排等方面全面落实“立德树人”根本任务，把思政元素贯穿教育教学的整个过程，有机融入大国工匠事迹、安全培训、企业 8S 管理等内容，持续深化“三全育人”改革实践，在潜移默化中培养学生的家国情怀、工匠精神、安全意识、劳动精神。

本书为强化现代化建设人才支撑，秉持“尊重劳动、尊重知识、尊重人才、尊重创造”的思想，立足电气控制线路的安装与调试，体现标准，突出实践性、创新性。按照能力螺旋式上升的原则，围绕现代工厂中广泛应用的常用低压电器、典型电气控制线路、常用机床的电气控制、起重设备的电气控制以及电气控制系统设计、安装和调试方法等开发课程内容。在内容设计上有机融入“中级电工证”“低压电工作业证”中电气设备的运行、维护、安装、检修、调试等内容，为学生将来成为行业的工匠打下坚实的基础。

本书编排合理，遵循从简单到复杂、循序渐进、螺旋式上升的理念，培养学生的专业能力，符合学生的学习习惯。本书知识目标、技能目标明确，采用过程性考核和结果性考核相结合的方式，有效提升学生职业技能和职业素养。

为满足高职院校对新形态一体化教材的需求，本书配备了立体化、移动式的教学资源，建设了 PPT、电子教案、微课、虚拟实训视频、演示文稿、仿真动画、习题库等资源，极大地方便了学校开展各种教学活动，拓展了学生的学习空间。

本书的特点包括以下几点。

（1）融入电气安装与应用的传统技术与新兴技术，加强对学生专业技能和工匠精神的双重培养。

（2）将职业技能鉴定证书“电工证”的职业标准和岗位要求与教学内容进行有机联系，实现“书证”融合。

（3）形成了立体化、移动式的教学资源，打造真正的新形态一体化教材。

（4）突出创新能力培养。本书以职业工作岗位分析作为课程开发的起点，能够有效地培养学生的学习能力，引导学生创新。

本书既可作为高等职业院校机电一体化技术、电气自动化技术、工业生产自动化技术、工业机器人技术等相关专业的教材，也可作为企业培训人员、电控设备安装与维修人员及工厂技术人员的学习用书。

本书由吉林电子信息职业技术学院张晓娟教授、于秀娜副教授担任主编，吉林电子信息职业技术学院马莹莹副教授、张立娟副教授、王佰红副教授、高艳春讲师、田军副教授及中国石油吉林石化精细化学品厂于永利工程师担任副主编。全书由张晓娟教授负责统稿。

在本书的编写过程中，作者参考了多位同行专家的著作和文献，在此对他们表示衷心的感谢，并对在第1、2版教材编写过程中做出贡献的多位老师表示真诚的谢意。

由于编者水平有限及时间仓促，书中难免存在缺点和不足之处，敬请广大读者批评指正。

编　者

目　录

基础理论篇

应 用 篇

技能训练篇

基础理论篇

第1章 常用低压电器

知识目标

(1) 掌握常用低压电器的结构、基本工作原理和作用。
(2) 掌握常用低压电器的主要技术参数和典型产品。
(3) 熟悉常用低压电器的应用场合。
(4) 熟悉常用低压电器的型号含义和符号。
(5) 了解常用低压电器的型号。

技能目标

(1) 能正确选择和使用常用低压电器。
(2) 能进行常用低压电器的维护。
(3) 能简单维修常用低压电器。
(4) 能识别常用低压电器。

低压电器是电力拖动与自动控制系统的基本组成部分，控制系统的优劣与所用低压电器的性能有着直接的关系。作为电气工程技术人员，必须掌握常用低压电器的结构与工作原理，掌握其使用与维护等方面的知识和技能。

1.1 低压电器的作用与分类

微课：低压电器的作用与分类

电器就是广义的电气设备。它可以很大、很复杂，如一套自动化装置；它也可以很小、很简单，如一个开关。在工业应用中，电器是一种能够根据外界信号的要求，自动或手动地接通或断开电路，断续或连续地改变电路参数，实现电路或非电对象的切换、控制、保护、检测、变换和调节作用的电气设备。简而言之，电器就是一种能控制电的工具。

电器按其工作电压的等级可分为高压电器和低压电器。低压电器通常是指工作在交流额定电压 1 200V 以下、直流额定电压 1 500V 及以下的电路中，起通断、保护、控制或调节作用的电器。常用的低压电器主要有刀开关、接触器、继电器、控制按钮、行程开关、断路器等。

低压电器的种类繁多，构造各异，通常有如下分类。

1. 按动作方式分类

（1）手动电器。由人工直接操作才能完成任务的电器称为手动电器。例如，刀开关、按钮和转换开关等。

（2）自动电器。不需要人工直接操作，按照电的或非电的信号自动完成接通、分断电路任务的电器称为自动电器。例如，低压断路器、接触器和继电器等。

2. 按用途或控制对象分类

（1）低压配电电器。主要用于低压配电系统中，要求在系统发生故障时能够准确动作、可靠工作，在规定条件下具有相应的动稳定性与热稳定性，使电器不会被损坏。例如，刀开关、低压断路器、转换开关和熔断器等。

（2）低压控制电器。主要用于电力拖动控制系统中，要求寿命长、体积小、质量轻、动作迅速且准确、性能可靠。例如，接触器、继电器、启动器、主令控制器和万能转换开关等。

3. 按工作原理分类

（1）电磁式电器。根据电磁感应原理来工作的电器。例如，交直流接触器、各种电磁式继电器和电磁铁等。

（2）非电量控制电器。依靠外力或其他非电信号（如速度、压力、温度等）的变化而动作的电器。例如，刀开关、行程开关、按钮、速度继电器、压力继电器和温度继电器等。

4. 按执行功能分类

（1）有触点电器。有可分离的动触点、静触点，并利用触点的接通和分断来切换电路。例如，接触器、刀开关、按钮等。

（2）无触点电器。没有可分离的触点，主要利用电子元件的开关效应，即导通和截止来实现电路的通、断控制。例如，接近开关、电子式时间继电器等。

1.2 电磁式低压电器的基础知识

微课：基础知识

电磁式低压电器在电气控制线路中的使用量较大，类型较多，但各类电磁式低压电器在工作原理和结构上基本相同。从结构上看，低压电器一般都由两个基本组成部分构成，即感测部分和执行部分。感测部分接收外界输入的信号，并通过转换、放大、判断，做出有规律的反应；而执行部分则根据指令信号，输出相应的指令，执行电路的通、断控制，实现控制

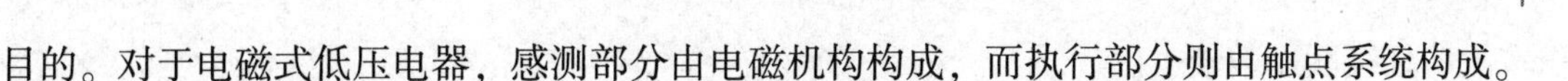

目的。对于电磁式低压电器，感测部分由电磁机构构成，而执行部分则由触点系统构成。

1.2.1　电磁机构

电磁机构是电磁式低压电器的重要组成部分之一，其作用是将电磁能转换成机械能，带动触点闭合或断开，实现对电路的接通与分断控制。

1. 电磁机构的结构及工作原理

电磁机构由线圈、铁芯（静铁芯）、衔铁（动铁芯）、铁轭和空气隙等部分组成。其中线圈、铁芯是静止不动的，而衔铁是可动的。其工作原理是：当线圈中有电流通过时，产生电磁吸力，电磁吸力克服弹簧的反作用力，使衔铁与铁芯闭合，衔铁带动连接机构运动，从而带动相应的触点动作，完成对电路的接通与分断控制。常用的电磁机构的结构如图 1.1 所示。

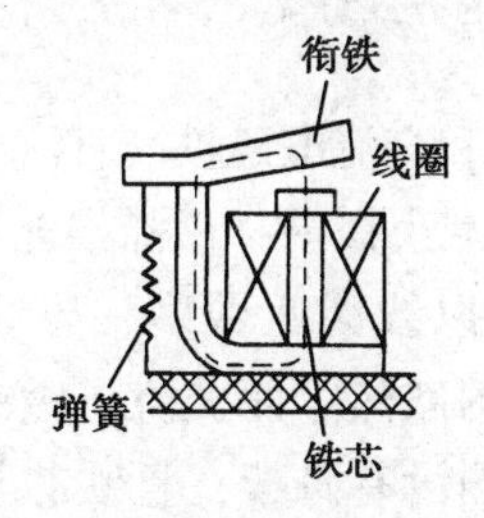

（a）衔铁绕棱角转动拍合式

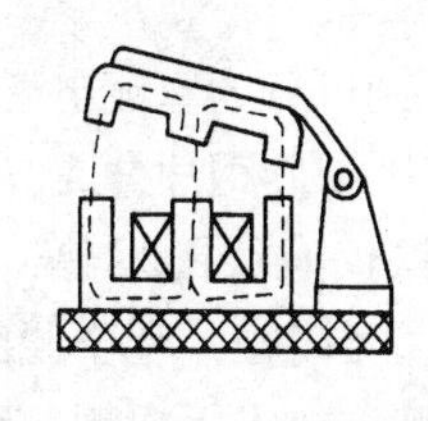

（b）衔铁绕轴转动拍合式

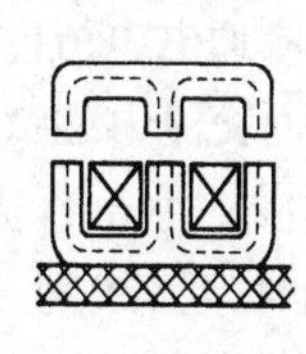

（c）衔铁直线运动式

图 1.1　常用的电磁机构的结构

电磁机构一般有如下三种分类方法。

1）按衔铁的运动方式分类

(1) 衔铁绕棱角转动拍合式，如图 1.1（a）所示。衔铁绕铁轭的棱角转动，磨损较小，铁芯用软铁制成，这种电磁机构适用于直流接触器和继电器。

(2) 衔铁绕轴转动拍合式，如图 1.1（b）所示。衔铁绕固定轴转动，铁芯用硅钢片叠成，这种电磁机构适用于交流接触器。

(3) 衔铁直线运动式，如图 1.1（c）所示。衔铁在线圈内做直线运动，这种电磁机构多用于交流接触器和继电器。

2）按铁芯形状分类

电磁机构按照铁芯的形状不同可分为 U 形和 E 形两类，如图 1.1（a）所示为 U 形电磁机构，而图 1.1（b）和图 1.1（c）为 E 形电磁机构。

3）按线圈接入电路的方式分类

电磁机构按照线圈接入电路的方式不同可分为串联电磁机构和并联电磁机构两类，如图 1.2 所示。

(1) 串联电磁机构。电磁机构的线圈串联于电路中，如图 1.2（a）所示。串联电磁机构的衔铁动作与否取决于线圈中电流的大小，而衔铁的动作不会引起线圈中电流的变化。这种接入方式的线圈又称为电流线圈，具有这种电磁机构的电器都属于电流型电器。为了不影响电路中负载的端电压和电流，要求线圈的内阻很小，因此，串联电磁机构的线圈导线截面积较大，且线圈匝数较少。

（2）并联电磁机构。电磁机构的线圈并联于电路中，如图 1.2（b）所示。并联电磁机构的衔铁动作与否取决于线圈两端的电压大小，这种接入方式的线圈又称为电压线圈，具有这种电磁机构的电器均属于电压型电器。

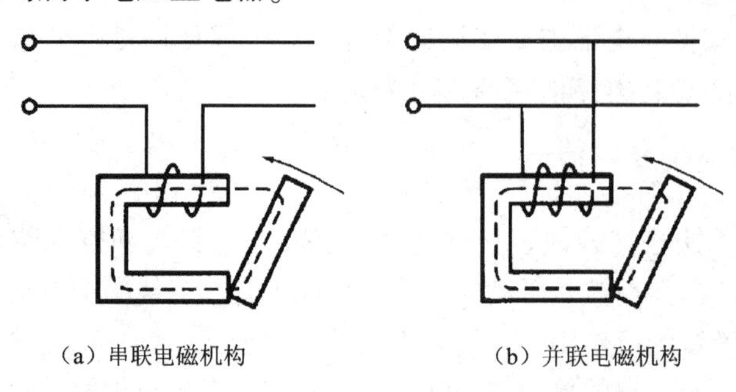

（a）串联电磁机构　　（b）并联电磁机构

图 1.2　电磁机构按线圈接入电路的方式分类

电磁铁按线圈通电电流的性质不同可分为直流电磁铁和交流电磁铁。直流电磁铁的铁芯由整块铸铁制成，而交流电磁铁的铁芯则用硅钢片叠成，以减小铁损（磁滞损耗和涡流损耗）。

在实际应用中，由于直流电磁铁仅有线圈发热，所以线圈匝数多、导线细，制成细长型，且不设线圈骨架，线圈与铁芯直接接触，利于线圈的散热。而交流电磁铁由于铁芯和线圈均发热，所以线圈匝数少、导线粗，制成短粗型，线圈设有骨架，且铁芯与线圈隔离，利于铁芯和线圈的散热。

2. 电磁机构的工作特性

电磁机构的工作特性常用吸力特性和反力特性来表示，两者之间的配合关系将直接影响电磁式低压电器的工作可靠性。

1）吸力特性

电磁机构的电磁吸力与工作气隙的关系称为吸力特性。电磁机构的吸力公式为

$$F=\frac{10^7}{8\pi}B^2S \tag{1.1}$$

式中，F——电磁吸力（N）；B——工作气隙中磁感应强度（T）；S——铁芯截面积（m^2）。

由上式可知：当 S 一定时，$F\propto B^2$，也就是 $F\propto \Phi^2$，其中 Φ 为气隙磁通。因此，励磁电流的种类不同，吸力特性也将不同。下面就交流电磁机构和直流电磁机构的吸力特性分别进行说明。

（1）交流电磁机构的吸力特性。假设线圈电压 U 不变，则 $U\approx E=4.44f\Phi N$，可知 $\Phi=U/4.44fN$，式中 E 为线圈感应电动势，f 为电源频率，Φ 为气隙磁通，N 为线圈匝数。当 U、f、N 为常数时，Φ 为常数，则 F 也为常数，即 F 与工作气隙 δ 的大小无关。实际上，考虑到漏磁通的影响，F 随 δ 的减小而略有增大。由于 Φ 不变，故流过线圈的电流 I 随气隙磁阻（工作气隙 δ）的变化成正比例变化，交流电磁机构的吸力特性如图 1.3 所示。

（2）直流电磁机构的吸力特性。对于直流线圈，当电压 U 及线圈电阻 R 不变时，流过线圈的电流 I 不变。由磁路定律 $\Phi=IN/R_m$ 可知（式中 R_m 为气隙磁阻），$F\propto\Phi^2\propto 1/R_m^2\propto 1/\delta^2$，即

电磁吸力 F 与工作气隙 δ 的平方成反比。直流电磁机构的吸力特性如图 1.4 所示。

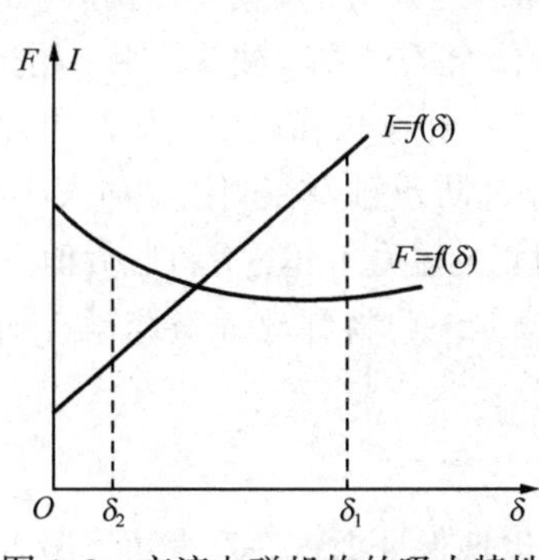

图 1.3　交流电磁机构的吸力特性

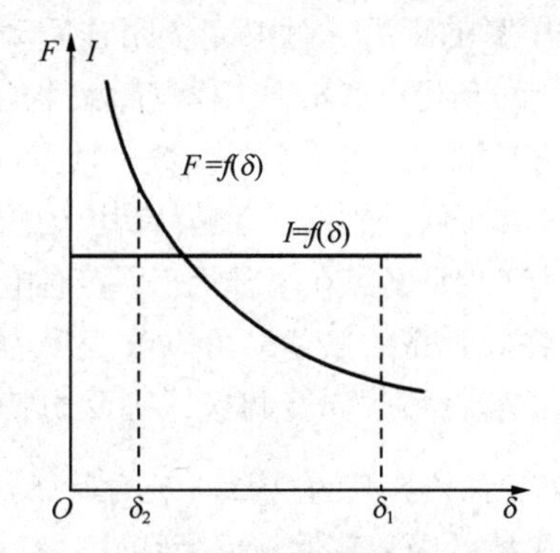

图 1.4　直流电磁机构的吸力特性

由以上分析可以看出，直流电磁机构的吸力与工作气隙的平方成反比，而交流电磁机构的吸力与工作气隙的大小无关。因此，直流电磁机构的吸力特性曲线比交流电磁机构的吸力特性曲线要陡。

2）反力特性

电磁机构的反作用力与工作气隙的关系称为反力特性。反作用力包括弹簧力、衔铁自身重力、摩擦阻力等。在忽略电磁机构运动部件重力的情况下，电磁机构的反作用力主要由释放弹簧和触点弹簧的反作用力构成，用 F 表示。由于弹簧的作用力与其长度呈线性关系，所以反力特性曲线都是直线段，如图 1.5 中的曲线 3 所示。δ_1 为工作气隙的最大值，此时对应的动、静触点之间的距离称为触点开距，也称为触点行程。在衔铁闭合过程中，当工作气隙由 δ_1 开始减小时，反力逐渐增大，如曲线 3 中的 ab 段所示，这一段表现为释放弹簧的反力变化。当工作气隙减小到 δ_2 时，动、静触点刚刚接触。由于触点弹簧预先被压缩了一段，因而当动、静触点刚刚接触时触点弹簧会产生一个压力，称为初压力。此时初压力作用到衔铁上，反力突增，曲线也突变，如曲线 3 中的 bc 段所示，这一段表现为触点弹簧的初压力变化。当气隙由 δ_2 再减小时，释放弹簧与触点弹簧同时起作用，使反力变化增大。工作气隙越小，触点被压得越紧，反力越大，线段越陡，如曲线 3 中的 cd 段所示。

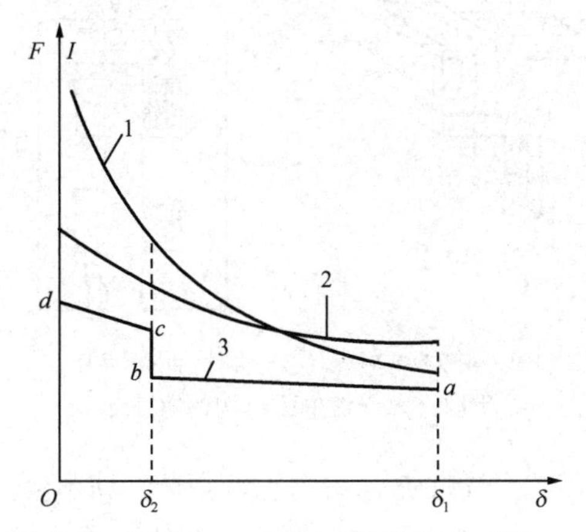

1—直流电磁机构的吸力特性；2—交流电磁机构的吸力特性；3—反力特性

图 1.5　吸力特性和反力特性

触点弹簧压缩的距离称为触点的超行程，即从静、动触点刚开始接触到触点被压紧时动触点向前压紧的距离。触点完全闭合后动触点已不再向前运动时的触点压力称为终压力。

由以上分析可以看出，工作气隙减小的过程就是触点闭合的过程。触点开距、超行程、初压力、终压力是触点的四个主要参数。触点开距保证触点在断开电弧和规定的试验电压下不被击穿；超行程保证触点的可靠接触；初压力主要是为了限制并防止触点在刚接触时发生机械振动；终压力是为了保证触点在闭合状态下接触电阻较小，使触点的温升不超过允许临界值。

改变释放弹簧的松紧，可以改变反力特性曲线的位置。若将释放弹簧调紧，则反力特性曲线上移；若将释放弹簧调松，则反力特性曲线下移。

3）电磁机构的吸力特性与反力特性的配合关系

电磁机构的吸力特性与反力特性要有良好的配合，以便保证衔铁在产生可靠吸合动作的前提下能尽量减少衔铁和铁芯柱端面间的机械磨损和触点间的电磨损。因此，在整个吸合过程中，吸力都应大于反作用力，即吸力特性曲线高于反力特性曲线，但吸力不能过大或过小。

吸力过大时会产生很大的冲击力，对衔铁与铁芯柱端面造成严重的机械磨损。此外，过大的冲击力有可能使触点产生弹跳现象，从而导致触点的熔焊或烧损，引起严重的电磨损，降低触点的使用寿命。吸力过小时可能使衔铁无法吸合，导致线圈严重过热乃至烧坏，即使衔铁能够吸合也会使衔铁运动速度降低，难以满足电器高频率操作的要求。

在实际应用中，可通过调整释放弹簧或触点初压力来改变反力特性，使之与吸力特性有良好的配合。

4）交流电磁机构的短路环

对于单相交流电磁机构，通常在铁芯和衔铁的端面上开一个槽，在槽内放置一个铜制的短路环（也叫分磁环），如图 1.6 所示。之所以放置短路环，是因为在电磁机构的磁场中，磁感应强度按正弦规律变化，即 $B=B_{m}\sin\omega t$，由式（1.1）可知，吸力 F 将在最大值与零之间变化，而电磁机构在工作过程中，衔铁始终受到反作用力的作用，当反作用力大于吸力 F 时，衔铁被拉开；而当吸力大于反作用力时，衔铁又吸合，在如此反复循环的过程中，衔铁将会产生强烈的振动和噪声。因此，必须采取措施，消除振动和噪声。

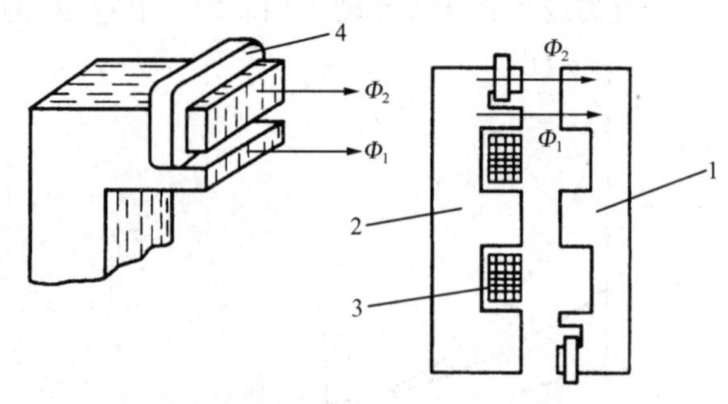

1—衔铁；2—铁芯；3—线圈；4—短路环

图 1.6　交流电磁机构的短路环

在铁芯端面装设短路环后，气隙磁通 Φ 分为两部分，即不穿过短路环的 Φ_1 和穿过短路环的 Φ_2，且 Φ_2 滞后于 Φ_1。它们不仅相位不同而且幅值也不一样，如图 1.7 所示。由这两个磁通产生的电磁力 F_1 与 F_2 在不同时刻过零点，如果短路环设计得比较合理，使 Φ_1、Φ_2 的

相位 φ 相差 90°，并且 F_1、F_2的大小近似相等，则合成的磁力曲线就会相当平坦。只要最小吸力大于反作用力，那么衔铁将会牢牢地被吸住，不会产生振动和噪声。

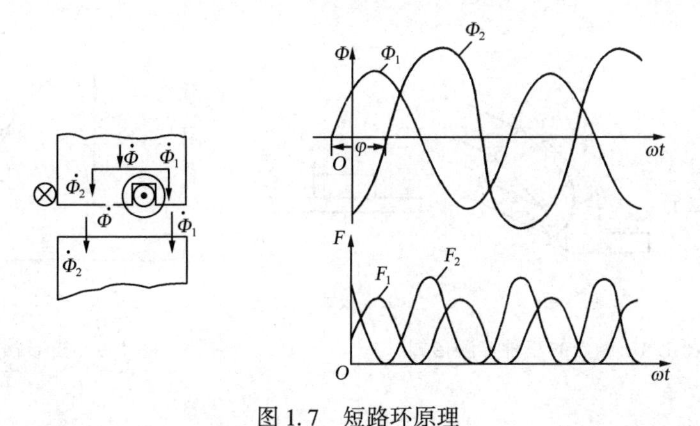

图 1.7　短路环原理

1.2.2　触点系统

触点系统是电磁式低压电器的执行机构，电磁式低压电器通过触点的动作来分、合被控制的电路。因此，触点系统的好坏直接影响整个电器的工作性能。影响触点工作性能的主要因素是触点的接触电阻，如果触点的接触电阻大，则易使触点发热而导致温度升高，从而使触点易产生熔焊现象，这样既影响电器工作的可靠性，又降低触点的使用寿命。触点的接触电阻与触点的接触形式、触点材料及触点表面状况有关。

1. 触点材料

为使触点具有良好的接触性能，触点通常采用铜质材料制成。但在使用过程中，铜的表面容易氧化而生成一层氧化膜，使触点接触电阻增大，引起触点过热，影响电器的使用寿命。因此，对于电流容量较小的电器，常采用银质材料作为触点材料，因为银的氧化膜电阻率与纯银相似，从而避免触点表面氧化膜电阻率增加而造成触点接触不良。此外，触点材料的电阻系数越小，接触电阻就越小。在金属中银的电阻系数最小，但银比铜的价格高，实际生产中常在铜基触点上镀银或嵌银，以减小接触电阻。

2. 触点的接触形式

触点的接触形式有点接触、线接触和面接触三种，如图 1.8 所示。

如图 1.8（a）所示为点接触，由两个半球或一个半球与一个平面形触点构成。由于接触区域是一个点或面积很小的面，允许通过的电流很小，所以它常用于电流较小的电器中，如继电器的触点和接触器的辅助触点等。如图 1.8（b）所示为线接触，由两个圆柱面形触点构成，又称为指形触点。它的接触区域是一条直线或一个窄面，允许通过的电流较大，常用作中等容量接触器的主触点。由于这种接触形式在电路的通断过程中是滑动接触的，如图 1.9 所示，接通时，接触点按 $A \to B \to C$ 变化；断开时，接触点则按 $C \to B \to A$ 变化，这样就可以自动清除触点表面的氧化膜，从而更好地保证触点的良好接触。如图 1.8（c）所示为面接触，由两个平面形触点构成。由于接触区域有一定的面积，因此可以通过很大的电流，常用作大容量接触器的主触点。

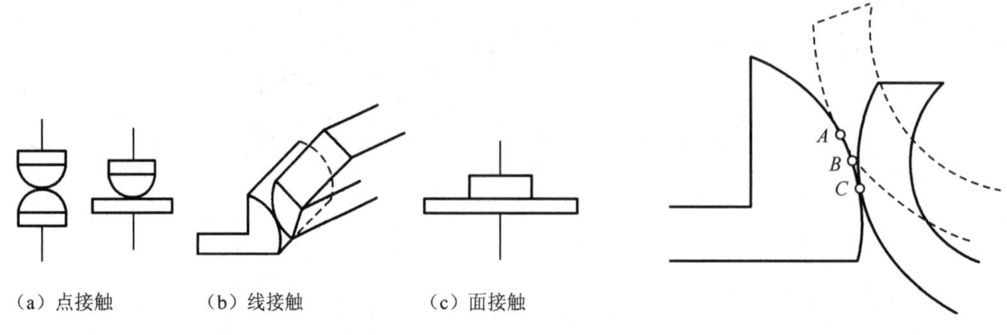

（a）点接触　（b）线接触　（c）面接触

图 1.8　触点的三种接触形式　　图 1.9　指形触点的接触过程

3. 触点的状态

触点有四种工作状态，分别是闭合状态、断开过程、断开状态、闭合过程。在理想的情况下，触点闭合时其接触电阻为零；触点断开时其接触电阻为无穷大；在闭合过程中，接触电阻瞬时由无穷大变为零；在断开过程中，接触电阻瞬时由零变为无穷大。但实际上，在闭合状态时，触点间有接触电阻存在，若接触电阻太大，则可能导致被控电路压降过大或电路不通；在断开状态时要求触点间有一定的绝缘电阻，若绝缘电阻不足，就可能导致击穿放电，致使被控电路导通；在闭合过程中若存在触点弹跳现象，则可能破坏触点的可靠闭合；在断开过程中若产生电弧，则会破坏触点的可靠断开。

由于触点表面不平整与氧化层的存在，两个触点的接触处会有一定的电阻。因此，在实际应用中应采取相应的措施减小接触电阻。

4. 影响接触电阻的因素及减小接触电阻的方法

由于触点表面总是凹凸不平的，故电流的导通与触点的形状、接触压力、温度、触点材料性能等有关。其中，接触压力是一个非常重要的因素。增加接触压力，可以增大触点接触面积，使接触电阻减小。为此，在动触点上安装一个触点弹簧，如图 1.10（a）所示。该弹簧预先被压缩了一段，因而产生一个初压力 F_1，如图 1.10（b）所示。触点闭合后弹簧在超行程内继续压缩而产生终压力 F_2，如图 1.10（c）所示。弹簧压缩的距离 l 为触点的超行程，即从静、动触点刚开始接触到触点向前压紧的距离。有了超行程，触点在有磨损的情况下仍具有一定的压力，可使接触电阻减小。当触点磨损严重时，应及时更换触点。

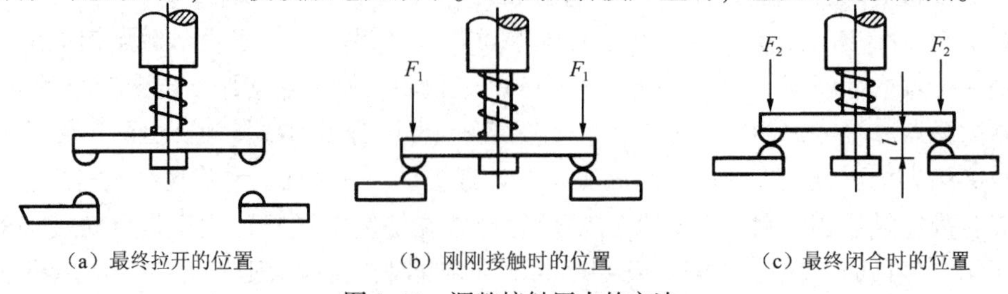

（a）最终拉开的位置　（b）刚刚接触时的位置　（c）最终闭合时的位置

图 1.10　调整接触压力的方法

为了避免金属表面生成的氧化物使接触电阻增大而影响触点工作，在小容量电器中可采用银或镀银触点；在大容量电器中，可采用具有滑动作用的指形触点，这样在每次闭合过程中都可以磨去氧化膜，从而让清洁的金属接触面相互接触，以增强触点的导电性。此外，触点上的尘垢也会影响其导电性，因此，当触点表面聚集尘垢时，需用无水乙醇或四氯化碳揩拭干净。如果触点表面被电弧灼烧而出现烟熏状，也需要按上述方法处理干净。

1.2.3　电弧的产生和灭弧方法

思想映射：把小事做到极致的电气工匠徐骏

1. 电弧的产生

当触点断开时，如果电路中的电压超过 10～20V 或电流超过 80～100mA，在断开的两个触点之间将出现强烈的火花，称为“电弧”。电弧实际上是一种气体放电现象，其主要特点是外部有白炽弧光，内部的温度很高且有密度很大的电流，具有导电性。

电弧形成的过程是：当触点间刚出现断口时，触点间的距离极小，电场强度极大，在高热和强电场的作用下，气隙中的电子高速运动产生游离碰撞，在游离因素的作用下，触点间的气隙中会产生大量的带电粒子使气体导电，形成炽热的电子流，即电弧。

产生的电弧一方面会烧蚀触点，降低电器寿命和电器工作的可靠性，另一方面会使触点分断时间延长，严重时会引起火灾或其他事故。因此，在电路中应采取适当的措施熄灭电弧。

2. 常用的灭弧方法和装置

根据电流性质的不同，电弧分为直流电弧和交流电弧。交流电弧有自然过零点，容易被熄灭，而直流电弧则不易被熄灭。

由电弧产生的过程可知，熄灭电弧的原理是抑制游离因素，增强去游离因素。在低压电器的灭弧过程中，为使电弧熄灭，可采用将电弧拉长、使弧柱冷却、把电弧分成若干短弧等方法。常用的灭弧方法有以下几种。

1）电动力灭弧

如图 1.11 所示是双断点桥式触点灭弧原理示意图。所谓双断点就是在一个回路中有两个产生电弧的间隙。当触点分断时，在左右两个弧隙中产生两个彼此串联的电弧，在电动力 F 的作用下向两侧运动，使电弧拉长，在拉长过程中电弧遇到空气迅速冷却而很快熄灭。这种方法多用于交流接触器等交流低压电器中。

2）磁吹灭弧

借助电弧与弧隙磁场相互作用而产生的电磁力实现灭弧，称为磁吹灭弧，如图 1.12 所示。在触点电路中串入一个具有铁芯的吹弧线圈，它产生的磁通通过导磁夹板引向触点周围，其方向如图中“×”所示。当电弧产生后，电弧电流产生的磁通方向如图中“⊗”和“⊙”所示。产生的电弧可看作一个载流导体，其电流方向由静触点流向动触点。这时，根据左手定则可确定电弧在磁场中所受电磁力 F 的方向是向上的。由于电弧向上运动，它一方面被拉长，另一方面又被冷却，故很快被熄灭。引弧角除了有引导电弧运动的作用，还能把电弧从触点处引开，从而起到保护触点的作用。

由于吹弧线圈串联于主电路中，所以作用于电弧的电磁力随电弧电流的大小而改变，电弧电流越大，灭弧能力越强，且电磁力的方向与电流的方向无关。这种方法适用于交直流低压电器中。

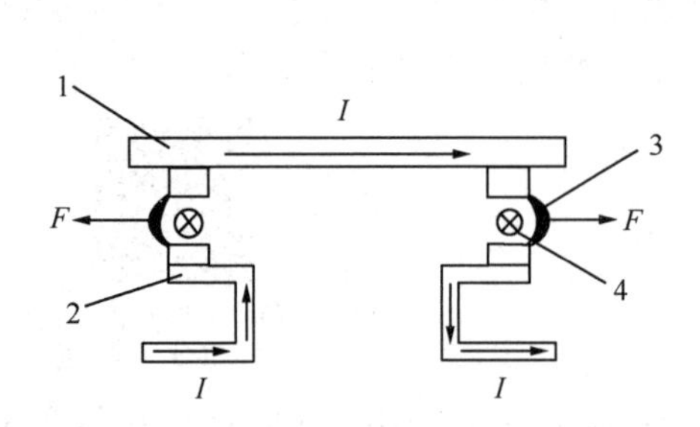

1—静触点；2—动触点；3—电弧；
4—弧隙磁场方向

图 1.11　双断点桥式触点灭弧原理示意图

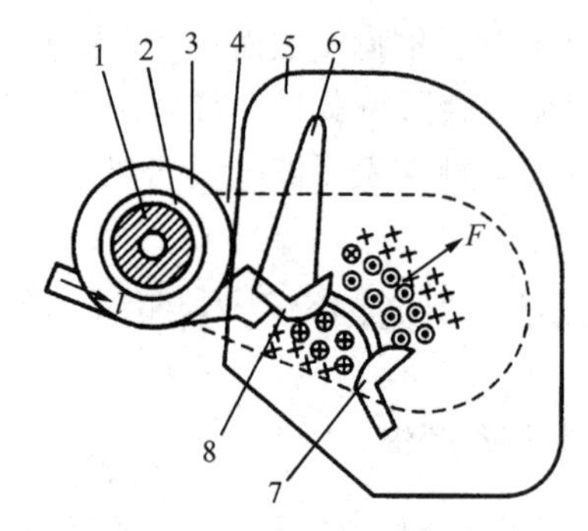

1—铁芯；2—绝缘套；3—吹弧线圈；4—导磁夹板；
5—灭弧罩；6—引弧角；7—动触点；8—静触点

图 1.12　磁吹灭弧原理示意图

3）栅片灭弧

栅片灭弧的原理示意图如图 1.13 所示。灭弧栅由多个镀铜薄钢片组成，各钢片之间互相绝缘，片间距离为 2～3mm，这些钢片称为栅片。一旦产生电弧，电弧周围就会产生磁场，导磁的栅片将电弧吸入栅片间，电弧被栅片分割成数段，栅片之间彼此绝缘，故每片栅片相当于一个电极。当交流电压过零时，电弧自然熄灭。电弧要重燃，两栅片间必须有 150～250V 电弧压降。由于电源电压不足以维持电弧，且栅片本身有散热作用，故电弧自然熄灭后很难重燃。栅片灭弧常用于交流接触器中。

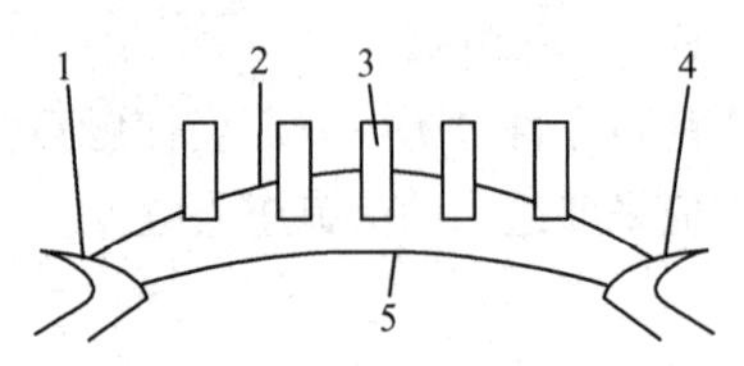

1—静触点；2—短电弧；3—灭弧栅片；
4—动触点；5—长电弧

图 1.13　栅片灭弧原理示意图

4）灭弧罩灭弧

比栅片灭弧更为简单的灭弧方法是采用一种由陶土、石棉水泥或耐弧塑料等材料制成的耐高温的灭弧罩。灭弧罩可以起到降低电弧温度和隔离电弧的作用，可用于交流灭弧和直流灭弧。

5）窄缝灭弧

在电弧电流所形成的电磁力的作用下，电弧被拉长并进入灭弧罩的窄缝中，几条窄缝将电弧分割成数段，此时使电弧与固体介质相接触，电弧将因受冷而迅速熄灭。这种方法多用于交流接触器中。

1.2.4　低压电器的主要技术参数

由于低压电器的工作电压或工作电流等级不同、通断的频繁程度不同、负载的性质不同等原因，必须对低压电器提出不同的技术要求，从而使低压电器有不同的使用类别，保证低压电器能可靠地接通和断开电路。

1. 使用类别

低压电器触点的使用类别与典型用途如表 1.1 所示。

2. 额定电压

额定电压是指在规定条件下，能保证低压电器正常工作的电压。一般指触点额定电压，电磁式低压电器还规定了电磁线圈的额定电压。

表 1.1　低压电器触点的使用类别与典型用途

触　　点	电流种类	使用类别	典型用途
主触点	交流	AC-1 AC-2 AC-3 AC-4	无感或微感负载、电阻炉 绕线型异步电动机的启动、分断 笼型异步电动机的启动、运转中分断 笼型异步电动机的启动、反接制动与反向、点动
	直流	DC-1 DC-3 DC-5	无感或微感负载、电阻炉 并励电动机的启动、点动、反接制动 串励电动机的启动、点动、反接制动
辅助触点	交流	AC-11 AC-14 AC-15	控制交流电磁铁负载 控制容量≤72W 的电磁铁负载 控制容量>72W 的电磁铁负载
	直流	DC-11 DC-13 DC-14	控制直流电磁铁负载 控制直流电磁铁负载 控制电路中有经济电阻的直流电磁铁负载

3. 额定电流

额定电流是根据低压电器的具体使用条件确定的电流值，它与额定电压、电源频率、使用类别、触点寿命及防护参数等因素有关。同一个低压电器的使用条件不同，其额定电流也不同。

4. 通断能力

通断能力以控制规定的非正常负载时所能接通和断开的电流值来衡量。接通能力是指低压电器闭合时不会造成触点熔焊的能力。断开能力是指低压电器断开时能可靠灭弧的能力。

5. 寿命

低压电器的寿命包括机械寿命和电寿命。机械寿命指的是低压电器在无电流的情况下能可靠操作的次数；电寿命指的是低压电器在规定的使用条件下不需要修理或更换零件而进行可靠操作的次数。

1.3　低压开关

演示文稿：实训室安全培训　微课：低压开关

1.3.1　刀开关

刀开关又称闸刀开关，是低压配电电器中结构最简单、应用最广泛的电器，主要用在低压成套配电装置中，用于不频繁地手动接通和分断交直流电路或作为隔离开关使用，也可以用于不频繁地接通和分断额定电流以下的负载，如小型电动机等。

刀开关按极数分为单极、双极和三极；按操作方式分为直接手柄操作式、杠杆操作机构式和电动操作机构式；按刀开关转换方向分为单投和双投；按灭弧结构分为带灭弧罩的和不带灭弧罩的。

刀开关由手柄、触刀、静插座和底板组成。为了使用方便和减小体积，往往在刀开关上安装熔丝或熔断器，组成兼有通断电路和保护作用的开关电器，如开启式负荷开关、封闭式负荷开关、熔断器式刀开关等。

1. 开启式负荷开关

开启式负荷开关俗称胶盖瓷底刀开关，由于结构简单，价格便宜，使用维修方便，故得到广泛应用。主要适用于交流50Hz，额定电压单相220V、三相380V，额定电流在100A以下的电路中，作为不频繁地接通和分断有负载电路及小容量线路短路保护的开关，也可作为分支电路的配电开关。

胶盖瓷底刀开关由瓷手柄、熔丝、触刀、触刀座和瓷底板等组成，如图1.14所示。这种刀开关装有熔丝，可起短路保护作用。

胶盖瓷底刀开关在安装时，手柄要向上，不得倒装或平装，避免由于重力作用自动下落，引起误动作。接线时，应将电源线接在上端，负载线接在下端，这样在分断后刀开关的刀片与电源隔离，既便于更换熔丝，又可防止可能发生的意外事故。

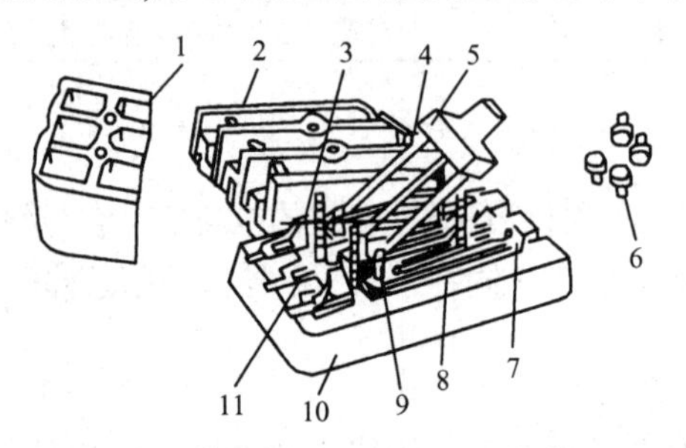

1—上胶盖；2—下胶盖；3—静插座；4—触刀；5—瓷手柄；6—胶盖紧固螺钉；
7—出线座；8—熔丝；9—触刀座；10—瓷底板；11—进线座

图1.14　胶盖瓷底刀开关的结构

2. 封闭式负荷开关

封闭式负荷开关又称铁壳开关。一般用在电力排灌、电热器、电气照明线路的配电设备中，用于不频繁地接通与分断电路，也可以直接用于异步电动机的非频繁全电压启动控制。

封闭式负荷开关主要由钢板外壳、触刀、熔断器等组成，如图1.15所示。

封闭式负荷开关的结构有两个特点：一是采用储能合闸方式，即利用一根弹簧执行合闸和分闸操作，使开关闭合和分断时的速度与操作速度无关。这一特点既有助于改善开关的动作性能和灭弧性能，又能防止触点停滞在中间位置；二是设有联锁装置，以保证开关合闸后便不能打开箱盖，而在箱盖被打开后，不能再合上开关。

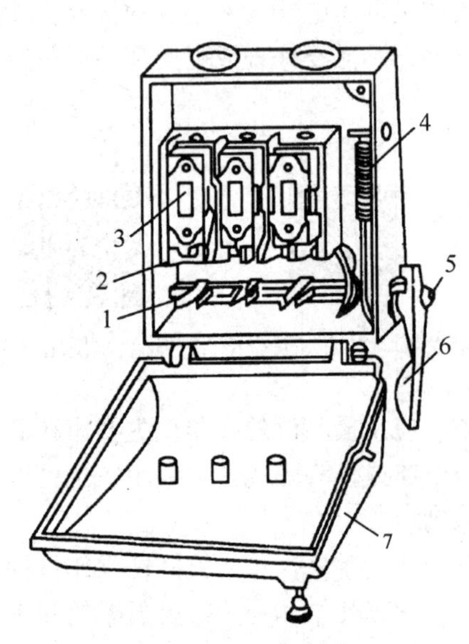

1—触刀；2—夹座；3—熔断器；4—速断弹簧；
5—转轴；6—手柄；7—钢板外壳

图1.15　封闭式负荷开关

3. 熔断器式刀开关

熔断器式刀开关又称刀熔开关，是由刀开关与熔断器组合而成的开关。采用这种刀开关，可以简化配电装置的结构。这类开关目前被广泛用于低压动力配电屏中。

4. 刀开关的主要技术参数和常用型号

刀开关的主要技术参数有额定电压、额定电流、通断能力、动稳定电流和热稳定电流等。

动稳定电流是指当电路发生短路故障时，刀开关并不因短路电流产生的电动力而发生变形、损坏或触刀自动弹出之类的现象。这一短路电流的峰值即为刀开关的动稳定电流，其值可高达额定电流的数十倍。

热稳定电流是指当电路发生短路故障时，刀开关在一定时间（通常为 1s）内通过某一短路电流，并不会因温度急剧升高而发生熔焊现象，这一最大短路电流称为刀开关的热稳定电流。刀开关的热稳定电流也可高达额定电流的数十倍。

刀开关的常用型号有：HK1、HK2 系列，为开启式负荷开关；HH4、HH10、HH11 系列，为封闭式负荷开关。表 1.2 为 HK2 系列负荷开关的技术数据。表 1.3 为 HH10、HH11 系列负荷开关的技术数据。HR3、HR5 系列为熔断器式刀开关，其中 HR5 系列刀开关采用 NT 型低压高分断型熔断器，分断能力高达 100kA。

表 1.2　HK2 系列负荷开关的技术数据

额定电压/V	额定电流/A	极数	熔断体极限分断能力/A	控制电动机功率/kW	机械寿命/次	电寿命/次
250	10 15 30	2	500 500 1 000	1.1 1.5 3.0	10 000	2 000
380	15 30 60	3	500 1 000 1 000	2.2 4.0 5.5	10 000	2 000

表 1.3　HH10、HH11 系列负荷开关的技术数据

型号	额定电流/A	接通与分断能力			熔断器极限分断能力				
		$1.1U_N$时的电流/A	cosφ	次	瓷插式		管式		次
					电流/A	cosφ	电流/A	cosφ	
HH10 系列	10 20 30 60 100	40 80 120 240 250	0.4	10	500 1 500 2 000 4 000 4 000	0.8	5 000	0.35	3
HH11 系列	100 200 300 400	300 600 900 1 200	0.8	3	—	—	5 000	0.25	3

5. 刀开关的电气符号

刀开关的图形符号及文字符号如图 1.16 所示。

微课：刀开关的测量方法

6. 刀开关的选用原则

（1）根据使用场合选择刀开关的类型、极数及操作方式。

（2）刀开关的额定电压应大于或等于电路电压。

（3）刀开关的额定电流应稍大于或等于电路电流。对于电动机负载，开启式刀开关的额定电流可按电动机额定电流的 3 倍选取；封闭式刀开关的额定电流可按电动机额定电流的 1.5 倍选取。

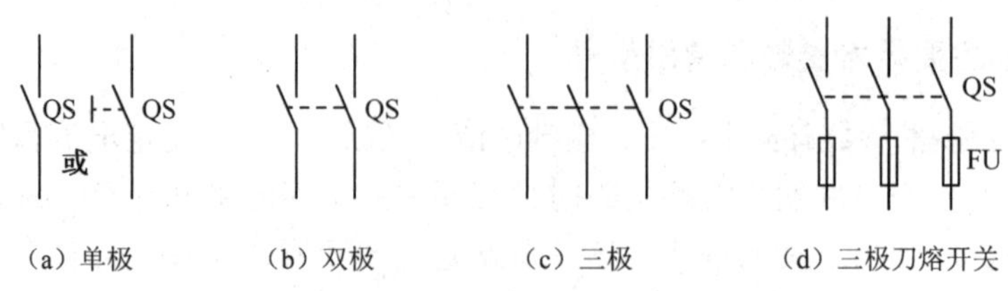

（a）单极　（b）双极　（c）三极　（d）三极刀熔开关

图 1.16　刀开关的图形符号及文字符号

1.3.2　组合开关

组合开关又称转换开关，是一种多触点、多位置、可控制多个回路的电器。组合开关也是一种刀开关，它的刀片（动触片）是可转动的，比普通刀开关轻巧且组合性强，一般用于非频繁地通断电路、换接电源和负载、测量三相电压，还可用于控制小容量感应电动机。

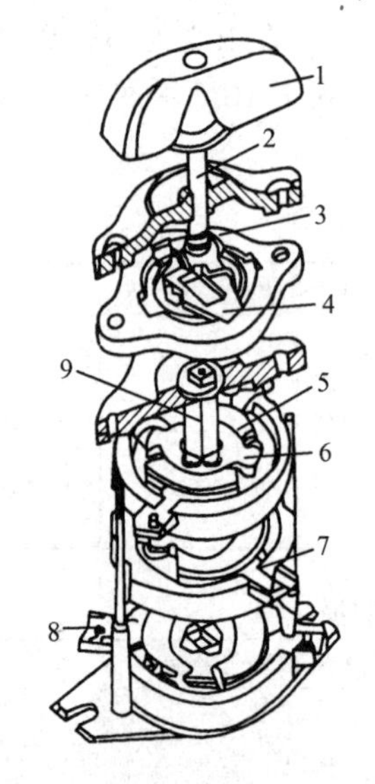

1—手柄；2—转轴；3—弹簧；4—凸轮；5—绝缘垫板；6—动触点；7—静触点；8—接线柱；9—绝缘方轴

图 1.17　组合开关的结构

1. 组合开关的结构

组合开关由动触点（动触片）、静触点（静触片）、转轴、手柄、定位机构及外壳等部分组成，其动触点和静触点分别叠装于数层绝缘垫板之间。组合开关的结构如图 1.17 所示。当转动手柄时，每层的动触点随绝缘方轴一起转动，从而实现对电路的接通和断开控制。

2. 组合开关的主要技术参数和常用型号

组合开关的主要技术参数有额定电压、额定电流、极数等。其中，额定电流有 10A、25A、60A 等级别。常用的型号有 HZ5、HZ10、HZ15 等系列，其中 HZ15 系列为新型的全国统一设计的更新换代产品。表 1.4 为 HZ15 系列组合开关的技术数据。

表 1.4　HZ15 系列组合开关的技术数据

型　号	极　数	额定电压/V	额定电流/A	使用类别代号	通断能力/A		电寿命/次	机械寿命/次
					接通电流	分断电流		
HZ15-10	1，2，3，4	交流 380	10	配电电器 AC-20 AC-21 AC-22	30	30	10 000	30 000
HZ15-25			25		75	75		
HZ15-63			63		190	190		
HZ15-10			10	控制电动机 AC-3	30	24	5 000	
HZ15-25			25		63	50		
HZ15-10		直流 220	10	DC-20 DC-21	15	15	10 000	30 000
HZ15-25			25		38	38		
HZ15-63			63		95	95		

3. 组合开关的型号及电气符号

1）组合开关的型号及含义

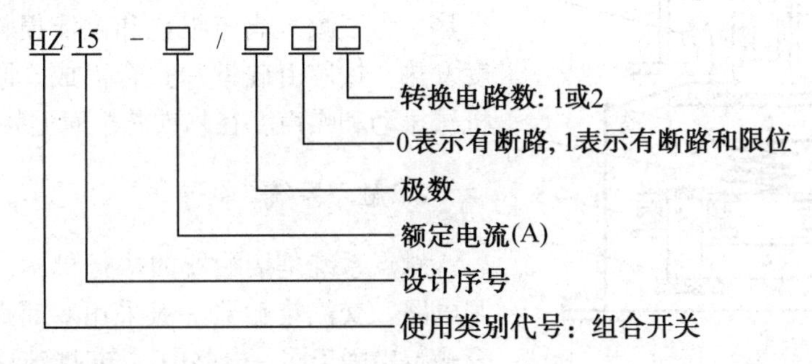

2）组合开关的电气符号

组合开关在电路中的表示方法有两种：一种是触点状态图结合通断表；另一种与手动刀开关图形符号相似，但文字符号不同。具体如图 1.18 所示。

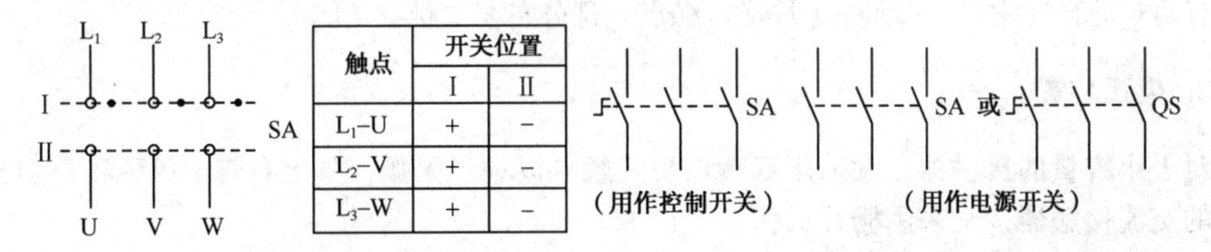

（a）触点状态图及通断表　　（b）图形符号及文字符号

图 1.18　组合开关的电气符号

文档：企业 8S 管理的内涵

1.4 接 触 器

接触器是用于远距离频繁地接通和断开交直流主电路及大容量控制电路的一种自动切换电器。在大多数的情况下，其控制对象是电动机，也可用于控制其他电力负载，如电热器、电焊机、电炉变压器等。接触器具有控制容量大、操作频率高、寿命长、能远距离控制等优点，同时还具有低压释放保护功能，所以在电气控制系统中应用十分广泛。

接触器的触点系统可以用电磁铁、压缩空气或液体压力等驱动，因而可分为电磁式接触器、气动式接触器和液压式接触器，其中以电磁式接触器应用最为广泛。根据接触器主触点通过电流的种类不同，接触器可分为交流接触器和直流接触器。

1.4.1 交流接触器

微课：接触器

交流接触器主要由触点系统、电磁机构、灭弧装置和其他部分等组成。交流接触器的结构如图 1.19 所示。

1. 电磁机构

电磁机构的作用是将电磁能转换成机械能，控制触点的闭合和断开。交流接触器一般采

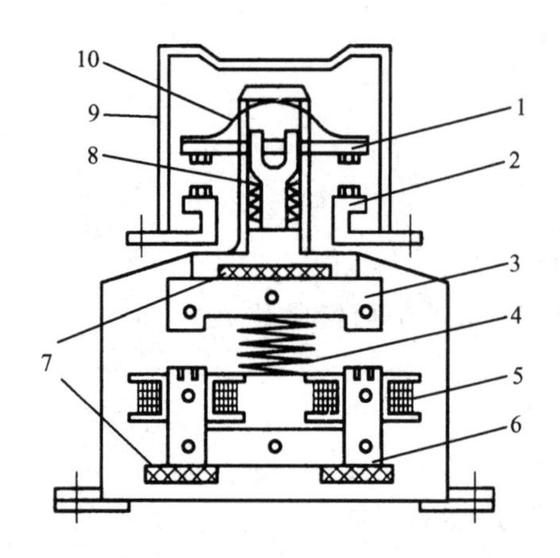

1—动触点；2—静触点；3—衔铁；4—缓冲弹簧；5—电磁线圈；6—铁芯；7—垫毡；8—触点弹簧；9—灭弧罩；10—触点压力簧片

图 1.19　交流接触器的结构

用衔铁绕轴转动的拍合式电磁机构和衔铁做直线运动的电磁机构。由于交流接触器的线圈通交流电，故在铁芯中存在磁滞损耗和涡流损耗，会引起铁芯发热。为了减少涡流损耗和磁滞损耗，以免铁芯过度发热，铁芯由硅钢片叠合而成。同时，为了减小机械振动和噪声，在静铁芯极面上装有短路环。

2. 触点系统

触点系统是接触器的执行机构，用来接通和断开电路。交流接触器一般采用双断点桥式触点，两个触点串联于同一电路中，同时接通或断开。接触器的触点有主触点和辅助触点之分，主触点用于通断主电路，辅助触点用于通断控制回路。主触点容量大，有三对或四对动合（常开）触点；辅助触点容量小，通常有两对动合（常开）、动断（常闭）触点，且分布在主触点两侧。

3. 灭弧装置

对于小容量的接触器，常采用双断点桥式触点以利于灭弧，其上有陶土灭弧罩。对于大容量的交流接触器，常采用栅片灭弧。

4. 其他部分

交流接触器的其他部分有底座、反力弹簧、缓冲弹簧、触点压力弹簧、传动机构和接线柱等。反力弹簧的作用是当线圈断电时，迅速使主触点和动合辅助触点断开；缓冲弹簧的作用是缓冲衔铁在吸合时对静铁芯和外壳的冲击力；触点压力弹簧的作用是增加动、静触点之间的压力，增大接触面积以降低接触电阻，避免触点由于接触不良而产生过热灼伤，并有减振作用。

5. 工作原理

交流接触器的工作原理如图 1.20 所示。当交流接触器电磁机构中的线圈 6、7 间通入交流电流后，铁芯 8 被磁化，产生大于反力弹簧 10 弹力的电磁力，将衔铁 9 吸合。一方面，带动了动合主触点 1、2、3 的闭合，接通主电路；另一方面，动断辅助触点（在 4 和 5 处）首先断开，接着动合辅助触点（也在 4 和 5 处）闭合。当线圈断电或外加电压过低时，在反力弹簧 10 的作用下衔铁被释放，动合主触点断开，切断主电路；动合辅助触点先断开，动断辅助触点后恢复闭合。在图 1.20 中，11 ～ 17 和 21 ～ 27 为各触点的接线柱。

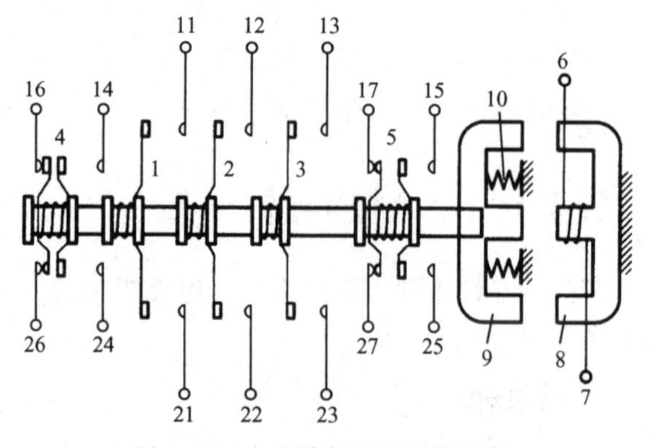

图 1.20　交流接触器的工作原理

1.4.2　直流接触器

直流接触器主要用于接通和分断额定电压在 440V 以下、额定电流在 630A 以下的直流电路或频繁地控制直流电动机启动、停止、反转及反接制动。

直流接触器的结构和工作原理与交流接触器类似，在结构上也是由触点系统、电磁机构和灭弧装置等部分组成，只不过在铁芯的结构、线圈形状、触点形状和数量、灭弧方式等方面有所不同。

1.4.3　接触器的主要技术参数

接触器的主要技术参数有额定电压、额定电流、机械寿命与电寿命、额定操作频率等。

1. 额定电压

接触器的额定电压是指接触器主触点的额定工作电压。

2. 额定电流

接触器的额定电流是指接触器主触点的额定工作电流。它是在规定条件（额定电压、使用类别、额定工作制等）下，保证接触器正常工作的电流值。若改变使用条件，则额定电流也要随之改变。

3. 线圈的额定电压

直流线圈常用的电压等级为 24V、48V、110V、220V 及 440V 等；交流线圈常用的电压等级为 36V、127V、220V 及 380V 等。

4. 机械寿命与电寿命

接触器是需要频繁操作的电器，应有较长的机械寿命和电寿命。接触器的机械寿命一般为数百万次至一千万次；电寿命一般是机械寿命的 5%～20%。

5. 额定操作频率

接触器的额定操作频率是指每小时允许的操作次数，目前一般为 300 次/h、600 次/h、1 200 次/h 等。操作频率直接影响接触器的电寿命及灭弧室的工作条件，对于交流接触器还影响线圈温升，因此额定操作频率是一个重要的技术指标。

6. 接通与分断能力

接触器的接通与分断能力是指接触器的主触点在规定的条件下，能可靠地接通和分断的电流值。在此电流值下，接通时主触点不发生熔焊；分断时主触点不发生长时间燃弧。

7. 线圈消耗功率

线圈消耗功率可分为启动功率和吸持功率。对于直流接触器，两者相等；对于交流接触器，启动功率一般为吸持功率的 5～8 倍。

8. 动作值

接触器的动作值是指接触器的吸合电压和释放电压。一般规定，当接触器的吸合电压大于线圈额定电压的 85%时，接触器应能够可靠吸合；释放电压不应高于线圈额定电压的 70%。

1.4.4 接触器的常用型号及电气符号

1. 接触器的常用型号

目前常用的交流接触器有：CJ20、CJ24、CJ26、CJ28、CJ29、CJT1、CJ40 和 CJX1、CJX2、CJX3、CJX4、CJX5、CJX8 系列，以及 NC2、NC6、B、CDC、CK1、CK2、EB、HC1、HUC1、CKJ5、CKJ9 等系列。表 1.5 为 CJ24 系列交流接触器的主要技术数据。

常用的直流接触器有：CZ0、CZ18、CZ21、CZ22 等系列。表 1.6 为 CZ18 系列直流接触器的主要技术数据。

表 1.5 CJ24 系列交流接触器主要技术数据

产品型号	额定绝缘电压/V	额定电压/V	额定发热电流/A	断续周期工作制下的额定电流/A			不间断工作制下的额定电流/A	额定操作频率/(次·h⁻¹)	电寿命(AC-2)/万次	机械寿命/万次
				AC-1，AC-2，AC-3		AC-4				
				380V	660V	380V				
CJ24-100	660	380 660	100	100	63	40	100	600	18	600
CJ24-160			160	160	80	63	160			
CJ24-250			250	250	160	100	250			
CJ24-400			400	400	250	160	400	300	12	300
CJ24-630			630	630	400	250	630			
CJ24Y-100			100	100	63	40	100	600	24	600
CJ24Y-160			160	160	80	63	160			
CJ24Y-250			250	250	160	100	250			
CJ24Y-400			400	400	250	160	400	300	15	300
CJ24Y-630			630	630	400	250	630	—	—	—

表 1.6 CZ18 系列直流接触器主要技术数据

额定电压/V		440				
额定电流/A		40（20，10，5）	80	160	315	630
主触点通断能力		$1.1U_N$				
额定操作频率/（次·h^{-1}）		1 200		600		
电寿命（DC-2）/万次		50				30
机械寿命/万次		500				300
辅助触点	组合情况	二常闭、二常开				
	额定发热电流/A	6		10		
	电寿命/万次	50				30
吸合电压		$(85\%\sim110\%)U_N$				
释放电压		$(10\%\sim75\%)U_N$				

2. 接触器型号的含义

1) 交流接触器

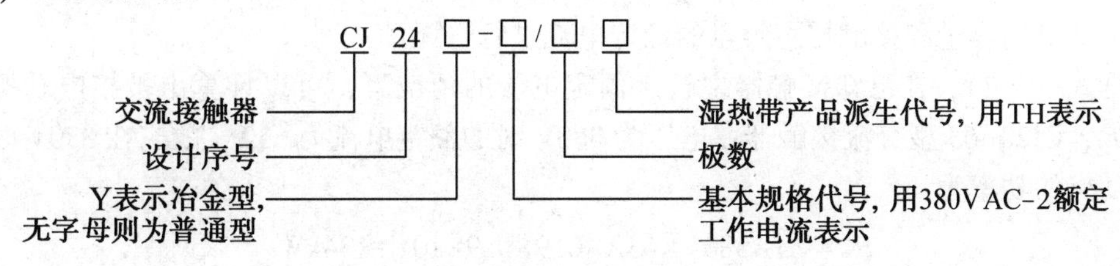

2) 直流接触器

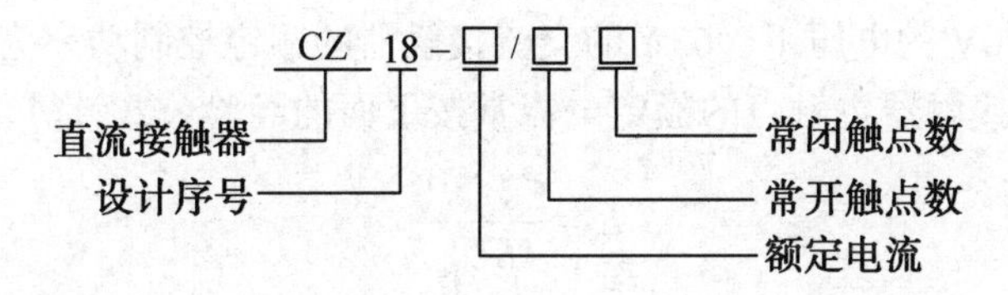

3. 接触器的电气符号

接触器的图形符号和文字符号如图 1.21 所示。

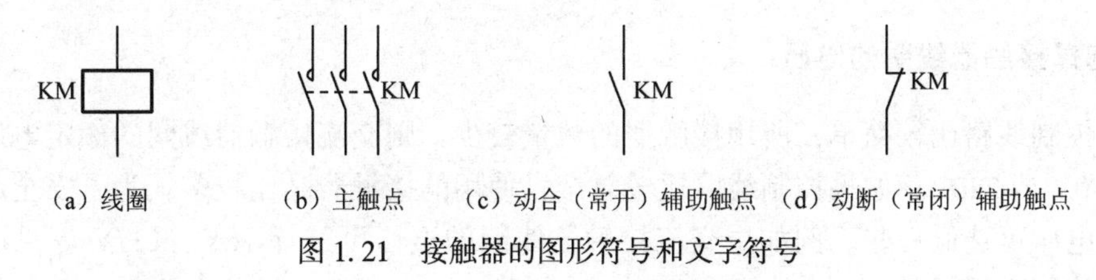

图 1.21　接触器的图形符号和文字符号

1.4.5　接触器的选用

为了保证系统正常工作，必须根据以下原则正确选择接触器，使接触器的技术参数满足控制线路的要求。

1. 选择接触器类型

接触器的类型应根据线路中负载电流的种类来选择，即交流负载应选用交流接触器，直流负载应选用直流接触器。

微课；交流接触器的测量方法

2. 选择接触器主触点的额定电压

选用的接触器主触点的额定电压应大于或等于负载的额定电压。

3. 选择接触器主触点的额定电流

对于电动机负载，接触器主触点的额定电流按下式计算：

$$I_N = \frac{P_N \times 10^3}{\sqrt{3} U_N \cos\varphi \times \eta} \tag{1.2}$$

式中，P_N——电动机功率（kW）；U_N——电动机额定线电压（V）；$\cos\varphi$——电动机功率因数，其值为0.85～0.9；η——电动机的效率，其值一般为0.8～0.9。

选用的接触器主触点的额定电流应大于计算值。也可以根据相关的电气设备手册中给出的被控电动机的容量和接触器主触点的额定电流进行选择。

根据式（1.2），在已知接触器主触点额定电流的情况下，可以计算出被控电动机的功率。例如，CJ20-63型交流接触器在电压为380V时的额定电流为63A，故它在380V时能控制的电动机的功率为

$$P_N=\sqrt{3}\times380\text{V}\times63\text{A}\times0.9\times0.9\times10^{-3}\approx34\text{kW}$$

其中，$\cos\varphi$、η均取0.9。

由此可见，在380V的电压下，63A的交流接触器的额定控制功率为34kW。

在实际应用中，接触器主触点的额定电流常按下面的经验公式计算：

$$I_N=\frac{P_N\times10^3}{KU_N} \tag{1.3}$$

式中，K——经验系数，取1～1.4。

在确定接触器主触点电流等级时，如果接触器的使用类别与被控负载的工作任务相对应，一般应使主触点的电流等级与被控负载相当，或者稍大一些。

4. 选择接触器线圈的电压

如果控制线路比较简单，所用接触器的数量较少，则交流接触器线圈的额定电压一般直接选用380V或220V。如果控制线路比较复杂，使用的接触器又比较多，为了安全起见，线圈的额定电压可选低一些。例如，交流接触器线圈的电压可选择36V、127V等，这时需要附加一个控制变压器。

直流接触器线圈电压的选择应视控制回路的具体情况而定，按照线圈的额定电压与直流控制电路的电压一致进行选择。

直流接触器的线圈加的是直流电压，交流接触器的线圈一般加的是交流电压。有时为了提高接触器的最大操作频率，交流接触器也有采用直流线圈的。

1.5 熔　断　器

微课：熔断器

熔断器是一种用于过载与短路保护的电器。熔断器是在线路中人为设置的“薄弱环节”，它能承受额定电流，而当线路发生短路或过载时，它则充分显示出“薄弱性”来，首先熔断，从而保护电气设备的安全。

熔断器串联在被保护的电路中，其主体是低熔点金属丝或由金属薄片制成的熔体。在正常情况下，熔体相当于一根导线，当线路发生短路或过载，流过熔断器的电流大于规定值时，熔体将因过热熔断而自动切断电路。

熔断器作为一种保护电器，具有结构简单、体积小、质量轻、使用和维护方便、价格低廉、可靠性高等优点，因此在强电系统和弱电系统中均得到了广泛应用。

1.5.1　熔断器的结构及保护特性

1. 熔断器的结构

熔断器由熔体和安装熔体的绝缘底座（也称熔管）等组成。熔体为丝状或片状，根据熔体材料不同可将熔体分为两类：一类由铅锡合金和锌等熔点低、导电性能差的金属制成，采用这类熔体的熔断器不易被灭弧，多用于小电流电路中；另一类由银、铜等熔点高、导电性能好的金属制成，采用这类熔体的熔断器易于被灭弧，多用于大电流电路中。

2. 保护特性

熔断器串联在被保护的线路中，当有电流通过熔体时，熔体产生的热量与电流的平方和电流通过的时间成正比，电流越大，熔体的熔断时间越短，这种特性称为熔断器的保护特性或安秒特性，如图 1.22 所示。可见，熔断时间与通过熔体的电流具有反时限特性。图中，I_N 为熔断器额定电流，熔体允许长期通过额定电流而不熔断，通过熔体的电流与熔断时间的数值关系如表 1.7 所示。

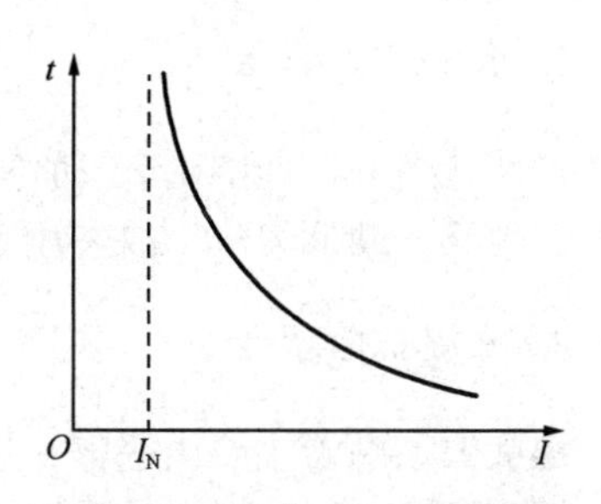

图 1.22　熔断器的保护特性曲线

表 1.7　通过熔体的电流与熔断时间的关系

通过熔体的电流/A	$1.25I_N$	$1.6I_N$	$1.8I_N$	$2.0I_N$	$2.5I_N$	$3I_N$	$4I_N$	$8I_N$
熔断时间/s	∞	3 600	1 200	40	8	4.5	2.5	1

3. 熔断器的分类

熔断器的种类很多，按结构不同分为开启式、半封闭式和封闭式；按有无填料分为有填料式、无填料式；按用途不同分为工业用熔断器、保护半导体器件熔断器及自复式熔断器等。

1.5.2　熔断器的主要技术参数

熔断器的主要技术参数包括额定电压、熔体的额定电流、熔断器的额定电流、极限分断能力等。

1. 额定电压

熔断器的额定电压是指熔断器长期工作时和分断后能够承受的电压，它取决于线路的额定电压，其值一般等于或大于所在线路的额定电压。

2. 熔体的额定电流

熔体的额定电流是指长期通过熔体而不会导致熔体熔断的电流。

3. 熔断器的额定电流

熔断器的额定电流是指保证熔断器（指绝缘底座）能长期正常工作的电流。

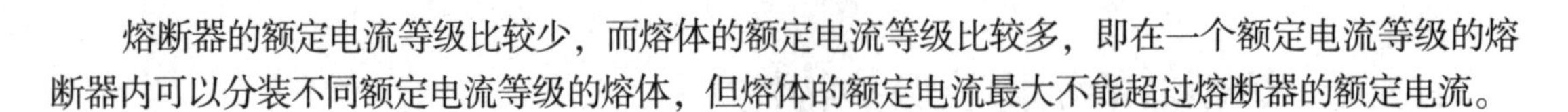

熔断器的额定电流等级比较少，而熔体的额定电流等级比较多，即在一个额定电流等级的熔断器内可以分装不同额定电流等级的熔体，但熔体的额定电流最大不能超过熔断器的额定电流。

4. 极限分断能力

极限分断能力是指熔断器在规定的额定电压和功率因数（或时间常数）的条件下，能分断的最大短路电流值。在线路中出现的最大电流值一般指短路电流值，所以，极限分断能力反映了熔断器分断短路电流的能力。极限分断能力取决于熔断器的灭弧能力，与熔体的额定电流无关。

1.5.3 常用的熔断器

1. 瓷插式熔断器

瓷插式熔断器如图 1.23 所示，常用产品为 RC1A 系列，主要用于低压分支电路的短路保护，因其分断能力小，故多用于照明电路的保护。

2. 螺旋式熔断器

螺旋式熔断器主要由瓷帽、熔体和底座组成，如图 1.24 所示。常用产品有 RL6、RL7、RLS2 等系列，这些产品的熔管内装有石英砂，用于熄灭电弧，分断能力强。熔体的上端盖有一熔断指示器，一旦熔体熔断，指示器马上弹出，可透过瓷帽上的玻璃孔观察到。其中 RL6、RL7 多用于机床配电电路中；RLS2 为快速熔断器，主要用于保护半导体元件。

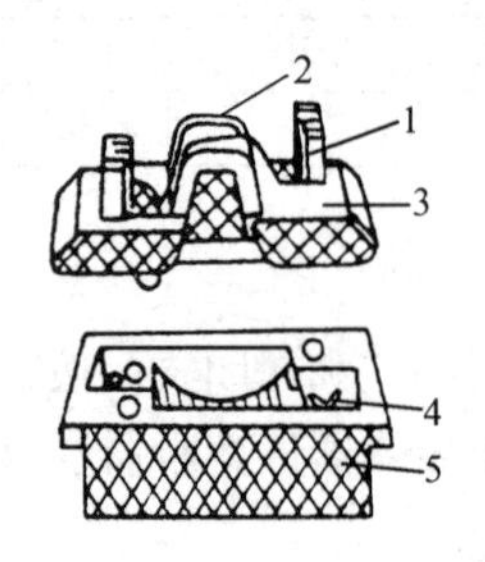

1—动触点；2—熔体；3—瓷插件；4—静触点；5—瓷座

图 1.23　瓷插式熔断器

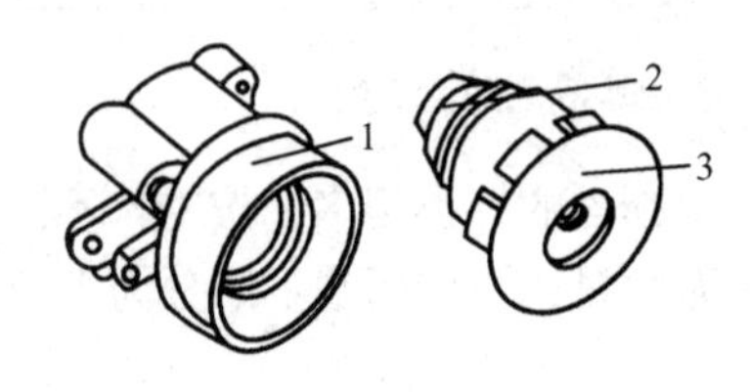

1—底座；2—熔体；3—瓷帽

图 1.24　螺旋式熔断器

3. 封闭管式熔断器

封闭管式熔断器可分为无填料封闭管式熔断器（如图 1.25 所示）、有填料封闭管式熔断器（如图 1.26 所示）和快速熔断器三种。常用产品有 RM10、RT12、RT14、RT15、RS3 等系列，其中 RM10 为无填料封闭管式熔断器，常用于低压配电网或成套配电设备中；RT12、RT14、RT15 系列为有填料封闭管式熔断器，填料为石英砂，石英砂被用来冷却和熄灭电弧，这种熔断器常用于大容量配电网或配电设备中；RS3 系列为快速熔断器，主要用于保护半导体元件。

4. NT 型高分断能力熔断器

随着电网供电容量的不断增加，对熔断器的性能要求越来越高。根据德国 AEC 公司制造技术标准生产的 NT 型系列产品为低压高分断能力熔断器，额定电压可达 660V，额定电流可达1 000A，分断能力可达 120kA，可用于工厂电气设备、配电装置的过载和短路保护；NGT 型系列产品为快速熔断器，可用于半导体元件的保护。NT 型熔断器的规格齐全，具有功率损耗小、性能稳定、限流性能好、体积小等优点，它也可以用作导线的过载和短路保护。

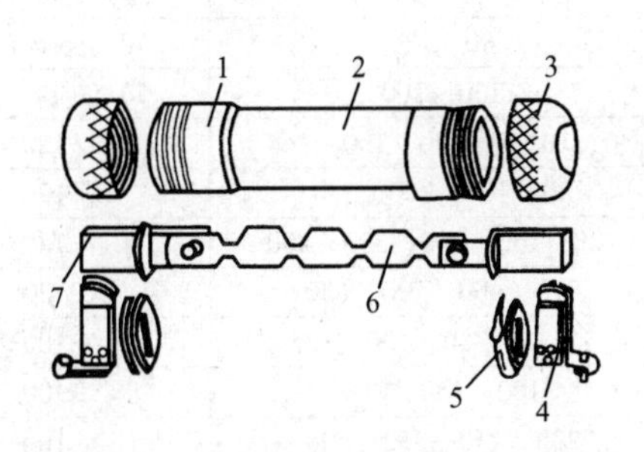

1—铜圈；2—熔断器；3—铜帽；4—插座；
5—特殊垫圈；6—熔体；7—熔片

图 1.25　无填料封闭管式熔断器

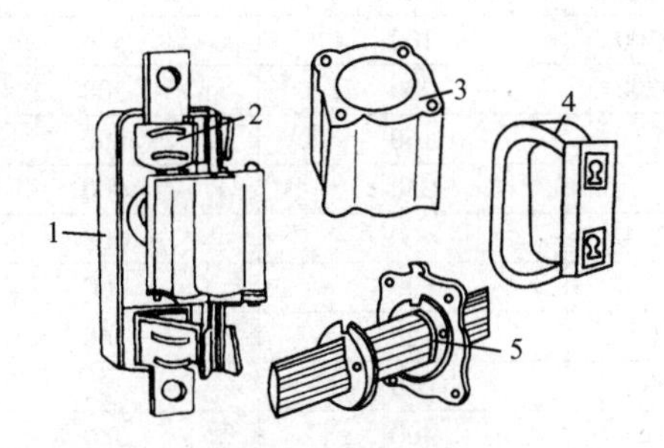

1—瓷底座；2—弹簧片；3—管体；
4—绝缘手柄；5—熔体

图 1.26　有填料封闭管式熔断器

5. 自复式熔断器

自复式熔断器是一种新型熔断器，它利用金属钠作为熔体，在常温下具有高电导率，允许通过正常工作电流。当线路发生短路故障时，短路电流产生高温使金属钠迅速汽化，气态钠呈现高阻态，从而限制了短路电流。当故障消除后，温度下降，金属钠重新固化，恢复其良好的导电性。因此，这种限流元件被称为自复式熔断器或永久熔断器。

自复式熔断器的优点是不必更换熔体，能重复使用，但由于只能限流而不能切断故障线路，故一般不单独使用，均与低压断路器串联配合使用，以提高分断能力。

自复式熔断器实质上是一个非线性电阻。为了抑制分断时出现的过电压，并保证断路器的脱扣机构始终有一动作电流以保证其工作的可靠性，自复式熔断器要并联一个附加电阻。

自复式熔断器的工业产品有 RZ1 系列等。

常用熔断器的主要技术数据如表 1.8 所示。

表 1.8　常用熔断器的主要技术数据

型　　号	熔断器额定电流/A	额定电压/V	熔体额定电流/A	额定分断电流/kA
RC1A-5	5	380	1、2、3、5	300（$\cos\varphi=0.4$）
RC1A-10	10	380	2、4、6、8、10	500（$\cos\varphi=0.4$）
RC1A-15	15	380	6、10、12、15	500（$\cos\varphi=0.4$）
RC1A-30	30	380	15、20、25、30	1 500（$\cos\varphi=0.4$）
RC1A-60	60	380	30、40、50、60	3 000（$\cos\varphi=0.4$）
RC1A-100	100	380	60、80、100	3 000（$\cos\varphi=0.4$）
RC1A-200	200	380	100、120、150、200	3 000（$\cos\varphi=0.4$）
RL1-15	15	380	2、4、5、10、15	25（$\cos\varphi=0.35$）
RL1-60	60	380	20、25、30、35、40、50、60	25（$\cos\varphi=0.35$）
RL1-100	100	380	60、80、100	50（$\cos\varphi=0.35$）
RL1-200	200	380	100、125、150、200	50（$\cos\varphi=0.35$）
RM10-15	15	220	6、10、15	1.2

续表

型　号	熔断器额定电流/A	额定电压/V	熔体额定电流/A	额定分断电流/kA
RM10-60	60	220	15、20、25、36、45、60	3.5
RM10-100	100	220	60、80、100	10
RS3-50	50	500	10、15、30、50	50（$\cos\varphi=0.3$）
RS3-100	100	500	80、100	50（$\cos\varphi=0.5$）
RS3-200	200	500	150、200	50（$\cos\varphi=0.5$）
NT0	160	500	6、10、20、50、100、160	120
NT1	250	500	80、100、200、250	120
NT2	400	500	125、160、200、300、400	120
NT3	630	500	315、400、500、630	120
NGT00	125	380	25、32、80、100、125	100
NGT1	250	380	100、160、250	100
NGT2	400	380	200、250、355、400	100
RT0-50	50	（AC）380　（DC）440	5、10、15、20、30、40、50	（AC）50　（DC）25
RT0-100	100	（AC）380　（DC）440	30、40、50、60、80、100	（AC）50　（DC）25
RT0-200	200	（AC）380　（DC）440	80、100、120、150、200	（AC）50　（DC）25
RT0-400	400	（AC）380　（DC）440	150、200、250、300、350、400	（AC）50　（DC）25

1.5.4　熔断器型号的含义及电气符号

1. 熔断器型号的含义

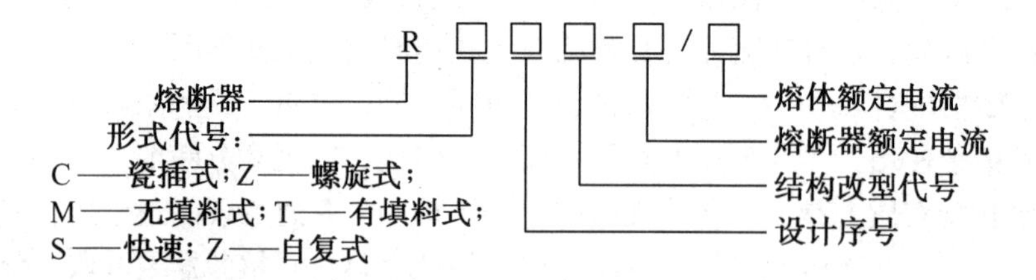

2. 熔断器的图形符号及文字符号

熔断器的图形符号及文字符号如图 1.27 所示。

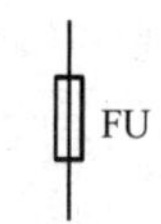

图 1.27　熔断器的图形符号及文字符号

1.5.5　熔断器的选择与维护

微课：熔断器的测量方法

1. 熔断器的选择

选择熔断器时一般应从熔断器类型、额定电压、熔断器额定电流及熔体额定电流等方面进行考虑。

1）熔断器的类型

依据线路的要求、使用场合、安装条件和各类熔断器的使用范围来选择。

2）熔断器的额定电压

熔断器的额定电压必须等于或高于实际线路的工作电压。

3）熔体的额定电流

（1）对于照明或电热设备等没有冲击电流的负载，熔体的额定电流应等于或稍大于负载的额定电流，即

$$I_{FU} \geqslant I \tag{1.4}$$

式中，I_{FU}——熔体的额定电流，I——负载的额定电流。

（2）对于电动机类负载，要考虑启动冲击电流的影响，应按下式计算：

$$I_{FU} \geqslant (1.5 \sim 2.5) I_N \tag{1.5}$$

式中，I_N——电动机额定电流。

（3）多台电动机由一个熔断器保护时，熔体的额定电流应按下式计算：

$$I_{FU} \geqslant (1.5 \sim 2.5) I_{Nmax} + \sum I_N \tag{1.6}$$

式中，I_{Nmax}——容量最大的一台电动机的额定电流，$\sum I_N$——其余电动机额定电流的总和。

（4）对于降压启动的电动机，熔体的额定电流应等于或略大于电动机的额定电流。

4）熔断器的额定电流

熔断器的额定电流应根据被保护电路及设备的额定负载电流选择。熔断器的额定电流必须等于或高于所装熔体的额定电流。

5）熔断器的额定分断能力

熔断器的额定分断能力必须大于电路中可能出现的最大故障电流。

6）熔断器上、下级的配合

为满足电路保护的要求，应注意熔断器上、下级之间的协调配合，为此，应使上一级（供电干线）熔断器的熔体额定电流比下一级（供电支线）熔断器的熔体额定电流大 1～2 个级差。

2. 熔断器在使用和维护方面的注意事项

（1）安装前应检查熔断器的型号、额定电流、额定电压、额定分断能力等参数是否符合规定要求。

（2）安装时应注意熔断器与底座、触刀的接触要良好，以避免因接触不良造成温升过高引起熔断器误动作和周围电气元件的损坏。

（3）当熔断器熔断时，应更换同一型号和规格的熔断器。

（4）工业用熔断器的更换应由专职人员更换，更换时应先切断电源。

（5）在日常使用和维护过程中，应经常清除熔断器表面的尘埃。在定期检修设备时，如发现熔断器有损坏，应及时更换。

1.6　继　电　器

继电器是一种根据电量（电压、电流等）或非电量（热、时间、转速、压力等）的变化

使触点动作，接通或断开控制电路，以实现自动控制、安全保护、转换电路等功能的电器。

继电器的种类很多，应用广泛。按用途不同可分为控制继电器和保护继电器；按工作原理不同可分为电磁式继电器、感应式继电器、热继电器、机械式继电器、电动式继电器和电子式继电器等；按反应的参数（动作信号）不同可分为电流继电器、电压继电器、时间继电器、速度继电器、压力继电器等；按动作时间不同可分为瞬时继电器（动作时间小于0.05s）和延时继电器（动作时间大于0.15s）；按输出形式不同可分为有触点继电器和无触点继电器。

1.6.1 电磁式继电器

电磁式继电器是以电磁力为驱动力的继电器，是电气控制设备中用得最多的一种继电器。常用的电磁式继电器有电压继电器、电流继电器和中间继电器。

1. 电磁式继电器的结构与工作原理

电磁式继电器的结构和工作原理与接触器相似，即感测部分是电磁机构，执行部分是触点系统。

继电器与接触器都可用来自动接通和断开电路，但也有不同之处。首先，继电器一般用在控制电路中，用于控制小电流电路，触点的额定电流一般不大于5A，所以不加灭弧装置；而接触器一般用在主电路中，用于控制大电流电路，主触点的额定电流不小于5A，需要加灭弧装置。其次，接触器一般只能对电压的变化做出反应，而继电器可以在相应的各种电量或非电量作用下产生动作。

2. 电磁式继电器的主要特性

电磁式继电器的主要特性是输入—输出特性，又称继电特性，继电特性曲线如图1.28所示。

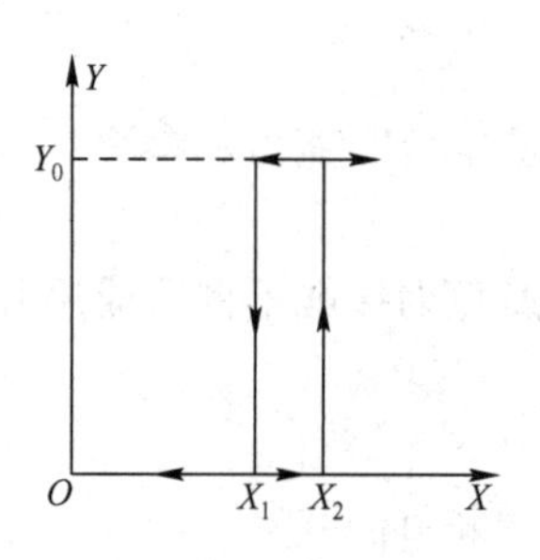

图1.28 继电特性曲线

当电磁式继电器的输入量 X 由零增大至 X_1 时，继电器的输出量 Y 为零。当输入量增大到 X_2 时，继电器吸合，通过触点的输出量为 Y_0，此后 X 再继续增大，Y 值不变。当 X 减小到 X_1 时，继电器释放，输出量由 Y_0 突降为零。X 再减小，Y 值恒为零。

在图1.28中，X_2 称为继电器的吸合值，欲使继电器动作，输入量 X 必须大于此值；X_1 称为继电器的释放值，欲使继电器释放，输入量 X 必须小于此值。$K=X_1/X_2$，称为继电器的返回系数，它是继电器的重要参数之一。

3. 电磁式电流继电器

电磁式电流继电器的线圈串联在被测电路中，以反映电路电流的变化。为了不影响电路正常工作，电磁式电流继电器线圈匝数少，导线粗，阻抗小。

除了一般用于控制的电流继电器，还有起保护作用的过电流继电器和欠电流继电器。

1）过电流继电器

线圈电流高于整定值时动作的继电器称为过电流继电器。过电流继电器的动断（常闭）触点串联在接触器的线圈电路中，动合（常开）触点一般用于对过电流继电器进行自锁和接通指示灯线路。过电流继电器在电路正常工作时衔铁不吸合，当电流超过某一整定值时衔铁才吸合动作。此时，它的动断触点断开，切断接触器线圈电源，使设备脱离电源，从而起到保护作用。同时，过电流继电器的动合触点闭合进行自锁或接通指示灯，指示发生过电流。过电流继电器整定值的整定范围为 1.1～3.5 倍的额定电流。

2）欠电流继电器

线圈电流低于整定值时动作的继电器称为欠电流继电器。欠电流继电器一般将动合（常开）触点串联在接触器的线圈电路中。

欠电流继电器的吸合电流为线圈额定电流的 30%～65%，释放电流为额定电流的10%～20%。因此，在电路正常工作时，衔铁是吸合的，只有当电流降低到某一整定值时，衔铁才释放，使常开触点分断，从而控制设备脱离电源，起到保护作用。这种继电器常用于直流电动机和电磁吸盘的失磁保护。

4. 电磁式电压继电器

电磁式电压继电器是根据线圈两端电压的大小而接通或断开电路的继电器。这种继电器线圈的导线细，匝数多，阻抗大，常并联在电路中。电压继电器有过电压、欠电压和零电压继电器之分。

一般来说，过电压继电器在电压为额定电压的 110%～120%以上时动作，对电路进行过电压保护，其工作原理与过电流继电器相似；欠电压继电器在电压为额定电压的 40%～70%时动作，对电路进行欠电压保护，其工作原理与欠电流继电器相似；零电压继电器在电压减小至额定电压的 5%～25%时动作，对电路进行零电压保护。

5. 电磁式中间继电器

电磁式中间继电器在结构上是一个电压继电器，但它的触点数量多、容量大（额定电流为 5～10A），是用来转换控制信号的中间元件。其输入是线圈的通电或断电信号，输出为触点的动作。电磁式中间继电器的主要用途是：当其他继电器的触点数量或触点容量不够时，可借助中间继电器来扩大它们的触点数量或触点容量，起到中间转换的作用。

6. 主要参数

（1）灵敏度。使继电器动作的最小功率称为继电器的灵敏度。

（2）额定电压和额定电流。对于电压继电器，它的线圈额定电压称为该继电器的额定电压；对于电流继电器，它的线圈额定电流称为该继电器的额定电流。

（3）吸合电压或吸合电流。使继电器衔铁开始运动时线圈的电压（对电压继电器）或电流（对电流继电器）称为吸合电压或吸合电流，用 U_{XH}或 I_{XH}表示。

（4）释放电压或释放电流。继电器衔铁开始释放时线圈的电压（对电压继电器）或电流（对电流继电器）称为释放电压或释放电流，用 U_{SF}或 I_{SF}表示。

（5）返回系数。释放电压（或电流）与吸合电压（或电流）的比值，称为返回系数，

用 K 表示。电压继电器的返回系数为 $K=U_{SF}/U_{XH}$，电流继电器的返回系数为 $K=I_{SF}/I_{XH}$。返回系数实际上表示继电器的吸合值与释放值的接近程度。

（6）吸合时间和释放时间。吸合时间是从线圈接收电信号到衔铁完全吸合所需的时间，释放时间是从线圈断电到衔铁完全释放所需的时间。它们的大小影响继电器的操作频率。一般继电器的吸合时间和释放时间为 0.05～0.15s，快速继电器的吸合时间和释放时间可达 0.005～0.05s。

（7）整定值。根据控制电路的要求，预先使继电器达到某一吸合值或释放值，这个吸合值（电压或电流）或释放值（电压或电流）称为整定值。

7. 电磁式继电器的整定方法

电磁式继电器在使用前，应预先将它们的吸合值、释放值或返回系数整定到控制电路所需要的值。具体的整定方法如下所述。

（1）调节调整螺钉上的螺母可以改变反力弹簧的松紧度，从而调节吸合电流（或电压）。反力弹簧调得越紧，吸合电流（或电压）就越大，反之就越小。

（2）调节调整螺钉可以改变初始气隙的大小，从而调节吸合电流（或电压）。气隙越大，吸合电流（或电压）越大，反之就越小。

（3）改变非磁性垫片的厚度可以调节释放电流（或电压）。非磁性垫片越厚，释放电流（或电压）越大，反之则越小。

除了整定吸合值和释放值，有些继电器还要求增大返回系数，以提高控制的灵敏度。

8. 电磁式继电器的常用型号

电磁式继电器的常用型号有：JL18、JT18、JZ15、3TH80、3TH82 及 JZC2 等系列。其中 JL18 系列为电流继电器，JT18 系列为直流通用继电器，JZ15 系列为中间继电器，3TH82 与 JZC2 系列类似，为接触器式继电器。

电流继电器、通用继电器、中间继电器型号的含义如下。

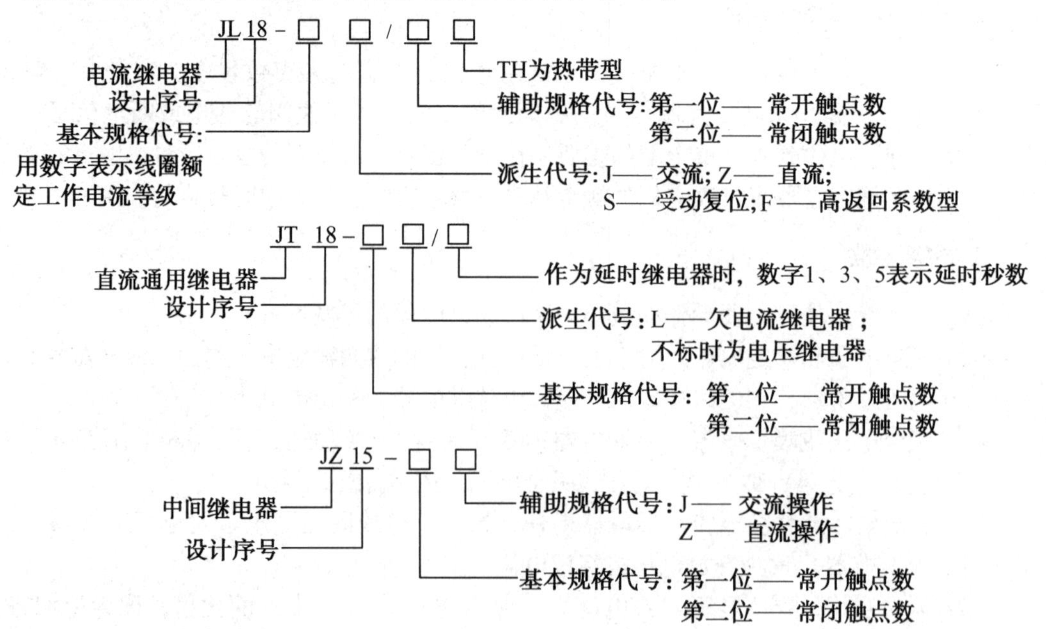

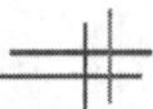

表 1.9~ 表 1.11 分别列出了 JL18、JT18、JZ15 系列继电器的技术数据。

表 1.9　JL18 系列过电流继电器的技术数据

额定电压 U_N/V	AC 380，DC 220
线圈额定电流 I_N/A	1.0、1.6、2.5、4.0、6.3、10、16、25、40、63、100、160、250、400、630
触点主要额定参数	额定电压：AC 380V；DC 220V 额定发热电流：10A 额定电流：AC 2.6A；DC 0.27A
调整范围	交流：吸合动作电流值为（110%~ 350%）I_N 直流：吸合动作电流值为（70%~ 300%）I_N
动作与整定误差	≤±10%
返回系数	高返回系数型>0.56，普通类型不做规定
操作频率/（次 · h^{-1}）	1 200
复位方式	自动和手动
触点对数	一对常开触点，一对常闭触点

表 1.10　JT18 系列直流通用继电器的技术数据

额定电压 U_N/V	24、48、110、220、440（电压继电器、时间继电器）	
额定电流 I_N/A	1.6、2.5、4、6、10、16、25、40、63、100、160、250、400、630	
延时等级 t/s	1、3、5（时间继电器）	
额定操作频率/（次 · h^{-1}）	1 200（时间继电器除外），额定通电持续率为 40%	
动作特性	电压继电器	冷态线圈：吸合电压为（30%～50%）U_N（可调），释放电压为（7%~ 20%）U_N（可调）
	时间继电器	断电延时：0.3~ 0.9s，0.8~ 3s，2.5~ 5s
	欠电流继电器	吸合电流：（30%~ 65%）I_N（可调）
误　差	延时误差	重复误差<±9%；温度误差<±20% 电流波动误差<±15%；精度稳定误差<±20%
	电压继电器、欠电流继电器误差	重复误差<±10%；整定值误差<±15%
触点参数	额定发热电流	10A
	额定电压	AC 380V；DC 220V

表 1.11　JZ15 系列中间继电器的技术数据

型　号	触点额定电压 U_N/V		额定发热电流 I/A	触点组合形式		触点额定控制容量		额定操作频率	线圈额定电压 U_N/V		线圈吸合功率		动作时间 /s
	AC	DC		动合	动断	AC S_N/V · A	DC P/W	次 · h^{-1}	AC	DC	AC S/V · A	DC P/W	
JZ15-62	127	48		6	2				127	48			
JZ15-26	220	110	10	2	6	1 000	90	1 200	220	110	12	11	≤0.05
JZ15-44	380	220		4	4				380	220			

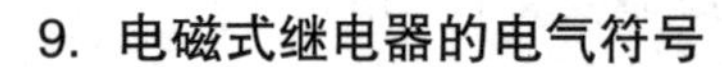

9. 电磁式继电器的电气符号

电流继电器的电气符号如图 1. 29 所示。电流继电器的文字符号为 KI，线圈方格中用$I>$（或 $I<$）表示过电流（或欠电流）继电器。电压继电器的电气符号如图 1. 30 所示。电压继电器的文字符号为 KV，线圈方格中用 $U<$（或 $U>$）表示欠电压（或过电压）继电器。中间继电器的电气符号如图 1. 31 所示，中间继电器的文字符号为 KA。

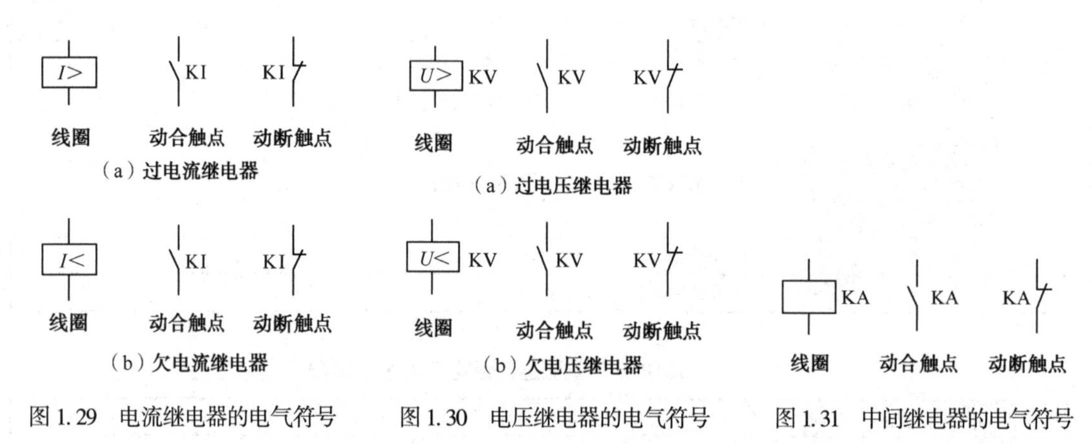

图 1. 29　电流继电器的电气符号　　图 1. 30　电压继电器的电气符号　　图 1. 31　中间继电器的电气符号

继电器是组成各种控制系统的基础元件，选用时应综合考虑继电器的适用性、功能特点、使用环境、额定电压及额定电流等因素，做到合理选用。

微课：时间继电器

1. 6. 2　时间继电器

时间继电器是一种根据电磁原理或机械动作原理来实现触点系统延时接通或断开的自动切换电器。按其动作原理与结构不同，可分为电磁式、空气阻尼式、电动式和电子式等时间继电器。按延时方式不同可分为通电延时型与断电延时型时间继电器。

1. 直流电磁式时间继电器

直流电磁式时间继电器利用电磁线圈断电后磁通延缓变化的原理而工作。在直流电磁式电压继电器的铁芯上增加一个阻尼铜套，即可构成直流电磁式时间继电器。当线圈通电时，因磁路中的气隙大、磁阻大、磁通小，阻尼铜套的作用不明显，其固有动作时间约为 0. 2s，相当于瞬间动作。而当线圈断电时，磁通变化量大，阻尼铜套的阻尼作用显著，使衔铁延时释放，从而实现延时作用。

这种时间继电器延时时间的长短是通过改变铁芯与衔铁间非磁性垫片的厚度（粗调）或改变释放弹簧的松紧（细调）来调节的。垫片越厚，延时时间越短，反之越长；弹簧越紧，延时时间越短，反之越长。因非磁性垫片的厚度一般为 0. 1mm、0. 2mm、0. 3mm，具有阶梯性，故用于粗调。由于弹簧松紧可连续调节，故用于细调。

直流电磁式时间继电器的优点是结构简单、运行可靠、寿命长，缺点是延时时间短（最长不超过 5s）、延时精度不高、体积大且仅适用于直流电路，因而应用范围不广。

常用的直流电磁式时间继电器有 JT3 和 JT18 系列。

2. 空气阻尼式时间继电器

空气阻尼式时间继电器也称气囊式时间继电器，是利用空气阻尼原理实现延时的。它由电磁机构、延时机构和触点系统三部分组成。空气阻尼式时间继电器有通电延时型和断电延时型两种，其电磁机构可以是直流的，也可以是交流的。如图 1.32 所示是 JS7-A 系列时间继电器的结构示意图。

图 1.32（a）为通电延时型时间继电器，当线圈 1 通电后，铁芯 2 将衔铁 3 吸合，同时推板 5 使微动开关 16 立即动作，活塞杆 6 在塔形弹簧 8 的作用下，带动活塞 12 及橡皮膜 10 向上移动，由于橡皮膜下方气室的空气稀薄，形成负压，因此活塞杆 6 不能迅速上移。当空气由进气孔 14 进入时，活塞杆 6 才逐渐上移，当移到最上端时，杠杆 7 才使微动开关 15 动作。延时时间为自电磁铁吸合线圈 1 通电时刻起到微动开关 15 动作为止的这段时间。通过调节螺杆 13 可改变进气孔 14 的大小，从而实现调节延时时间的目的。

当线圈 1 断电时，衔铁 3 在复位弹簧 4 的作用下将活塞 12 推向最下端。因活塞 12 被往下推时，橡皮膜 10 下方气室内的空气都通过橡皮膜 10、弱弹簧 9 和活塞 12 肩部所形成的单向阀，经上气室缝隙顺利排掉，因此延时与不延时的微动开关 15 与 16 都能迅速复位。

将电磁机构翻转 180°安装后，可得到图 1.32（b）所示的断电延时型时间继电器。它的工作原理与通电延时型时间继电器类似，微动开关 15 是在线圈 1 断电后延时动作的。

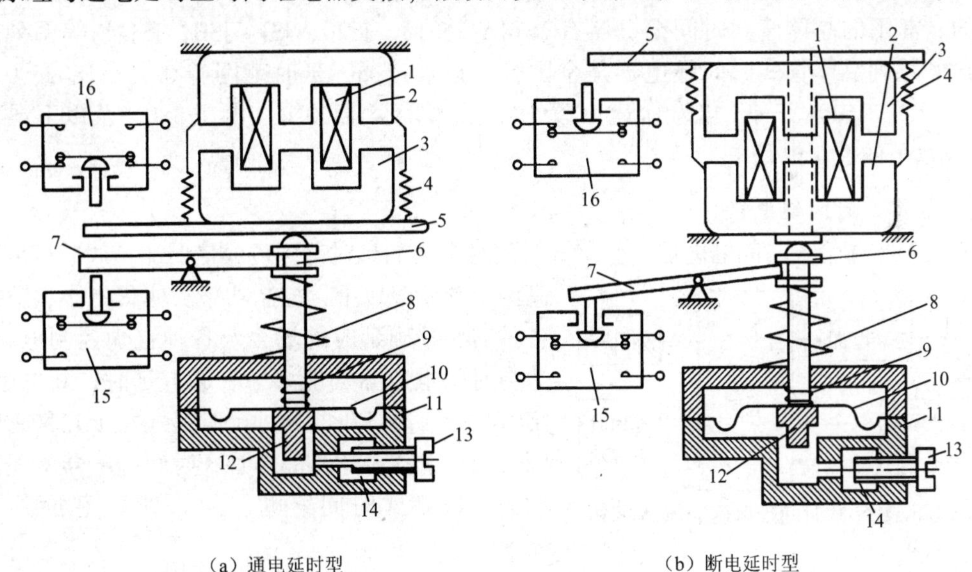

1—线圈；2—铁芯；3—衔铁；4—复位弹簧；5—推板；6—活塞杆；7—杠杆；8—塔形弹簧；9—弱弹簧；10—橡皮膜；11—空气室壁；12—活塞；13—调节螺杆；14—进气孔；15、16—微动开关

图 1.32　JS7-A 系列时间继电器的结构示意图

空气阻尼式时间继电器结构简单、寿命长、价格低，还有不延时的触点，但准确度低、延时误差大，一般用于对延时精度要求不高的场合。

空气阻尼式时间继电器的型号有 JS7 系列和 JS7-A 系列，A 表示改型产品，体积较小。JS7-A 系列空气阻尼式时间继电器的主要技术参数如表 1.12 所示。

表 1.12　JS7-A 系列空气阻尼式时间继电器的主要技术参数

型　号	瞬时动作触点数量		有延时的触点数量				触点额定电压/V	触点额定电流/A	线圈电压/V	延时范围/s	额定操作频率/(次·h^{-1})
			通电延时		断电延时						
	动合	动断	动合	动断	动合	动断					
JS7-1A	—	—	1	1	—	—	380	5	24 36 110 127 220 380 420	0.4～60 0.4～180	600
JS7-2A	1	1	1	1	—	—					
JS7-3A	—	—	—	—	1	1					
JS7-4A	1	1	—	—	1	1					

3. 电子式时间继电器

电子式时间继电器按延时原理不同分为晶体管式时间继电器和数字式时间继电器，多用于电力传动、自动顺序控制及各种过程控制系统中，具有延时范围宽、精度高、体积小、工作可靠等优点。随着电子技术的飞速发展，其应用日益广泛。

1）晶体管式时间继电器

晶体管式时间继电器是以 RC 电路电容充电时电容上的电压逐步上升的原理为延时基础制成的。常用的晶体管式时间继电器有 JS14A、JS15、JS20、JSJ、JSB、JS14P 等系列。其中，JS20 系列晶体管式时间继电器是全国统一设计产品，延时范围有 0.1～180s、0.1～300s、0.1～3 600s 三种，电寿命达 10 万次，适用于交流 50Hz、电压 380V 及以下或直流 110V 及以下的控制电路中。

2）数字式时间继电器

相较于晶体管式时间继电器，数字式时间继电器的延时范围可成倍增加，调节精度可提高两个数量级以上，控制功率和体积更小，适用于各种需要精确延时的场合及各种自动控制电路中。这类时间继电器功能多，有通电延时、断电延时、定时吸合、循环延时四种延时形式和十几种延时范围供用户选择，这是晶体管式时间继电器所无法比拟的。数字式时间继电器的原理框图如图 1.33 所示。

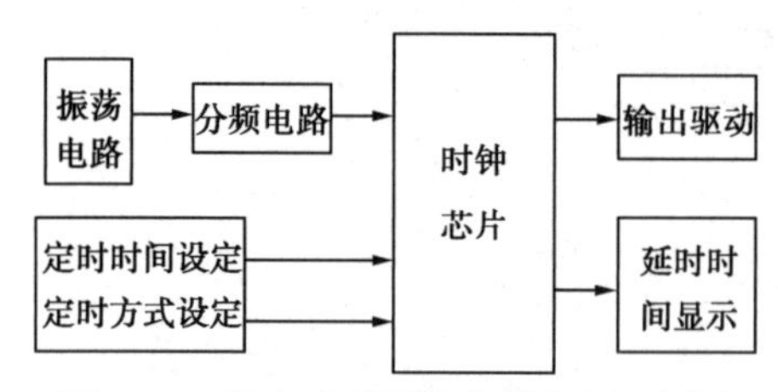

图 1.33　数字式时间继电器的原理框图

目前，市场上的数字式时间继电器的型号很多，有 DH48S、DH14S、DH11S、JSS1、JS14S 系列等。此外，还有从日本富士公司引进生产的 ST 系列等。

4. 时间继电器的电气符号

时间继电器的图形符号和文字符号如图 1.34 所示。

时间继电器在选用时应考虑延时方式（通电延时或断电延时）、延时范围、延时精度、外形尺寸、安装方式、价格等因素。在要求延时范围大、延时精度高的场合，应选用电动式或电子式时间继电器；在延时精度要求不高、电源电压波动较大的场合，可选用价格较低的电磁式或气囊式时间继电器。

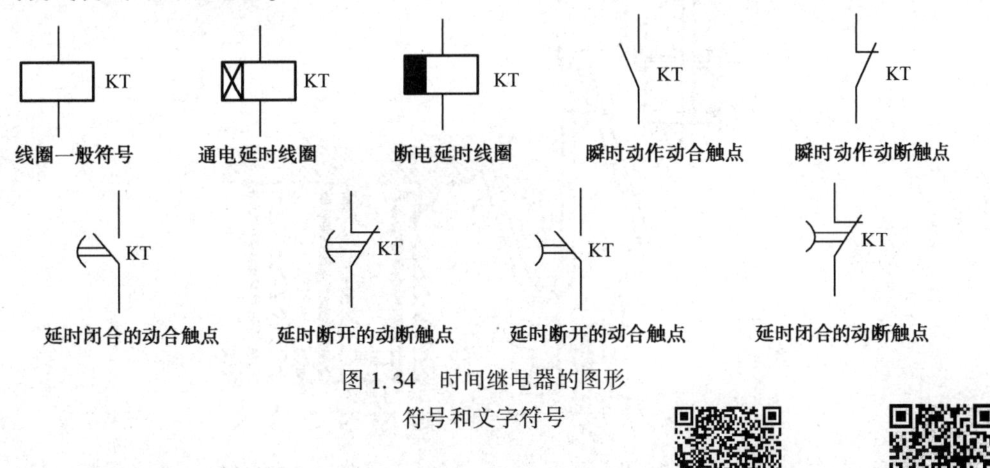

图 1.34　时间继电器的图形符号和文字符号

课堂实录：热继电器的识别与检测

微课：热继电器

1.6.3　热继电器

热继电器是一种利用电流的热效应原理来切断电路的保护电器。电动机在运行过程中常会遇到过载情况，但只要过载不严重，绕组不超过允许温升，这种过载是允许的。如果过载情况严重，时间较长，则会引起电动机过热，损坏绕组的绝缘，缩短电动机的使用寿命，甚至烧毁电动机。

热继电器就是专门用来对连续运行的电动机实现过载及断相保护，以防止电动机因过热而烧毁的一种保护电器。

1. 热继电器的结构及工作原理

热继电器主要由热元件、双金属片和触点等组成，其结构示意图如图 1.35 所示。热元件由发热电阻丝制成。双金属片是热继电器的感测部分，它由两种不同线膨胀系数的金属碾压制成。当双金属片受热膨胀时，由于两种金属的线膨胀系数不同，会产生弯曲变形。在实际应用中，热元件串接在电动机定子绕组中，电动机定子绕组电流即为流过热元件的电流。

当电动机正常运行时，热元件产生的热量虽能使主双金属片 2 弯曲，但不足以使继电器动作；当电动机过载时，热元件产生的热量增多，使主双金属片弯曲位移增大，经过一段时间后，主双金属片弯曲到能推动导板 4 的程度，并通过补偿双金属片 5 与推杆 1 将动触点 9 和动断静触点 6 分开，动触点 9 和动断静触点 6 为热继电器串于接触器线圈回路中的动断触点，它们断开后使接触器断电，切断电动机控制回路，从而实现对电动机的过载保护。

补偿双金属片 5 可以在规定的范围内补偿环境温度对热继电器的影响。通过调节旋钮 11 可达到调节整定动作电流值的目的。此外，靠调节复位螺钉 8 来改变动合静触点 7 的位置，使热继电器能工作在手动复位和自动复位两种工作状态下。调试手动复位时，在故障排除后需按下复位按钮 10 才能使动触点 9 恢复到与动断静触点 6 相接触的位置。

在三相异步电动机的电路中，一般采用两相结构的热继电器，即在两相主电路中串接热元件。在特殊情况下，没有串接热元件的一相有可能过载，如三相电源严重不平衡时或电动机绕组发生内部短路故障时，此时热继电器不动作，故对于这类情况需要采用三相结构的热继电器。

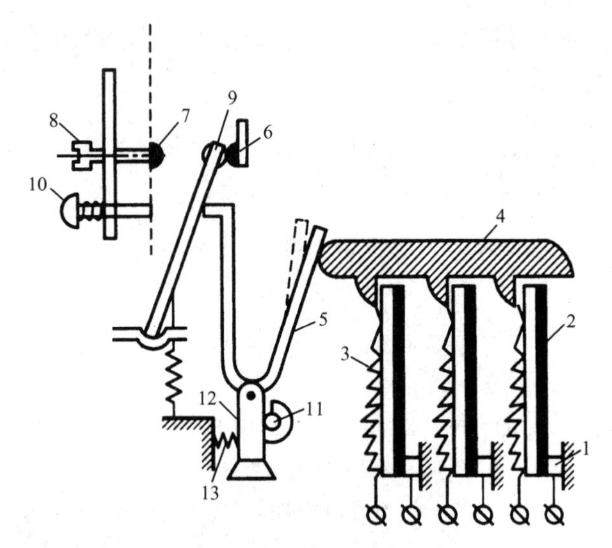

1—推杆；2—主双金属片；3—热元件；4—导板；5—补偿双金属片；6—动断静触点；7—动合静触点；
8—复位螺钉；9—动触点；10—复位按钮；11—调节旋钮；12—支撑杆；13—弹簧

图 1.35　热继电器的结构示意图

2. 带断相保护的热继电器

电动机断相运行是电动机烧毁的主要原因之一。对于采用星形接法的电动机，可采用三相结构的热继电器进行过载保护；对于采用三角形接法的电动机，当发生故障时，若线电流达到额定电流，则在电动机内部电流较大的那一相绕组的相电流将超过额定相电流，因热元件串接于电源进线中，故热继电器不动作，此时电动机会因绕组过热而烧毁，为此需要采用带断相保护的热继电器。

带断相保护的热继电器的结构示意图如图 1.36 所示，其中剖面 3 为双金属片，虚线表示动作位置，图 1.36（a）为断电时的位置。

当电流为额定值时，电动机正常运行，三个热元件均正常发热，其端部均向左弯曲推动上、下导板同时左移，但达不到动作位置，继电器不会动作，如图 1.36（b）所示。

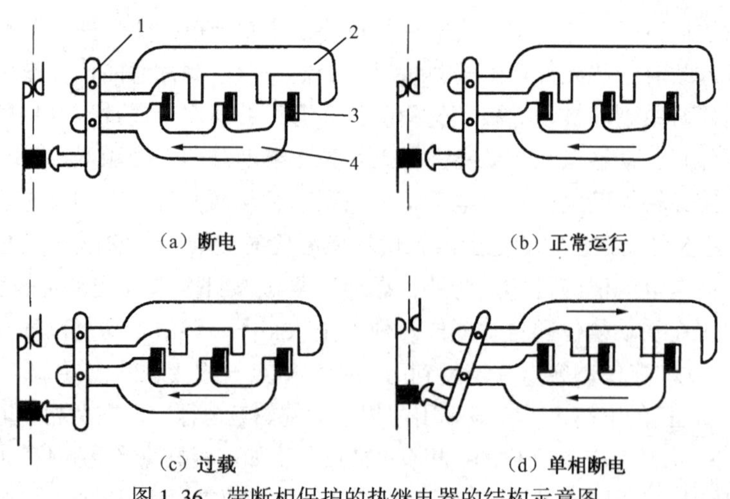

图 1.36　带断相保护的热继电器的结构示意图

当电流过载达到整定值时，双金属片弯曲较大，把导板和杠杆推到动作位置，继电器动作，使动断触点立即断开，如图 1. 36（c）所示。

当一相（设 L_1 相）断路时，L_1 相的双金属片逐渐冷却降温，其端部向右移动，推动上导板向右移动；而另外两相双金属片温度上升，使端部向左移动，推动下导板继续向左移动，产生差动作用，使杠杆扭转，继电器动作，从而实现断相保护，如图 1. 36（d）所示。

3. 常用的热继电器型号及电气符号

1）常用的热继电器型号

常用的热继电器有 JRS1、JR20、JR16、JR15、JR14 等系列，引进产品有 T 系列、3UP、LR1-D 等系列。

JR20、JRS1 系列具有断相保护、温度补偿、整定电流值可调、手动脱扣、手动复位、动作后可进行信号指示等功能。在安装方式上除了采用分立式结构，还增设了组合式结构，可通过导电杆与挂钩直接插接，还可直接连接到 CJ20 型接触器上。

根据瑞士 ABB 公司技术标准生产的新型 T 系列热继电器的规格齐全，其整定电流可达 500 A，常用来与 B 系列交流接触器组合成电磁启动器。此外，T 系列派生产品 T-DV 系列的整定电流可达 850 A，也是能与新型接触器 EB 系列、EA 系列配套使用的产品。T 系列热继电器符合 IEC、VDE 等国标标准，可取代同类进口产品。

JR20 系列热继电器型号的含义如下。

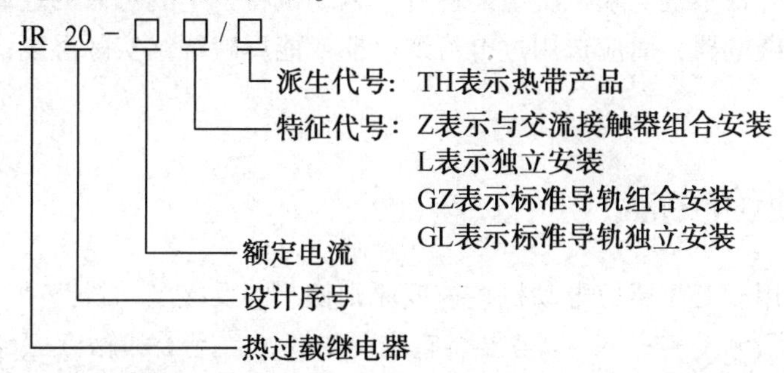

JR20 系列产品共有 8 个额定电流等级、46 个热元件规格，适用于在 0. 1 ～ 630A 范围内进行电路保护，其主要技术参数见表 1. 13。

表 1. 13　JR20 系列热继电器的主要技术参数

型　　号	额定电流/A	热 元 件 号	整定电流调节范围/A
JR20-10	10	1R～ 15R	0. 1～ 11. 6
JR20-16	16	1S～ 6S	3. 6～ 18
JR20-25	25	1T～ 4T	7. 8～ 29
JR20-63	63	1U～ 6U	16～ 71
JR20-160	160	1W～ 9W	33～ 176

2）热继电器的电气符号

热继电器的图形符号及文字符号如图 1. 37 所示。

微课：热继电器的测量方法

4. 热继电器的选用与维护

热继电器主要用于电动机的过载保护，在使用过程中要考虑电动机的工作环境、启动情

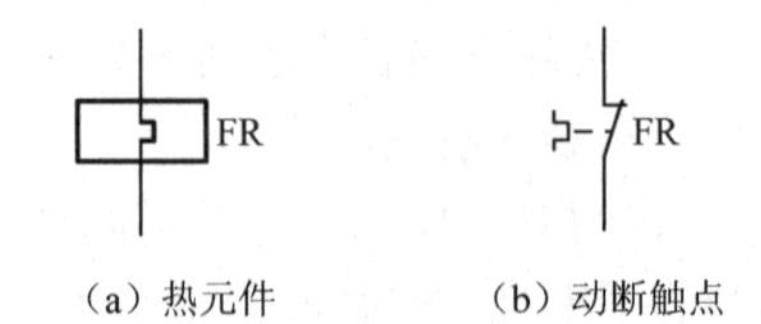

（a）热元件　　（b）动断触点

图 1.37　热继电器的图形符号及文字符号

况、负载性质等因素，具体应从以下几个方面来选择。

（1）热继电器的结构形式。星形接法的电动机可选用两相或三相结构的热继电器；三角形接法的电动机应选择带断电保护的三相结构的热继电器。

（2）根据被保护电动机的实际启动时间，选取 6 倍额定电流下具有相应可返回时间的热继电器。一般热继电器的可返回时间大约为 6 倍额定电流下动作时间的 50%～70%。

（3）热元件的额定电流一般可按下式确定：

$$I_N=(0.95\sim1.05)I_{MN} \tag{1.7}$$

式中，I_N——热元件额定电流；I_{MN}——电动机的额定电流。

对于工作环境恶劣、启动频繁的电动机，则按下式确定：

$$I_N=(1.05\sim1.15)I_{MN} \tag{1.8}$$

当热元件选好后，还需用电动机的额定电流来调整整定值。

（4）对于重复短时工作的电动机（如起重机电动机），由于电动机不断重复升温，热继电器双金属片的温升跟不上电动机绕组的温升，电动机将得不到可靠的过载保护。因此，不宜选用双金属片热继电器，而应选用过电流继电器或能反映绕组实际温度的温度继电器来进行保护。

1.6.4　速度继电器

速度继电器常用于三相感应电动机按速度原则控制的反接制动线路中，也称反接制动继电器。它主要由转子、定子和触点三部分组成。转子是一个圆柱形永久磁铁，定子是一个笼型空心圆环，由硅钢片叠成，并装有笼型绕组。

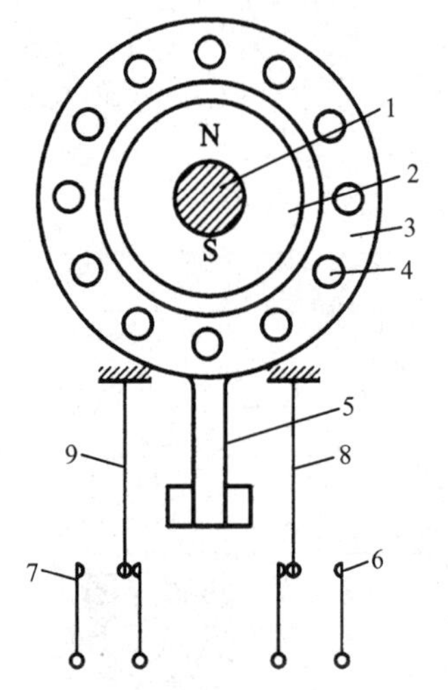

1—转轴；2—转子；3—定子；4—绕组；5—摆锤；6、7—静触点；8、9—动触点

图 1.38　速度继电器的结构示意图

速度继电器的结构示意图如图 1.38 所示。其转子轴与电动机轴相连接，定子空套在转子上。当电动机转动时，速度继电器的转子（永久磁铁）随之转动，在空间产生旋转磁场，切割定子绕组，在其中产生感应电流。此电流又在旋转磁场的作用下产生转矩，使定子随转子转动方向旋转一定的角度，与定子装在一起的摆锤推动触点动作，使动断触点断开、动合触点闭合。当电动机转速低于某一值时，定子产生的转矩减小，动触点复位。

常用的速度继电器有 JY1 型和 JFZ0 型。JY1 型能在 3 000r/min 以下可靠工作；JFZ0－1 型适用于 300～1 000r/min，JFZ0-2 型适用于 1 000～3 600r/min；JFZ0

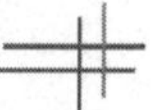

型有两对动合、动断触点。一般情况下，速度继电器转轴在 120r/min 左右即能动作，在 100r/min 以下触点复位。

速度继电器的图形符号及文字符号如图 1.39 所示。

JY1 型和 JFZ0 型速度继电器的主要技术参数如表 1.14 所示。

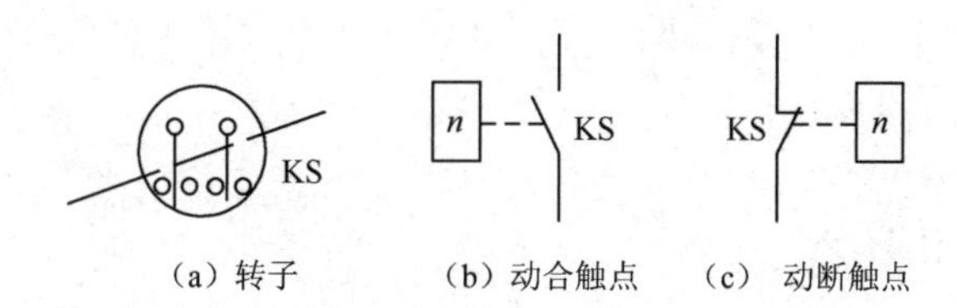

图 1.39 速度继电器的图形符号及文字符号

表 1.14 JY1 型和 JFZ0 型速度继电器的主要技术参数

型号	触点容量		触点数量		额定工作转速 /($r \cdot min^{-1}$)	允许操作频率 /(次 $\cdot h^{-1}$)
	额定电压/V	额定电流/A	正转时动作	反转时动作		
JY1 JFZ0	380	2	1 组转换触点	1 组转换触点	100～3 600 300～3 600	<30

选择速度继电器时，主要根据被控电动机的额定转速、控制要求等进行合理选择。

1.6.5 干簧继电器

干式舌簧继电器简称干簧继电器，是一种新型的密封触点继电器，具有动作速度快、灵敏度高、性能可靠稳定和功率消耗低等优点，在自动控制装置和通信设备中得到广泛应用。

干簧继电器的主要部件是由铁镍合金制成的干簧片，它既能导磁又能导电，兼有普通电磁式继电器的触点和磁路系统的双重作用。干簧片被装在密封的玻璃管（干簧管）内，管内充有纯净、干燥的惰性气体，以防止触点表面氧化。为了提高触点的可靠性和减小接触电阻，通常在干簧片的触点表面镀上导电性能良好、耐磨的贵重金属（如金、铂、铑及合金等）。

在干簧管外面套一个励磁线圈就构成了一只完整的干簧继电器，如图 1.40（a）所示。当线圈通过电流时，在线圈的轴向产生磁场，该磁场使干簧管内的两个干簧片被磁化，于是两个干簧片的触点产生极性相反的两种磁极，它们相互吸引而闭合。当切断线圈电流时，磁场消失，两个干簧片也失去磁性，依靠自身的弹性而恢复原位，使触点断开。

用一块永久磁铁靠近干簧片来励磁也可以构成一只完整的干簧继电器，如图 1.40（b）所示。当永久磁铁靠近干簧片时，触点同样因被磁化而闭合，当永久磁铁离开干簧片时，触点断开。

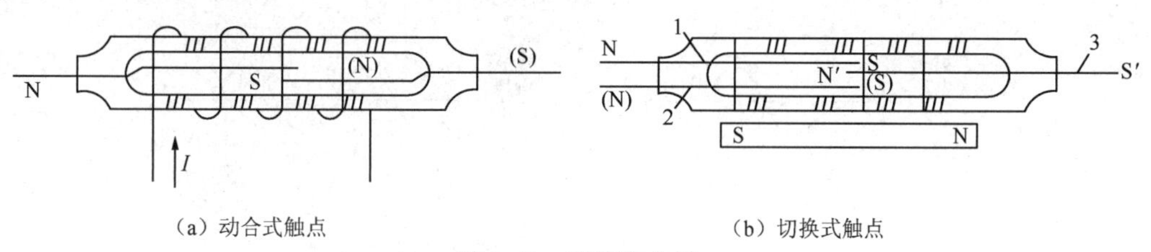

图 1.40 干簧继电器

干簧片的触点有两种：一种是如图 1.40（a）所示的动合式触点，另一种则是如图 1.40（b）所示的切换式触点。采用切换式触点励磁时，干簧管中的三个干簧片均被磁化，其中，干簧片 1、2 的触点被磁化后产生相同的磁极，因而互相排斥，使动断触点断开；而干簧片 1、3 的触点则因被磁化后产生的磁性相反而吸合。

常用的干簧继电器有 JAG-2-1 型、小型 JAC-4 型、大型 JAC-5 型等，其中又分为动合、动断与转换三种不同的类型。

1.6.6 固态继电器

固态继电器简称 SSR，是一种无触点通断电子开关，因为可以实现电磁继电器的功能，故称“固态继电器”。固态继电器是随着微电子技术的发展而产生的以弱电控制强电的新型电子器件，同时为强电与弱电之间提供良好的隔离，从而确保电子线路和人身的安全。

1. 固态继电器的分类

固态继电器为四端器件，两个为输入端，两个为输出端，中间采用隔离元件，实现输入、输出的电隔离。固态继电器种类较多，按负载电源类型的不同分为直流型固态继电器（DC-SSR）和交流型固态继电器（AC-SSR）。其中，直流型以功率晶体管作为开关元件，交流型则以双向晶闸管作为开关元件。按隔离方式不同可分为光电耦合隔离和磁隔离。按控制触发信号不同可分为过零型和随机导通型，有源触发型和无源触发型。

1）交流型固态继电器

交流型固态继电器可分为过零型和随机导通型两类，它们之间的主要区别在于负载端交流电流导通的条件不同。对于过零型 AC-SSR，当在其输入端加上导通信号时，负载端并不一定立即导通，只有当电源电压过零时才导通，如图 1.41（a）所示；而对于随机导通型 AC-SSR，当在其输入端加上导通信号时，不管负载电源电压处于何种相位状态，负载端均立即导通，如图 1.41（b）所示。对于随机导通型 AC-SSR，由于是在交流电源的任意状态下导通的，因而导通瞬间可能产生较大的干扰，而过零型 AC-SSR 则减少了晶闸管接通时的干扰，高次谐波干扰少，可用于计算机 I/O 接口等场合。

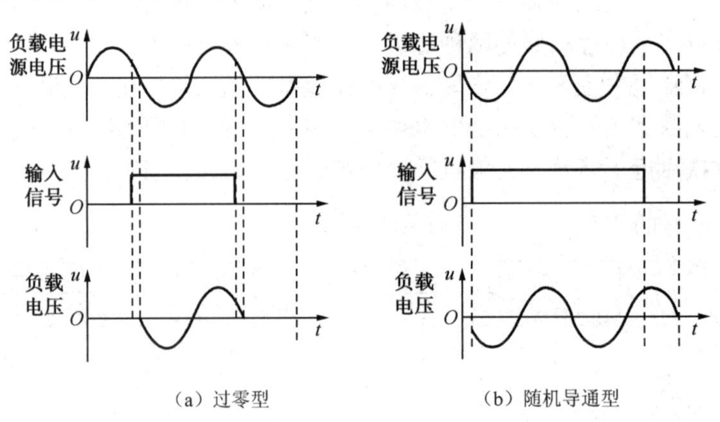

图 1.41　交流型固态继电器的输入、输出波形

由于双向晶闸管的关断条件是撤除控制极的导通电压，同时负载电流必须小于双向晶闸管导通的维持电流，因此，对于随机导通型和过零型 AC-SSR 在撤除控制极的导通信号后，负载电流都必须小于双向晶闸管的维持电流才能关断，可见，这两种 SSR 的关断条件是相同的。

2）直流型固态继电器

直流型固态继电器（DC-SSR）的输入、输出波形如图 1.42 所示。DC-SSR 内部的功率器件一般为功率晶体管，在控制信号的作用下工作在饱和导通或截止状态。

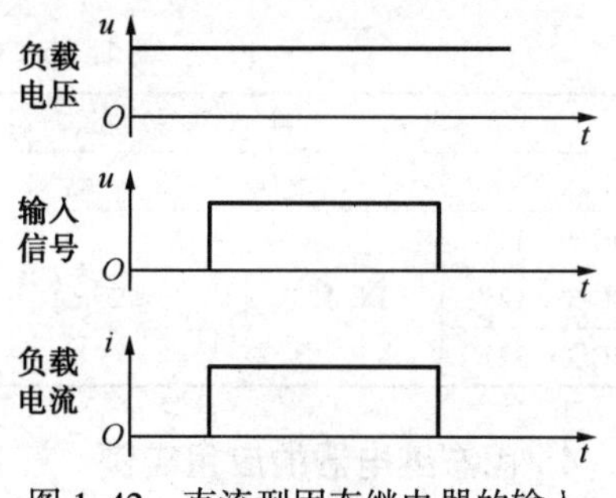

图 1.42　直流型固态继电器的输入、输出波形

DC-SSR 在撤除控制极的导通信号后立刻关断。

2. 固态继电器的工作原理

下面以广泛使用的过零型 AC-SSR 为例，对固态继电器的工作原理进行介绍。

如图 1.43 所示为过零型 AC-SSR 的工作原理示意图。

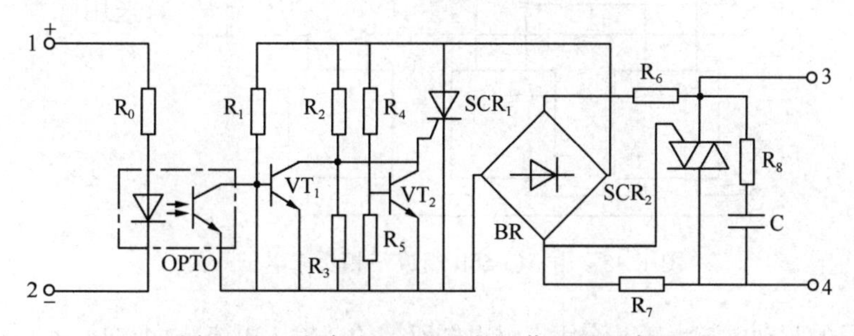

图 1.43　过零型 AC-SSR 的工作原理示意图

图中，R_4、R_5和 VT_2组成过零电压检测电路，只要选择适当的分压电阻 R_4和 R_5，使得在 SCR_1两端的电压超过零电压，则 VT_2饱和导通，反之则 VT_2截止。VT_1和 VT_2组成门电路，即输入信号必须在交流电压为零附近方能使 SCR_1导通，接通负载，实现过零触发。

因为开关电路需要供电，故上述电路的所谓过零并非准确地在 0V 处，而是一般在±10～±25V 范围内。

在具体使用时，图 1.43 中的 1、2 端接控制信号，3、4 端接负载和交流电源，如图 1.44 所示，图中的 R_L为负载电阻。

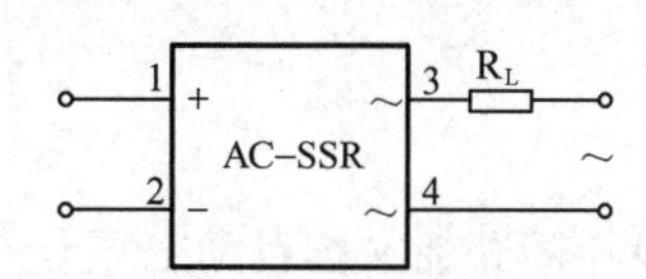

图 1.44　交流型固态继电器的应用电路

3. 固态继电器的型号

固态继电器型号的含义如下。

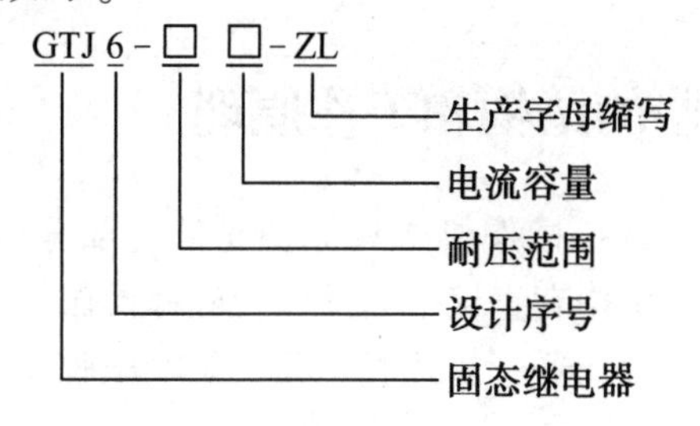

以 GTJ6 固态继电器为例，其主要技术参数如表 1.15 所示。

表 1.15　GTJ6 固态继电器的主要技术参数

输入参数				输出参数		
输入电压	关闭电压	输入电流	接通电流	工作电压	工作电流	绝缘电压
DC 3～12V	DC 1.5V	≤25mA	5mA	AC 220V AC 380V	0.5～2A	≥AC 2 000V
DC 3～12V					1～3 A	≥AC 2 500V
DC 3～32V					10～60A	≥AC 2 500V

4. 固态继电器的应用实例

如图 1.45 所示，采用一个驱动信号串联控制 3 个 AC-SSR，由 3 个 AC-SSR 组成三相交流电子开关，相当于用电子开关来代替接触器的主触点。这种用法的特点是：可用单片机的输出口直接驱动，无须另加放大与隔离电路，尤其适用于动作频繁、要求防爆等特殊场合。

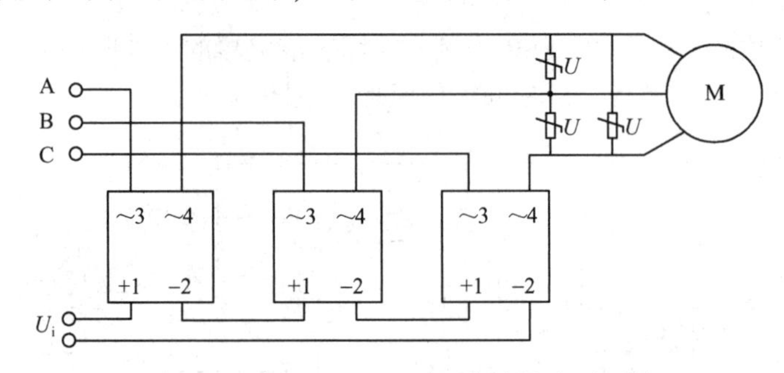

图 1.45　由 AC-SSR 组成三相交流电子开关

当驱动信号的驱动电流大于几个固态继电器所需的“输入电流”之和时，可采用并联驱动方式；当驱动信号的驱动电压大于几个固态继电器所需的“输入电压”之和时，可采用串联驱动方式，如本例所示。用这种三相交流电子开关构成的电气控制系统可用于要求防爆的场合。

1.7　低压断路器

低压断路器又称自动空气开关或自动空气断路器，其作用是不仅可以在电路正常工作时自动地接通或断开电路，而且可以在电路发生过载、短路、失压或欠压等故障时自动切断电路。从功能上看，它相当于刀开关、熔断器、热继电器和欠电压继电器的组合，集控制与多种保护功能于一身，并具有操作安全、使用方便、工作可靠、安装简单、分断能力强等优点，主要用于低压配电线路中。

1.7.1　低压断路器的结构和工作原理

微课：低压断路器

低压断路器主要由触点系统、操作机构和保护元件三部分组成。主触点由耐弧合金制成，采用灭弧栅片灭弧；操作机构有直接手柄操作、杠杆操作、电磁机构操作和电动机驱动等；脱扣器有电磁脱扣器、热脱扣器、复式脱扣器、欠电压脱扣器和分励脱扣器等，发生故障时可自动脱扣。

低压断路器的结构示意图如图 1.46 所示。图中，断路器处于闭合状态，三个主触点 2 通过传动杆 3 与锁扣 4 保持闭合，锁扣 4 可绕轴转动。如果电路发生故障，则自动脱扣机构在有关脱扣器的推动下动作，使锁扣 4 脱开，于是主触点 2 在弹簧 1 的作用下迅速断开。过电流脱扣器 5 的线圈和过载脱扣器 6 的线圈与主电路串联，欠电压脱扣器 7 的线圈与主电路并联。当电路发生短路或严重过载时，过电流脱扣器 5 的衔铁被吸合，使自动脱扣机构动作；当电路过载时，过载脱扣器 6 的热元件产生的热量增加，使双金属片向上弯曲，推动自动脱扣机构动作；当电路欠压或失压时，欠电压脱扣器 7 的衔铁被释放，也使自动脱扣机构动作。分励脱扣器 8 则作为远距离分断电路使用，根据操作人员的命令或其他信号使线圈通电，从而使断路器断开。

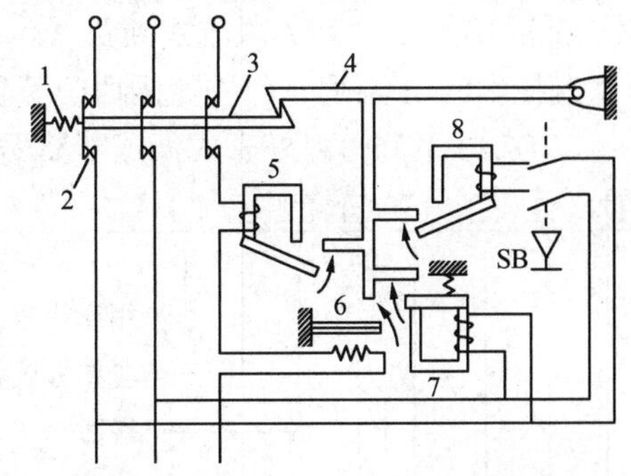

1—弹簧；2—主触点；3—传动杆；4—锁扣；
5—过电流脱扣器；6—过载脱扣器；
7—欠电压脱扣器；8—分励脱扣器

图 1.46　低压断路器的结构示意图

低压断路器根据用途不同可配备不同的脱扣器。

1.7.2　低压断路器的主要技术参数和典型产品

1. 低压断路器的主要技术参数

低压断路器的主要技术参数有额定电压、额定电流、脱扣器类型、通断能力和分断时间等。

2. 低压断路器的典型产品

低压断路器按用途和结构特点可分为框架式低压断路器、塑料外壳式低压断路器、直流快速低压断路器和限流式低压断路器等。随着低压电器技术的发展，国内低压电器行业结合国外低压电器先进的制造技术，研制开发出一大批新型的低压断路器。

1）框架式低压断路器

框架式低压断路器又称万能式低压断路器，它利用绝缘衬底的框架结构底座将所有的构件组装在一起，用在低压配电网中起保护作用。常见的型号有 DW10 系列和 DW15 系列等。

DW15 系列断路器的额定电压为交流 380V，额定电流为 200～4 000A，它分为选择型和非选择型两种产品，选择型（具有三段特性）断路器采用半导体脱扣器。在 DW15 系列断路器的结构基础上，适当改变触点的结构，可以制成 DWX15 系列限流式断路器，它具有快速断开和限制短路电流上升的特点，因此特别适用于可能发生特大短路电流的电路中。在正常情况下，它也可用于电路的不频繁通断及电动机的不频繁启动。

除此以外，还有引进国外先进技术生产的 ME、AE、AH 及 3WE 等系列的具有高分断能力的框架式低压断路器。

2）塑料外壳式低压断路器

塑料外壳式低压断路器利用模压绝缘材料制成的封闭型外壳将所有构件组装在一起，仅在壳盖中央露出操作手柄，供手动操作时使用。一般用作配电线路的保护开关及电动机和照明线路的控制开关等。

目前生产的塑料外壳式低压断路器有 DZ5、DZ10、DZX10、DZ12、DZ15、DZX19、DZ20、DM1、SM1、CCM1、NM1、RMM1、HSM1、HM3、TM30、CM1 等系列的产品，其中 DZX10 和 DZX19 系列为限流式断路器。另外，塑料外壳式低压断路器还有引进美国西屋公司制造技术的 H 系列及引进德国西门子公司制造技术的 DZ108 系列等。

以 DZ20 系列塑料外壳式低压断路器为例，其型号的含义如下。

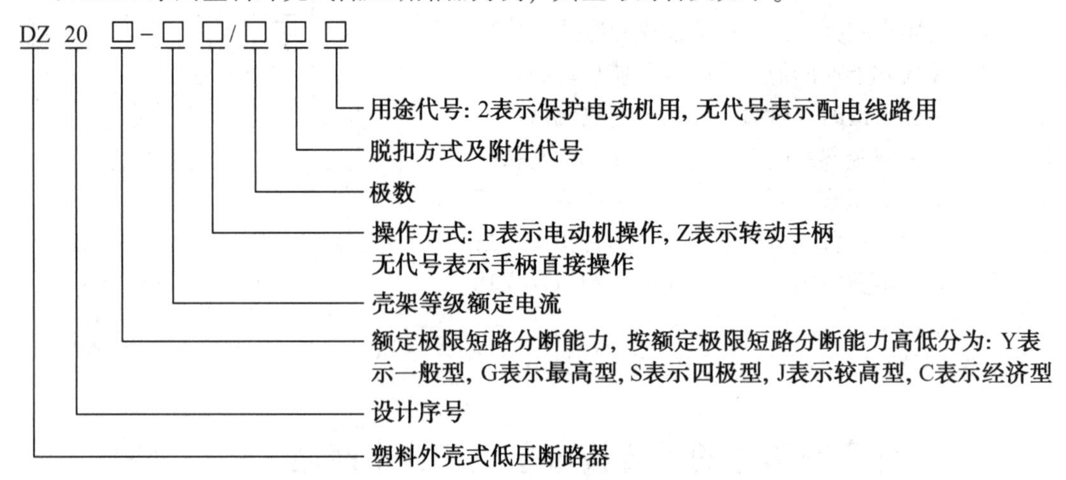

DZ20 系列塑料外壳式低压断路器的主要技术数据如表 1.16 所示。

表 1.16　DZ20 系列塑料外壳式低压断路器的主要技术数据

型　号	额定电压/V	壳架等级额定电流/A	断路器额定电流 I_N/A	瞬时脱扣器整定电流倍数
DZ20Y-100	～380	100	16、20、25、32、40、50、63、80、100	配电用 $10I_N$ 保护电动机用 $12I_N$
DZ20J-100				
DZ20G-100				
DZ20Y-225		225	100、125、160、180、200、225	配电用 $5I_N$、$10I_N$ 保护电动机用 $12I_N$
DZ20J-225				
DZ20G-225				
DZ20Y-400	～220	400	250、315、350、400	配电用 $10I_N$ 保护电动机用 $12I_N$
DZ20J-400				
DZ20G-400				
DZ20Y-630		630	400、500、630	配电用 $5I_N$、$10I_N$
DZ20J-630				

3）智能型万能式断路器

智能型万能式断路器是指具有智能化控制单元的低压断路器。它与普通断路器一样，也有基本框架、触点系统和操作机构，所不同的是将普通断路器的脱扣器更换为具有一定人工智能的控制单元（也叫智能型脱扣器）。这种智能型控制单元的核心是具有单片机功能的微处理器，其功能不但覆盖了全部脱扣器的保护功能（如短路保护、过流保护、过热保护、漏电保护、缺相保护等），而且还能够显示电路中的各种参数（电流、电压、功率、功率因素等）。各种保护功能的动作参数也可以被显示、设定和修改，保护电路动作时的故障参数可以被存储在非易失存储器中以便查询。这种断路器还扩充了测量、控制、报警、数据记忆及传输、通信等功能，其性能大大优于传统的断路器产品。

智能型万能式断路器是以微处理器为核心的机电一体化产品，采用了系统集成技术。智能型万能式断路器的原理框图如图1.47所示。单片机对各路电压和电流信号进行规定的检测。当电压过高或过低时发出缺相脱扣信号，当缺相功能有效时，若三相电流不平衡超过设定值，则发出缺相脱扣信号，同时对各相电流进行检测，根据设定的参数实施三段式（瞬动、短延时、长延时）电流热模拟保护。

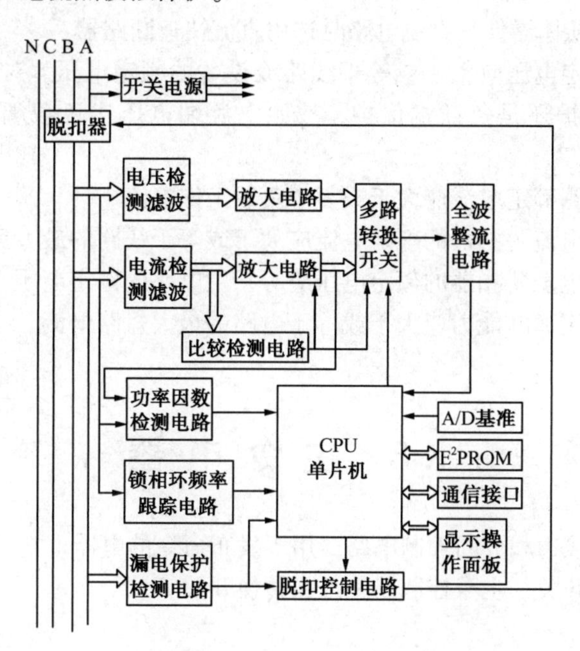

图1.47　智能型万能式断路器的原理框图

目前，常见的智能型万能式断路器有CB11（DW48）系列、F系列、CW1系列、JXW1系列、MA40（DW40）系列、MA40B（MA45）系列、NA1系列、SHTW1（DW45）系列、YSA1系列等。

3. 低压断路器的电气符号

低压断路器的图形符号和文字符号如图1.48所示。

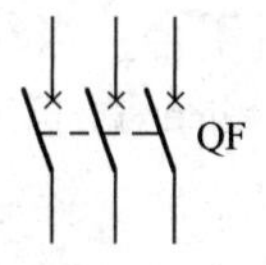

图1.48　低压断路器的图形符号和文字符号

1.7.3　低压断路器的选用

微课：低压断路器的测量方法

1. 选用技术标准

低压断路器的选用应符合GB/T 14048.2—2001《低压开关设备和控制设备低压断路器》

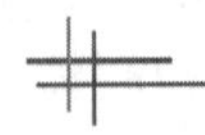

等国家标准要求。

2. 选用原则

(1) 应根据电路的额定电流及保护要求选择断路器的类型。如一般应用场合选用塑料外壳式；短路电流很大时选用限流型；额定电流比较大或有选择性保护要求时选用框架式；用于控制和保护含半导体器件的直流电路时选用直流快速断路器。

(2) 断路器的额定电压应大于或等于线路或设备的额定电压。对于配电线路来说，应注意区分是电源端保护还是负载端保护，按照电源端电压比负载端电压高出5%左右来选择。

(3) 断路器主电路额定电流应大于或等于负载工作电流。

(4) 断路器的过电流脱扣器的整定电流应大于或等于线路的最大负载电流。

(5) 断路器的欠电压脱扣器的额定电压应等于主电路的额定电压。

(6) 断路器的额定通断能力应大于或等于电路的最大短路电流。

1.8 主令电器

主令电器是用来接通和分断控制电路，用于发布命令的电器。常用的主令电器有控制按钮、行程开关、接近开关、主令控制器和万能转换开关等。

1.8.1 控制按钮

微课：控制按钮

控制按钮是一种手动且一般可以自动复位的主令电器，用于对电磁启动器、接触器、继电器及其他电气设备发出指令控制信号。

1. 控制按钮的结构及工作原理

控制按钮的结构示意图如图1.49所示，一般由按钮帽、复位弹簧、动触点、静触点和外壳等组成，通常制成具有动合（常开）触点和动断（常闭）触点的复式结构。当按下控制按钮时，动断触点先断开，动合触点后闭合；当释放控制按钮后，在复位弹簧的作用下控制按钮自动复位，即动合触点先断开，动断触点后闭合，这种按钮称为自复式按钮。另外，还有带自保持机构的控制按钮，第一次按下后，控制按钮由机械结构锁定，手放开后控制按钮不复位，第二次按下后，控制按钮的锁定机构脱扣，手放开后控制按钮才自动复位。

2. 控制按钮的种类及常用型号

按照用途和结构的不同，控制按钮可分为启动按钮、停止按钮和复合按钮等。按使用场合、作用的不同，通常将控制按钮制成红、绿、黑、黄、蓝、白、灰等颜色。GB 5226—2002对控制按钮颜色做出如下规定。

(1)“停止”和“急停”按钮的颜色为红色。

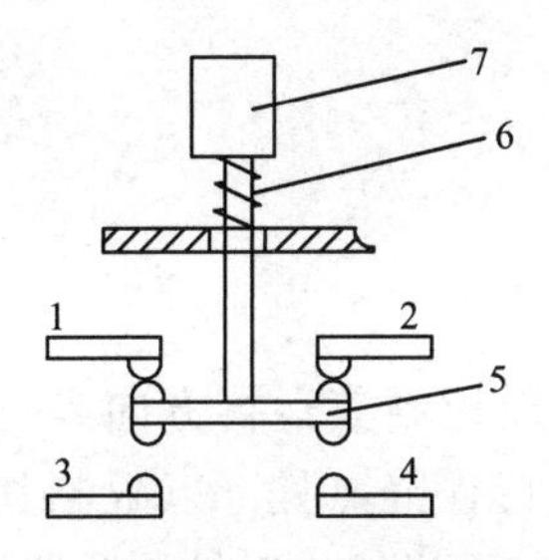

1、2—动断静触点；3、4—动合静触点；5—动触点；6—复位弹簧；7—按钮帽

图 1.49　控制按钮的结构示意图

（2）“启动”按钮的颜色为绿色。

（3）“启动”与“停止”交替动作的按钮为黑白、白色或灰色。

（4）“点动”按钮为黑色。

（5）“复位”按钮是蓝色（如保护继电器的复位按钮）。

控制按钮的结构形式有许多种，分别适用于不同的应用场合。紧急式装有凸出的蘑菇形按钮帽，以便于紧急操作；指示灯式在透明的按钮内装入信号灯，用作信号显示；钥匙式为了安全起见，需要用钥匙插入后方可旋转操作等。

目前使用比较多的有 LA10、LA18、LA19、LA20、LA25、LAY3、LAY5、LAY9、HUL11、HUL2 等系列产品。其中，LAY3 系列是引进产品，产品符合 IEC337 标准及国家标准 GB 1497—85。LAY5 系列是引进法国施耐德电气公司技术的产品，LAY9 系列是综合日本和泉公司、德国西门子公司等产品的优点而设计制作的，符合 IEC337 标准。

3. 控制按钮型号的含义及电气符号

LA 系列控制按钮型号的含义如下。

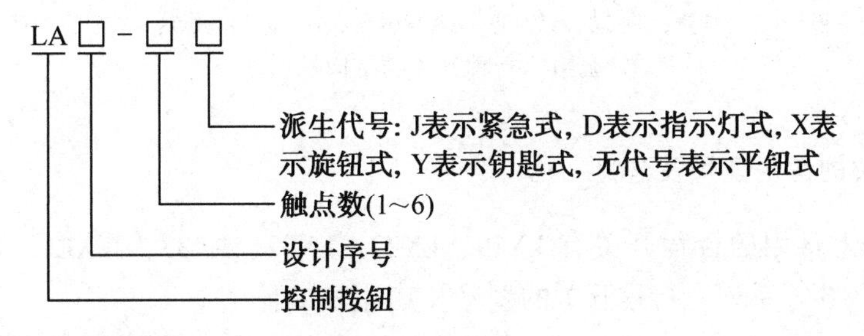

控制按钮的图形符号及文字符号如图 1.50 所示。

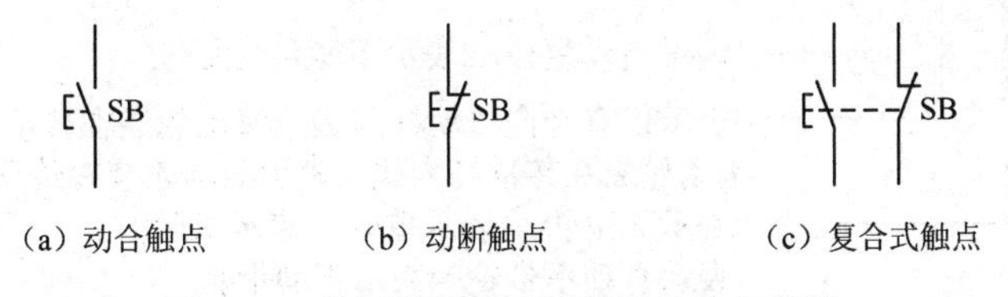

（a）动合触点　（b）动断触点　（c）复合式触点

图 1.50　控制按钮的图形符号及文字符号

微课：控制按钮的测量方法

选用控制按钮时，主要依据需要的触点对数、动作要求、是否需要带指示灯、使用场合

及颜色等要求来选择。

微课：行程开关

1.8.2 行程开关

依据生产机械的行程发出命令以控制其运行方向或行程长短的主令电器，称为行程开关。若将行程开关安装于生产机械行程终点处，以限制其行程，则称为限位开关或终点开关。行程开关广泛用于各类机床和起重机械中以控制这些机械的行程。

1. 行程开关的结构及工作原理

微课：行程开关的测量方法

行程开关的结构示意图如图 1.51 所示。其工作原理与控制按钮类似，只是它用运动部件上的撞块来碰撞行程开关的推杆。触点结构是双触点直动式，为瞬动型触点，瞬动操作是靠传感头推动推杆 1 达到一定行程后，触桥中心点过死点 O''以使触点在弹簧 2 的作用下迅速从一个位置跳到另一个位置，完成接触状态转换，使动断触点断开（动触点 3 和动断静触点 4 分开），动合触点闭合（动触点 3 和动合静触点 5 闭合）。闭合与分断的速度不取决于推杆的行进速度，而由弹簧刚度和结构决定。各种结构的行程开关，只是传感部件的结构方式不同，而触点的动作原理都是类似的。

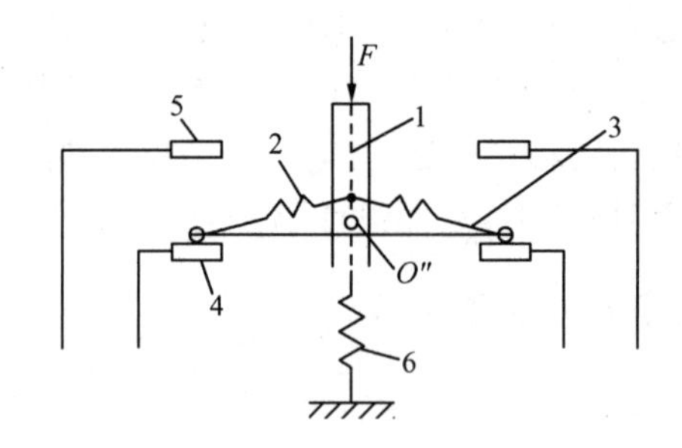

1—推杆；2—弹簧；3—动触点；4—动断静触点；5—动合静触点；6—复位弹簧

图 1.51 行程开关的结构示意图

2. 行程开关的常用型号及含义

目前，市场上常用的行程开关有 LX19、LX22、LX32、LX33、JLXL1，以及 LXW-11、JLXK1-11、JLXW5 等系列。行程开关的型号及其含义如下。

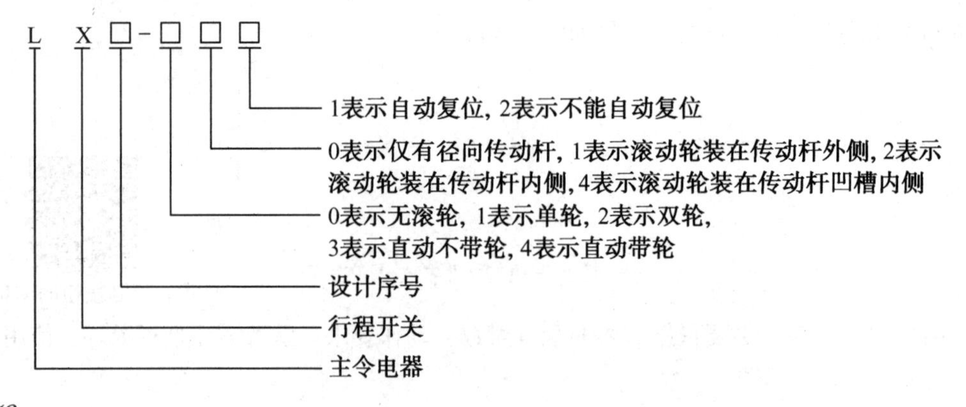

3. 行程开关的外形及电气符号

如图 1.52 所示为 LX19 系列行程开关的外形，图 1.52（a）为单轮旋转式，图 1.52（b）为双轮旋转式。行程开关的图形符号及文字符号如图 1.53 所示。

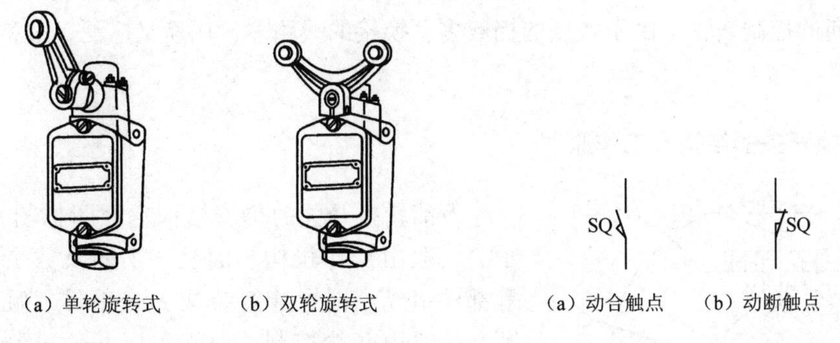

（a）单轮旋转式　（b）双轮旋转式

图 1.52　LX19 系列行程开关的外形

（a）动合触点　（b）动断触点

图 1.53　行程开关的图形符号及文字符号

1.8.3　接近开关

接近开关又称无触点行程开关，它是一种无接触式物体检测装置。当某一物体接近信号机构时，接近开关即发出“动作”信号，它不像机械式行程开关那样需要施以机械力后才能产生动作信号。

接近开关是一种开关型传感器，它既具有行程开关、微动开关的特性，又具有传感器的性能。接近开关不仅可以用于行程控制，还可以用于计数、测速、零件尺寸检测、金属和非金属的探测、液面控制等。

接近开关的种类很多，但不论何种类型的接近开关，其基本组成都是由信号发生机构(检测机构)、振荡器、检波器、鉴幅器和输出电路组成。检测机构的作用是将物理量变换成电量，实现由非电量向电量的转换。

目前市场上接近开关的产品很多，型号各异，主要有 IXJO 型、IJ-1 型、LJ-2 型、LJ-3 型、CJK 型、JKDX 型、JKS 型晶体管无触点接近开关及 J 系列接近开关等。接近开关的功能基本相同，外形有 M6～M34 圆柱形、方形、普通型、分离型和槽型等。

接近开关的图形符号及文字符号如图 1.54 所示。

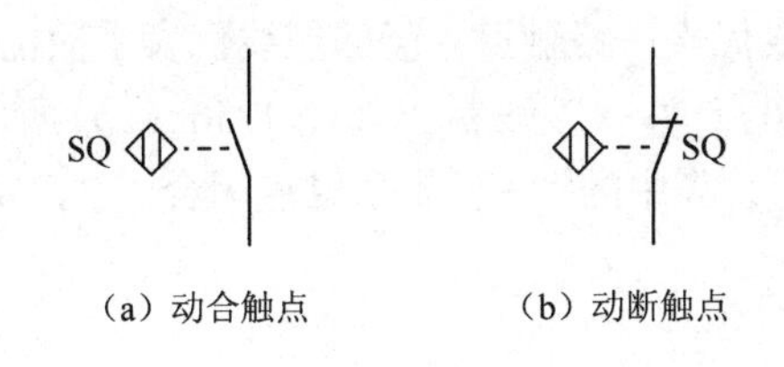

（a）动合触点　（b）动断触点

图 1.54　接近开关的图形符号及文字符号

1.8.4 万能转换开关

万能转换开关是一种多挡位、多触点、能够实现多回路控制的主令电器，主要用于各种配电装置的远距离控制，也可作为电气测量仪表的转换开关或用作小容量电动机的启动、制动、调速和换向的控制装置。由于触点的挡数多，换接的线路多，用途又广泛，故称为万能转换开关。

1. 万能转换开关的结构及工作原理

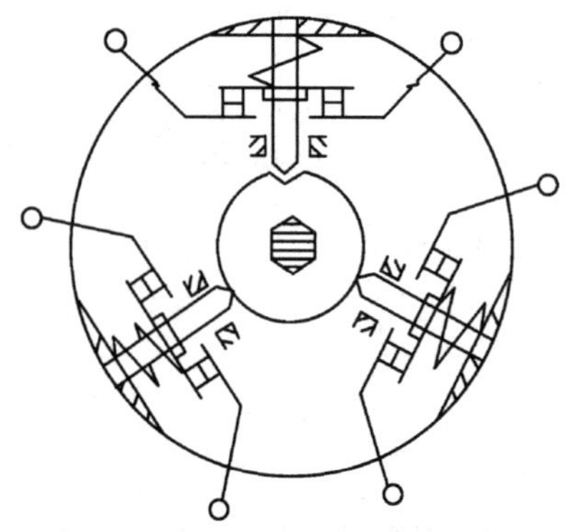

图 1.55 万能转换开关的单层结构示意图

万能转换开关的单层结构示意图如图 1.55 所示。一般由操作机构、面板、手柄及数个触点座等部件组成，用螺栓组装成一个整体。触点的分断与接通由凸轮控制，由于每层凸轮可制成不同的形状，因此当手柄转到不同位置时，通过凸轮的作用，可以使各对触点按需要的规律接通和分断。

2. 常用型号及含义

目前常用的万能转换开关有 LW2、LW5、LW6、LW8、LW9、LW10-10、LW12、LW15 和 3LB、3ST1 等系列。

LW6 系列万能转换开关型号的含义如下。

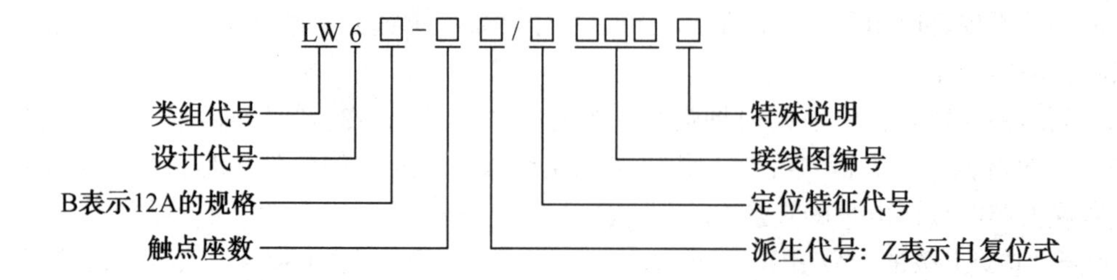

3. 电气符号

万能转换开关的图形符号、文字符号及通断表如图 1.56 所示。

图形符号中的每一条横线代表一路触点，竖的虚线代表手柄位置。哪一路接通就在代表该位置的虚线上的触点下面用黑点“·”表示，如图 1.56（a）所示；触点通断也可用通断表来表示，如图 1.56（b）所示，表中的“+”表示触点闭合，“-”表示触点断开。

4. 万能转换开关的选择

万能转换开关的选择主要从以下几个方面考虑。

（1）按额定电压和工作电流选用合适的万能转换开关。

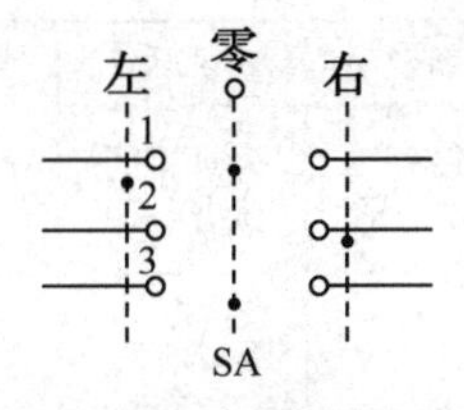

（a）图形符号和文字符号

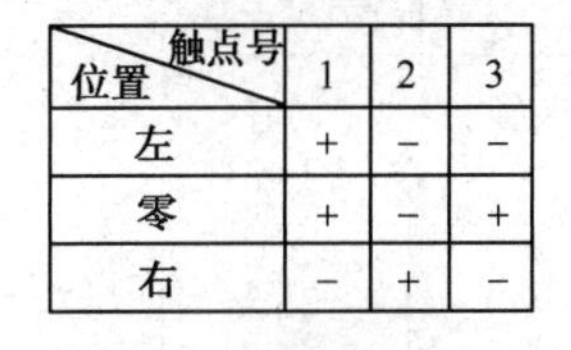

位置 \ 触点号	1	2	3
左	+	−	−
零	+	−	+
右	−	+	−

（b）通断表

图 1.56　万能转换开关的图形符号、文字符号及通断表

（2）按操作要求选择手柄类型和定位特征。

（3）按控制要求参照转换开关样本确定触点数量和接线图编号。

（4）根据工作需要选择面板类型及标志。

1.8.5　凸轮控制器与主令控制器

1. 凸轮控制器

凸轮控制器是一种大型手动控制电器，用于直接操作与控制电动机的正反转、转速、启动与停止。应用凸轮控制器控制电动机具有控制电路简单、维护方便等优点，故被广泛用于中、小型起重机的平移机构和小型起重机的提升机构的控制中。

1）凸轮控制器的结构与工作原理

凸轮控制器主要由触点、转轴、凸轮、杠杆、手柄、灭弧罩及定位机构组成，如图 1.57 所示。

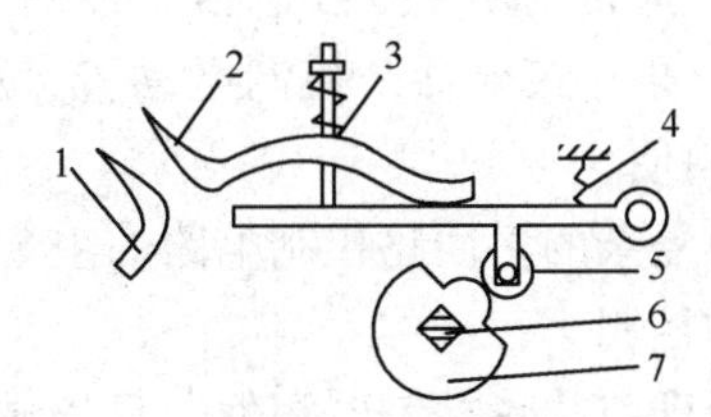

1—静触点；2—动触点；3—触点弹簧；4—复位弹簧；5—滚子；6—转轴；7—凸轮

图 1.57　凸轮控制器的结构

当顺时针转动手柄时，转轴带动凸轮一起转动，当转到某一位置时，凸轮顶动滚子，克服弹簧压力，使动触点向上移动并脱离静触点而分断。在转轴上叠装不同形状的凸轮，可以使若干个触点按规定的顺序接通或分断。将这些触点接到电动机的电路中，便可实现控制电动机的目的。

2）常用的型号与主要技术数据

目前生产的凸轮控制器主要有 KT10、KT14 系列，凸轮控制器的主要技术数据（负荷持续率为 25%时）如表 1.17 所示。

表 1.17 凸轮控制器的主要技术数据

型　号	额定电流 I/A	工作位置数		触点数	控制电动机功率 P/kW		使用场合
		向前（上升）	向后（下降）		制造厂样本数值	设计手册推荐数值	
KT10-25J/1	25	5	5	12	11	7.5	控制一台绕线型电动机
KT10-25J/2	25	5	5	13		2×7.5	同时控制两台绕线型电动机，定子回路由接触器控制
KT10-25J/3	25	1	1	9	5	3.5	控制一台笼型电动机
KT10-25J/5	25	5	5	17	2×5	2×3.5	同时控制两台绕线型电动机
KT10-25J/7	25	1	1	7	5	3.5	控制一台转子串联频敏变阻器的绕线型电动机

3）凸轮控制器型号的含义及图形符号

凸轮控制器型号的含义如下。

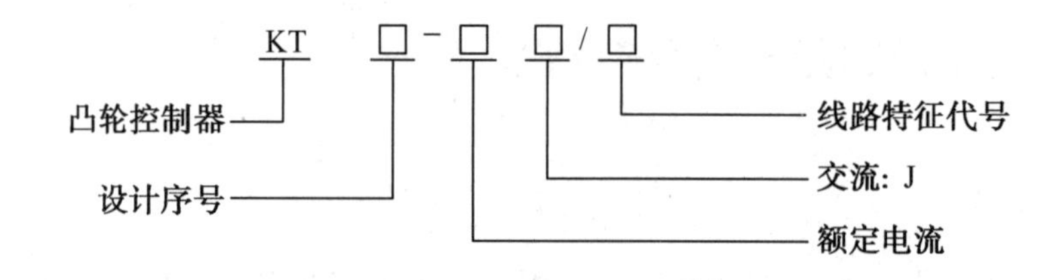

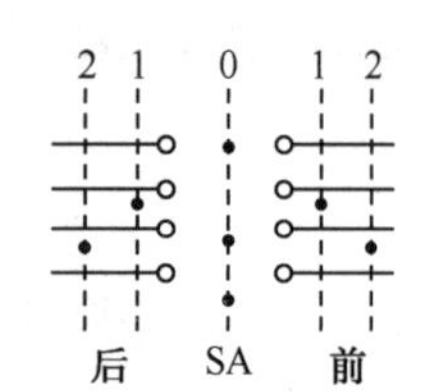

图 1.58 凸轮控制器的图形符号和文字符号

凸轮控制器的图形符号和文字符号如图 1.58 所示，其中触点通断用黑点表示。

2. 主令控制器

当电动机的容量较大、工作繁重且对操作频率和调速性能要求较高时，通常采用主令控制器来控制。用主令控制器的触点来控制接触器，再用接触器来控制电动机，从而使触点容量大大减小，操作更为简便。

主令控制器是用于频繁切换复杂的多回路控制电路的主令电器，主要用作起重机、轧钢机及其他生产机械磁力控制盘的控制。

主令控制器的结构、工作原理与凸轮控制器相似，只是触点的额定电流较小。

目前生产和使用的主令控制器主要有 LK14、LK15、LK16 型，其主要技术数据为额定电压交流 50 Hz、380V 以下，直流 220V 以下，额定操作频率为 1 200 次/h。

主令控制器型号的含义如下。

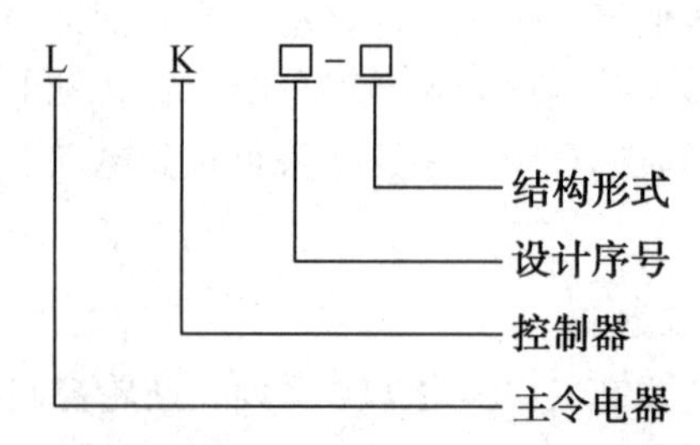

主令控制器的图形符号、文字符号及通断表如图 1.59 所示。触点通断在图形符号中用

黑点表示，如图 1.59（a）所示；触点通断也可用通断表来表示，如图 1.59（b）所示，表中的“+”表示触点闭合，“-”表示触点断开。例如，在图 1.59 中，当主令控制器的手柄置于“Ⅰ”位时，触点“1”“3”接通，其他触点断开；当手柄置于“Ⅱ”位时，触点“2”“4”“5”“6”接通，其他触点断开。

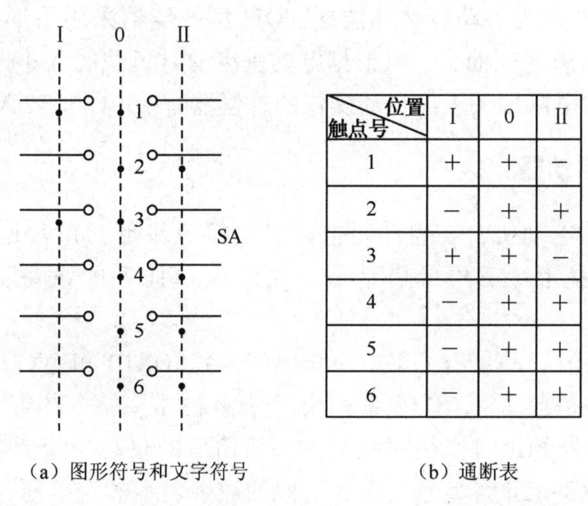

位置 / 触点号	Ⅰ	0	Ⅱ
1	+	+	−
2	−	+	+
3	+	+	−
4	−	+	+
5	−	+	+
6	−	+	+

（a）图形符号和文字符号　　（b）通断表

图 1.59　主令控制器的图形符号、文字符号及通断表

主令控制器的选择主要根据所需操作位置数、控制电路数、触点闭合顺序及长期允许的电流大小来选择。在起重机控制线路中，往往根据磁力控制盘型号来选择主令控制器，因为主令控制器是与磁力控制盘相配合实现控制功能的。

1.9　其他低压电器

1.9.1　启动器

启动器主要用于三相交流异步电动机的启动、停止和正反转控制。启动器分为直接启动器和降压启动器两大类。直接启动器在全电压下直接启动电动机，适用于小功率的电动机。降压启动器是用各种方法降低电动机启动时的电压，以减小启动电流，适用于大功率的电动机。

1. 磁力启动器

磁力启动器是一种直接启动器，由交流接触器和热继电器组成，分为可逆型与不可逆型两种。可逆型磁力启动器具有两个接线方式不同的接触器，以分别实现对电动机的正、反转控制；而不可逆型磁力启动器只有一个接触器，只能控制电动机单方向旋转。

磁力启动器不具有短路保护功能，因此使用时主电路中要加装熔断器或自动开关。

2. 自耦降压启动器

自耦降压启动器又名补偿器，它利用自耦变压器来降低电动机的启动电压，以达到限制启动电流的目的。

补偿器中 QJ3、QJ5 型为手动启动补偿器，QJ3 型补偿器采用星形接法，各相绕组有原边电压的 65%和 80%两组电压抽头，可根据电动机启动时负载的大小选择适当的启动电压，出厂时一般接在 65%的电压抽头上。自动操作的补偿器有 XJ01、CT2 型等。

3. 星形—三角形启动器

对于三角形接法的电动机，在启动时把其绕组接成星形，正常运行时换接成三角形，此降压启动方法称为星形—三角形启动法，完成这一任务的设备称为星形—三角形启动器。

常用的星形—三角形启动器有 QX2、QX3、QX4A、QX10 和 QX12 等系列。QX12 系列为手动型，其余系列均是自动型。QX3 系列由三个接触器、一个热继电器和一个时间继电器组成，利用时间继电器的延时作用完成星形—三角形的自动换接。QX3 系列有 QX3-13、QX3-30、QX3-55、QX3-125 等型号，QX3 后面的数字表示额定电压为 380V 时，启动器可以控制的电动机最大功率，单位为 kW。

1.9.2 牵引电磁铁

牵引电磁铁是一种应用广泛的低压电器，在自动化设备中常用来开关阀门或牵引其他机械装置。牵引电磁铁的基本组成部分有线圈、导磁体和有关机械部件。当线圈通电时，依靠电磁系统中产生的电磁吸力使衔铁做机械运动，在运动过程中克服机械负载的阻力。

常用的牵引电磁铁有 MQ3 系列和 MQZ1 系列，其中 MQZ1 系列为小型直流牵引电磁铁。为电磁阀配套的阀用电磁铁也属于牵引电磁铁，主要有 MFZ1-YC 系列和 MFB1-YC 系列，其中 MFZ1-YC 系列用于电压为 24V 或 110V 的直流电源；MFB1-YC 系列用于频率为 50～60Hz、电压为 220V 或 380V 的交流电源。

1.9.3 频敏变阻器

频敏变阻器是一种随电流的频率变化能自动改变阻值的变阻器，其阻值对频率很敏感。从 20 世纪 60 年代开始，我国就已经应用和推广自行研制的频敏变阻器了。它是绕线型异步电动机较为理想的启动装置，常用于 2.2～3 300kW 的 380V 低压绕线型异步电动机的启动控制。

频敏变阻器的结构类似于没有副绕组的三相变压器，主要由铁芯和绕组两部分组成。铁芯用普通钢板或方钢板制成 E 形和条状（作铁轭）后叠装而成。在 E 形铁芯和铁轭之间留有气隙，供调整阻值用。绕组有几个抽头，一般接成星形。BP1 系列频敏变阻器的外形和结构如图 1.60 所示。

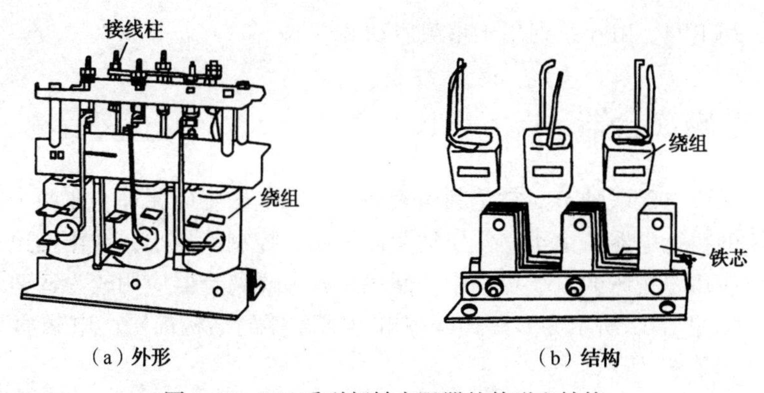

(a) 外形　　(b) 结构

图 1.60　BPl 系列频敏变阻器的外形和结构

频敏变阻器的铁芯常被制成开启式，三个绕组按星形连接，串联在转子电路中，如图 1.61 (a) 所示。当三相绕组通入交流电时，铁芯中产生交变的磁通，引起铁芯损耗。因铁芯由整块钢板制成，故会产生很大的涡流，导致铁损很大。频率越高，涡流越大，铁损也越大，可等效地看作电阻越大。因此，当频率变化时，铁损变化，相当于电阻的值在变化，故频敏变阻器相当于一个铁损很大的电抗器。

转子其中一相的等效电路如图 1.61 (b) 所示。图中 R_b 为绕线电阻，R 为频敏变阻器的铁损等值电阻，X 为电抗，R 与 X 并联。

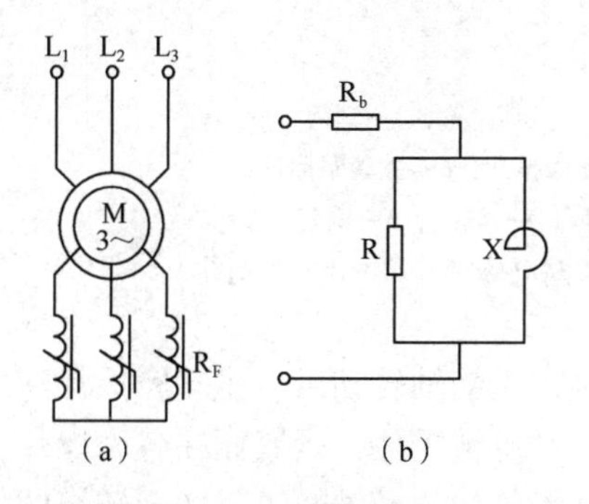

(a)　　(b)

图 1.61　频敏变阻器等效电路

在电动机启动过程中，转子电流频率 f_2 与电源频率 f_1 的关系为：$f_2=sf_1$。其中，s 为转差率。当电动机转速为零时，转差率 $s=1$，$f_2=f_1$，即刚启动时转子回路的电流频率最大，故频敏变阻器的阻值最大，可抑制电动机的启动电流；当 s 随着转速的增大而减小时，转子回路的电流频率逐渐下降，频敏变阻器的等效阻值也逐渐减小。

由此可见，在启动过程刚开始时，频敏变阻器的等效阻抗很大，抑制了电动机的启动电流；随着电动机转速的增大，转子回路的电流频率逐渐降低，频敏变阻器的等效阻抗逐渐减小，从而达到了自动改变电动机转子阻抗的目的，实现了平滑无级启动。当电动机正常运行时，f_2 很低（为 f_1 的 5%～10%），频敏变阻器的阻抗很小。在电动机的启动过程完成后，将频敏变阻器从转子回路中断开。

频敏变阻器结构简单，价格低廉，使用维护方便，应用较为广泛。但它的功率因数较低，启动转矩较小，故不宜用于重载启动的场合。

常用的频敏变阻器有 BPl、BP2、BP3、BP4 和 BP6 等系列，其中 BPl、BP2、BP3 系列

用于轻载启动，而 BP4、BP6 系列用于重载启动。

1.9.4　电磁离合器

电磁离合器又称电磁联轴节。它是利用表面摩擦和电磁感应原理，在两个做旋转运动的物体间传递转矩的执行电器。由于它便于远距离控制，控制能量小，动作迅速、可靠，结构简单，因此广泛应用于机床的电气控制中。摩擦片式电磁离合器应用较为普遍，一般分为单片式和多片式。如图 1.62 所示为多片式摩擦电磁离合器的结构简图。电磁离合器的图形符号和文字符号如图 1.63 所示。

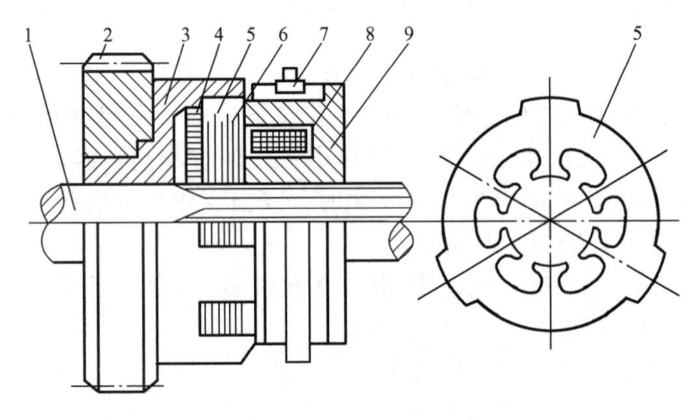

1—主动轴；2—从动齿轮；3—套筒；
4—衔铁；5—从动摩擦片；6—主动摩擦片；
7—电刷与滑环；8—线圈；9—铁芯

图 1.62　多片式摩擦电磁离合器的结构简图

YC

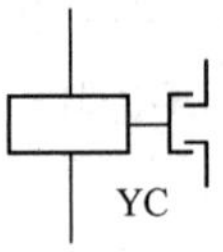

图 1.63　电磁离合器的图形符号和文字符号

主动轴与旋转动力源连接，主动轴转动后，主动摩擦片随之旋转。当线圈通电后，产生磁场，将摩擦片吸向铁芯，衔铁也被吸住，紧紧压住各摩擦片，于是依靠主动摩擦片与从动摩擦片之间的摩擦力，使从动齿轮随主动轴转动，实现转矩的传递。线圈断电后，由于弹簧垫圈的作用，使摩擦片恢复自由状态，从动齿轮停止旋转。

电磁离合器能够在电动机一直处于运转的状态下使用，负载可频繁启停，既避免了电动机的频繁启动、停止，又可达到负载启停迅速的目的。同时，一台电动机可以带动多个负载，且负载可以在不同的时刻启动、停止，其作用在自动生产线上尤为突出。

思考与练习 1

1. 判断题

(1) 直流电磁机构的吸力与气隙的大小无关。　　　　(　　)

(2) 只要外加电压不发生变化，交流电磁铁的吸力在吸合前、后是不变的。　　　　(　　)

(3) 交流接触器铁芯端面嵌有短路铜环的目的是保证动、静铁芯吸合严密，不产生振动与噪声。 ( )

(4) 触点的接触电阻不仅与触点的接触形式有关，还与接触压力、触点材料及触点的表面状况有关。 ( )

(5) 刀开关在接线时，应将负载线接在上端，电源线接在下端。 ( )

(6) 一台额定电压为 220V 的交流接触器在交流 220V 和直流 220V 的电源上均可使用。 ( )

(7) 熔断器的保护特性是反时限的。 ( )

(8) 热继电器的额定电流就是其触点的额定电流。 ( )

(9) 一定规格的热继电器，其所装的热元件规格可能是不同的。 ( )

(10) 无断相保护装置的热继电器不能对电动机的断相提供保护。 ( )

(11) 固态继电器是一种无触点的固体的继电器。 ( )

(12) 继电器在整定值下动作时所需要的最小电压称为灵敏度。 ( )

(13) 低压断路器只有失压保护的功能。 ( )

(14) 低压断路器的文字符号为 FU。 ( )

(15) 行程开关、限位开关、终点开关是同一种开关。 ( )

(16) 频敏变阻器是一种随电流的频率变化能自动改变阻值的变阻器，其阻值对频率很敏感。 ( )

2. 选择题

(1) 电磁机构的吸力特性与反力特性的配合关系是（ ）。

A. 反力特性曲线应在吸力特性曲线的下方且彼此靠近

B. 反力特性曲线应在吸力特性曲线的上方且彼此靠近

C. 反力特性曲线应在远离吸力特性曲线的下方

D. 反力特性曲线应在远离吸力特性曲线的上方

(2) 关于接触电阻，下列说法中不正确的是（ ）。

A. 由于接触电阻的存在，会导致电压损失

B. 由于接触电阻的存在，触点的温度降低

C. 由于接触电阻的存在，触点容易产生熔焊现象

D. 由于接触电阻的存在，触点工作不可靠

(3) 为了减小接触电阻，下列做法中不正确的是（ ）。

A. 在静铁芯的端面上嵌一个短路铜环　　B. 加一个触点弹簧

C. 触点接触面保持清洁　　D. 在触点上镶一块纯银块

(4) 由于电弧的存在，将导致（ ）。

A. 电路的分断时间加长　　B. 电路的分断时间缩短

C. 电路的分断时间不变　　D. 电路的分断能力提高

(5) 在接触器的铭牌上常见到 AC3、AC4 等字样，它们代表（ ）。

A. 生产厂家代号　　B. 使用类别代号

C. 国标代号　　D. 名称代号

(6) 电压继电器的线圈与电流继电器的线圈相比，具有的特点是（ ）。

A. 电压继电器的线圈匝数多、导线细、电阻小

B. 电压继电器的线圈匝数多、导线细、电阻大

C. 电压继电器的线圈匝数少、导线粗、电阻小

D. 电压继电器的线圈匝数少、导线粗、电阻大

(7) 增大电压继电器的返回系数，应采取的办法是（ ）。

A. 减小非磁性垫片的厚度　　B. 增大非磁性垫片的厚度
C. 增大衔铁释放后的气隙　　D. 减小吸合后的气隙

(8) 在延时精度要求不高、电源电压波动较大的场合，应选用（　　）。
A. 空气阻尼式时间继电器　　B. 晶体管式时间继电器
C. 电动式时间继电器　　D. 上述三种都不合适

(9) 电压继电器的返回系数是指（　　）。
A. 释放电压与吸合电压的比值　　B. 释放电流与吸合电流的比值
C. 吸合电压与释放电压的比值　　D. 吸合电流与释放电流的比值

(10) 通电延时型时间继电器，它的动作情况是（　　）。
A. 线圈通电时触点延时动作，断电时触点瞬时动作
B. 线圈通电时触点瞬时动作，断电时触点延时动作
C. 线圈通电时触点不动作，断电时触点瞬时动作
D. 线圈通电时触点不动作，断电时触点延时动作

3. 简答题

(1) 什么是低压电器？常用的低压电器有哪些？
(2) 如何区分直流电磁机构和交流电磁机构？如何区分电压线圈和电流线圈？
(3) 触点分断时电弧产生的原因及常用的灭弧方法有哪些？
(4) 交流接触器的铁芯端面上为什么要安装短路环？
(5) 根据接触器的结构，如何区分是交流接触器还是直流接触器？
(6) 如何选择熔体和熔断器的规格？
(7) 什么是继电器？继电器按用途不同可分为哪两大类？
(8) 什么是时间继电器？它有何用途？
(9) 在电动机启动过程中，热继电器会不会动作？为什么？
(10) 既然在电动机的主电路中装有熔断器，为什么还要装热继电器？装有热继电器是否就可以不装熔断器呢？为什么？
(11) 为什么要对固态继电器进行瞬间过压保护？
(12) 低压断路器可以起到哪些保护作用？说明其工作原理。
(13) 控制按钮和行程开关有何异同？
(14) 接近开关与行程开关一样吗？试说明接近开关的工作原理。
(15) 常用的启动器有哪几种？都用在什么场合？频敏变阻器主要用于什么场合？

第2章

基本电气控制线路

知识目标

(1) 熟悉电气控制线路的绘制原则及标准。
(2) 掌握电气控制线路的基本组成规律。
(3) 掌握交直流电动机的基本控制线路。
(4) 学会分析简单的电气控制线路。
(5) 了解异步电动机的软启动和变频调速方法。

技能目标

(1) 能分析典型的电气控制线路。
(2) 能分析电气控制线路的控制过程。
(3) 能设计简单的电气原理图。
(4) 能识读简单的电气控制系统图。

在广泛使用的生产机械中，大多数都是由电动机拖动的，也就是说生产机械的各种运动都是通过电动机的各种运动实现的。因此，控制电动机就间接地实现了对生产机械的控制。虽然各种生产机械的电气控制线路不同，但一般遵循一定的原则和规律，只要对基本控制线路进行分析研究，掌握其规律，就能够阅读控制线路和设计控制线路。因此，掌握基本电气控制线路，对整个电气控制系统工作原理的分析以及系统维修有着重要的意义。

2.1 电气控制线路的绘制原则及标准

思想映射：与时代同行的电工王亮

电气控制线路由各种电气元件按一定的要求连接而成，可以实现对某种设备的电气自动化控制。为了表示电气控制线路的组成、工作原理及安装、调试、维修等技术要求，需要用统一的工程语言即用工程图的形式来表示，这种图就是电气控制系统图。

电气控制系统图（简称电气图）一般有三种：电气原理图、电气元件布置图、电气安装接线图。下面对各种电气图的特点、作用、绘图原则和标准进行简单介绍。

2.1.1 电气图的一般特点

1. 电气图的主要表达方式

电气图的主要表达方式是简图，它并不是严格按照系统和设备的几何尺寸和绝对位置测绘的，而是用规定的标准符号和文字表示系统和设备的组成及相互关系。

2. 电气图的主要描述对象

电气图的主要描述对象是电气元件和连接线。连接线可用单线法和多线法表示，两种表示方法在同一张图上可以混用。电气元件在图中可以采用集中表示法、半集中表示法、分开表示法来表示。集中表示法是把一个元件的各组成部分的图形符号绘在一起的方法；分开表示法是将同一元件的各组成部分分开布置，有些画在主回路，有些画在控制回路；半集中表示法介于上述两种方法之间，在图中将一个元件的某些部分的图形符号分开绘制，并用虚线表示其相互关系。

在绘制电气图时，一般采用的线条有实线、虚线、点画线和双点画线。线宽的规格有：0.18mm、0.25mm、0.35mm、0.5mm、0.7mm、1.0mm、1.4mm、2.0mm。

绘制图线时还要注意：图线采用两种宽度，粗对细之比应不小于 2∶1；平行线之间的最小距离不小于粗线宽度的 2 倍，建议不小于 0.7mm。

3. 电气图的主要组成部分

一个电气控制系统是由多种元器件组成的，在表示元器件的构成、功能或电气接线时，没有必要也不可能一一画出各种元器件的外形和结构，通常用一种简单的图形符号来表示。同时，为区分作用不同的同一类型电器，还必须在符号旁标注不同的文字符号以区别其名称、功能、状态、特征及安装位置等。因此，通过图形符号和文字符号，人们就可以区分同一类型电器的不同用途。

2.1.2 电气图的图形符号和文字符号

为了与其他国家在科学技术领域开展交流与合作，促进我国电气技术的发展，参照 IEC（国际电工委员会）、TC3（图形符号委员会）等国际组织颁布的技术标准，我国先后制定了几十个电气制图标准，以利于在电工技术方面与国际接轨，其中包括识图和画图使用的电气设备图形符号和文字符号标准。

1. 图形符号、文字符号

在电气控制系统图中，各种电气元件的图形符号和文字符号必须符合国家标准的统一要求。附录 A 中列出了常用的电气图形符号和文字符号，供读者参考。

2. 线路和接线端子标记

线路采用字母、数字、符号及其组合标记。

接线端子标记是指用于连接器件和外部导电部件的标记。电气控制系统图中各电器的接线端子用字母、数字及符号标记，符合国家标准 GB/T 4026—2010《人机界面标志标识的基本和安全规则　设备端子和导体终端的标识》的规定。

三相交流电源和中性线采用 L_1、L_2、L_3、N 标记。直流系统的电源正、负、中间线分别用 L+、L−、M 标记。保护接地线用 PE 标记，接地线用 E 标记。

连接在电源开关后的三相交流电源主电路分别按 U、V、W 顺序标记。分级三相交流电源主电路采用三相文字代号 U、V、W 前加上阿拉伯数字 1、2、3 等来标记，如 1U、1V、1W 及 2U、2V、2W 等。

各电动机分支电路的各接点标记采用三相文字代号后面加数字下角标来表示，数字中的个位数表示电动机代号，十位数表示该支路各接点的代号，从上到下按数字大小顺序标记。如 U_{11} 表示 M_1 电动机第一相的第一个接点代号，U_{21} 为第一相的第二个接点代号，以此类推。电动机绕组首端分别用 U、V、W 标记，尾端分别用 U′、V′、W′标记，双绕组的中点用 U″、V″、W″标记。

控制电路采用阿拉伯数字编号，一般由三位或三位以下的数字组成。标记方法按“等电位”原则进行。在垂直绘制的电路中，标号顺序一般由上而下编号，凡是被线圈、绕组、触点或电阻、电容元件所间隔的线段，都应标以不同的线路标记。

2.1.3　电气原理图

电气原理图是根据电气控制线路工作原理绘制的，具有结构简单、层次分明、便于研究和分析线路工作原理的特征。在电气原理图中只包括所有电气元件的导电部件和接线端点之间的相互关系，并不按照电气元件的实际位置来绘制，也不反映电气元件的大小。其作用是便于详细了解控制系统的工作原理，指导系统或设备的安装、调试与维修。电气原理图是电气控制系统图中最重要的工程图之一，也是识图的难点和重点。

下面以图 2.1 所示的电气原理图为例介绍电气原理图的绘制原则、方法及注意事项。

1. 电气原理图的绘制原则

（1）电气原理图一般分为主电路和辅助电路两部分。主电路指从电源到电动机绕组的大电流通过的路径。辅助电路包括控制电路、照明电路、信号电路及保护电路等，由继电器的线圈和触点、接触器的线圈和辅助触点、按钮、照明灯、信号灯、控制变压器等电气元件组成。通常主电路用粗实线绘制，画在图纸的左边（或上部）；辅助电路用细实线绘制，画在图纸的右边（或下部）。

（2）电气原理图中各电气元件不画实际的外形图，而采用国家标准规定的统一图形符号，文字符号也要符合国家标准的规定。属于同一电器的线圈和触点，要采用同一文字符号表示。对同一类型的电器，在同一电路中的表示可在文字符号后加注阿拉伯数字序号下角标来区分。

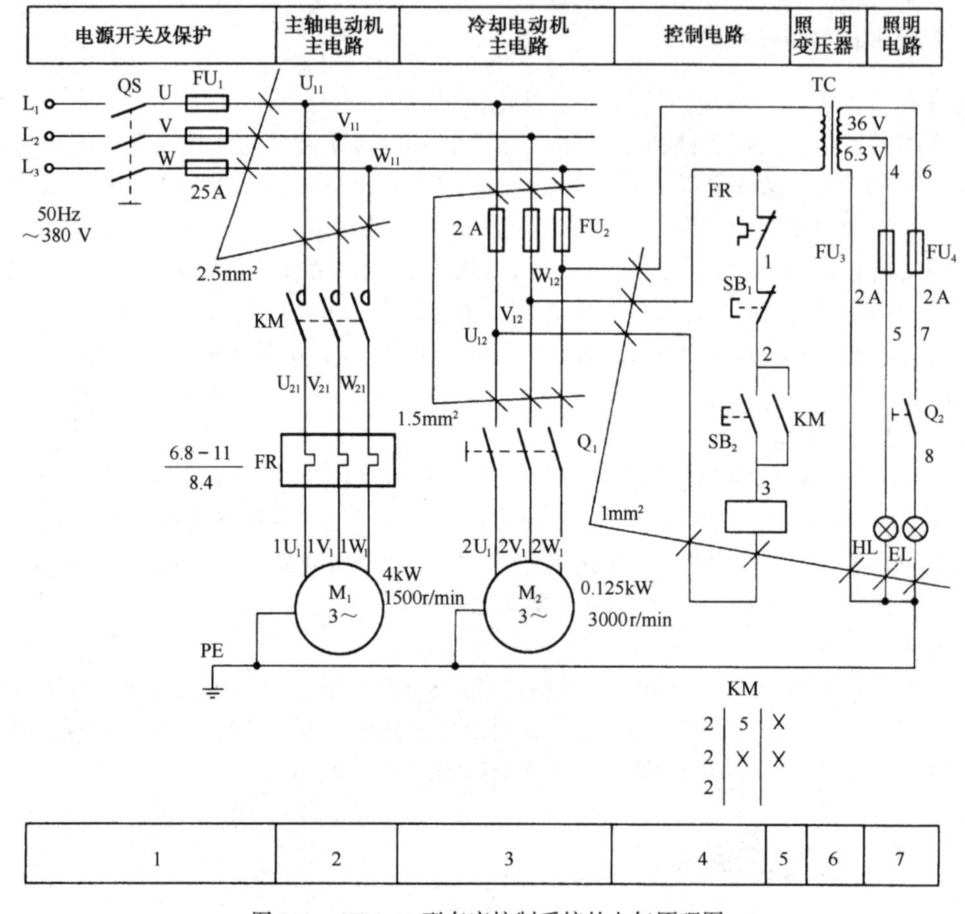

图 2. 1　CW6132 型车床控制系统的电气原理图

（3）在电气原理图中，各个电气元件应按照便于阅读的原则安排。同一电气元件的各个部件可以不画在一起。例如，接触器、继电器的线圈和触点可以不画在一起。

（4）在电气原理图中，电气元件和设备的可动部分都按照没有通电和没有外力作用时的开闭状态画出。例如，继电器、接触器的触点按线圈未通电时的状态画出；主令控制器、万能转换开关按手柄处于零位时的状态画出；按钮、行程开关的触点按不受外力作用时的状态画出等。

（5）电气原理图的绘制应布局合理、排列均匀，为了便于看图，可以水平布置，也可以垂直布置。

（6）电气元件应按功能布置，并尽可能地按工作顺序排列，其布局顺序应该是从上到下、从左到右。电路垂直布置时，类似项目应横向对齐；电路水平布置时，类似项目应纵向对齐。例如，电气原理图中的线圈属于类似项目，由于线路采用垂直布置，所以接触器线圈应横向对齐。

（7）在电气原理图中，有直接联系的交叉导线连接点要用黑圆点表示；无直接联系的交叉导线连接点不画黑圆点。

2. 图幅的分区

为了便于确定图中的内容，也为了在用图时便于查找图中各项目的位置，往往需要将图幅分区。图幅分区的方法是：在图的边框处，竖边方向用大写英文字母编号，横边方向用阿拉伯数字编号，编号顺序应从左上角开始，总的分格数应是偶数，并应按照图的复杂程度选取分区个数，建议组成分区的长方形的任一边长都应不小于 25mm、不大于 75mm。图幅分区的示例如图 2.2 所示。

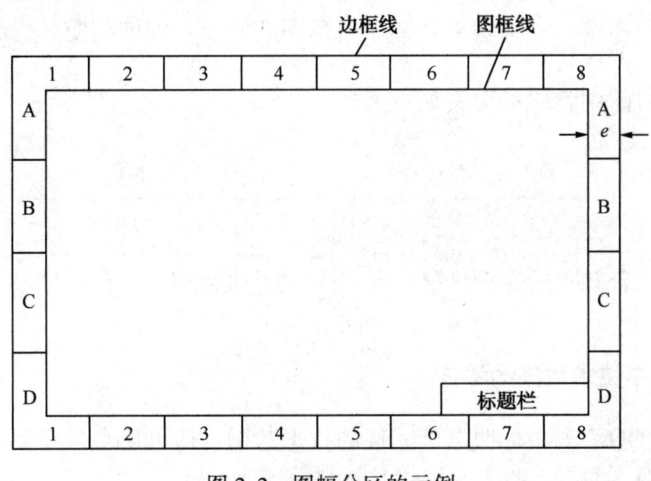

图 2.2　图幅分区的示例

图幅分区以后，相当于在图上建立了一个坐标。项目和连接线的位置可用如下方式表示。

（1）用行的代号（英文字母）表示。

（2）用列的代号（阿拉伯数字）表示。

（3）用区的代号表示。区的代号为字母和数字的组合，且字母在左、数字在右。

在具体使用时，对于水平布置的电路，一般只需标明行的标记；对于垂直布置的电路，一般只需标明列的标记；对于复杂的电路，需用组合标记标明。例如，在图 2.1 的下部，只标明了列的标记，而图区上部的“电源开关及保护”等字样，表明对应区域下方元件或电路的功能，使读者能清楚地知道某个元件或某部分电路的功能，以利于理解整个电路的工作原理。

3. 符号位置的索引

符号位置采用图号、页次和图区编号的组合索引法，索引代号的组成如下所示。

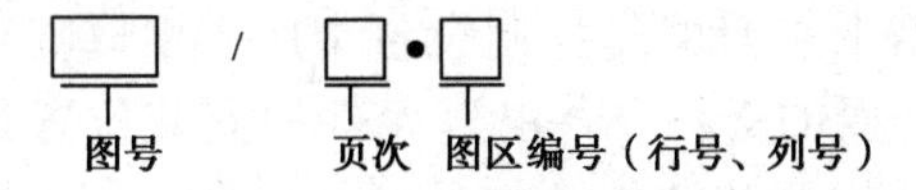

当某图号仅有一页图样时，只写图号和图区的行号、列号；当只有一个图号时，图号可以省略；当电气元件的相关触点只出现在一张图样上时，只标出图区编号。

在电气原理图中，接触器和继电器线圈与触点的从属关系应用附图表示，即在电气原理图相应线圈的下方给出触点的文字符号，并在其下面注明相应触点的索引代号，对未使用的触点用“×”标明，有时也可采用省去触点图形符号的表示法。

对于接触器，附图中各栏的含义如下所述。

	KM	
左栏	中栏	右栏
主触点所在图区号	辅助动合触点所在图区号	辅助动断触点所在图区号

对于继电器，附图中各栏的含义如下所述。

KA	KT
左栏	右栏
动合触点所在图区号	动断触点所在图区号

4. 电气原理图中技术数据的标注

除了在电气元件明细表中标明电气元件的技术数据，还可用小号字体标注在其图形符号的旁边。如图 2.1 中，在 FU_1的下方标注其额定电流为 25A。

5. 识读电气原理图的一般方法

识读电气原理图的一般方法如下所述。

（1）查阅图纸说明。图纸说明包括图纸目录、技术说明、电气元件明细表和施工说明书等。看图纸说明有助于了解电气控制系统的大体情况，并迅速抓住识读的要点。

（2）分清电路性质。分清电气原理图的主电路和控制电路，交流电路和直流电路。

（3）注意识读顺序。识读主电路时，通常从下往上看，即从电气设备（电动机）开始，经控制元件依次到电源。弄清楚电源是经过哪些元器件到达用电设备的。识读控制电路时，通常从左往右看，即先看电源，再依次看各条回路，分析各回路元器件的工作情况及其与主电路的控制关系，弄清楚回路的构成、各元器件间的联系和控制关系，以及在什么条件下回路接通或断开等。

2.1.4 电气元件布置图

电气元件布置图主要用来表明电气控制设备中所有电气元件的实际位置，为电气控制设备的制造、安装提供必要的资料。各电气元件的安装位置是由控制设备的结构和工作要求决定的。例如，电动机要和被拖动的机械部件在一起，行程开关应放在需要取得动作信号的地方，操作元件要放在操纵箱等操作方便的地方，其他的电气元件一般应放在控制柜内。

机床电气元件的布置图主要由机床电气设备布置图、控制柜及控制板电气设备布置图、操作台及悬挂操纵箱电气设备布置图等组成。如图 2.3 所示为 CW6132 型车床的电气元件布置图。

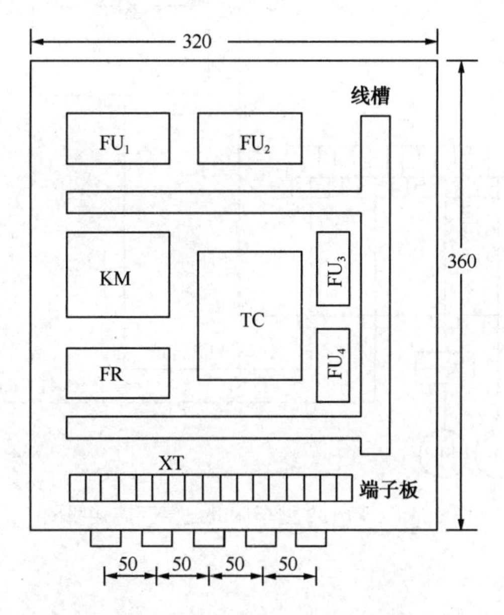

图 2.3　CW6132 型车床的电气元件布置图

2.1.5　电气安装接线图

电气安装接线图是为安装电气设备和对电气元件进行配线或检修电气故障服务的。为了进行装置、设备或成套装置的安装和布线，必须提供其中各个项目（包括元件、器件、组件、设备等）之间电气连接的详细信息，包括连接关系、线缆种类和敷设路线等。

电气安装接线图是检查电路和维修电路不可缺少的技术文件。根据表达对象和用途不同，电气安装接线图又分为单元接线图、互连接线图和端子接线图等。国家有关标准规定的电气安装接线图的编制规则主要包括以下内容。

（1）在电气安装接线图中，一个电气元件的所有带电部件均画在一起，并用点画线框起来。

（2）在电气安装接线图中，各电气元件的图形符号与文字符号均应以电气原理图为准，并与国家标准保持一致。

（3）在电气安装接线图中，一般都应标出项目的相对位置、项目代号、端子间的电气连接关系、端子号、等线号、等线类型及截面积等。

（4）同一控制底板内的电气元件可直接连接，而底板内元器件与外部元器件必须通过接线端子板进行连接。

（5）互连接线图中的互连关系可用连续线、中断线或线束表示，连接导线应注明导线根数、导线截面积等。互连接线图一般不表示导线实际走线方式，施工时由操作者根据实际情况选择最佳走线方式。如图 2.4 所示为 CW6132 型车床的电气互连接线图。

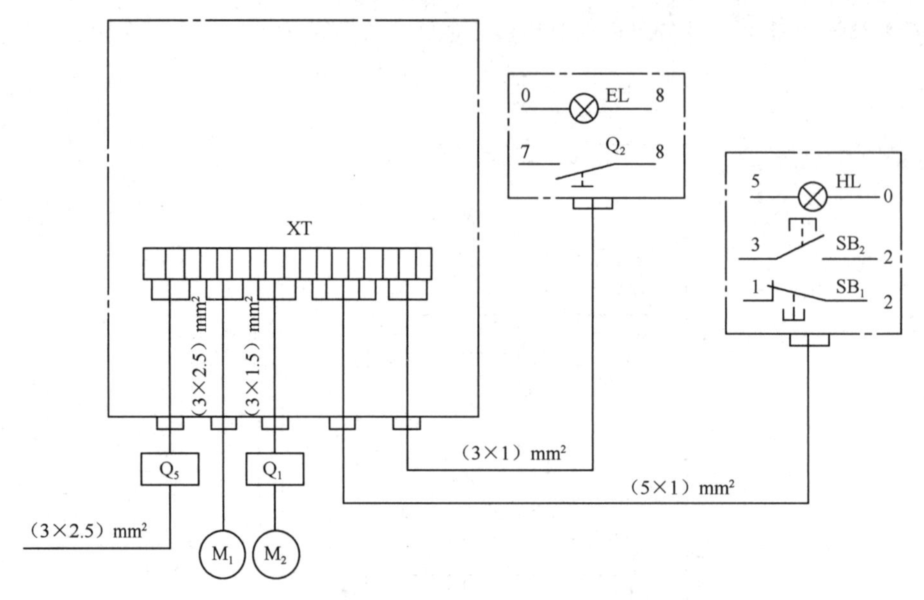

图 2.4　CW6132 型车床的电气互连接线图

2.2　电气控制线路的基本组成规律

在继电—接触器自动控制系统中，常有一些具有普遍性的规律，如点动控制、联锁控制、互锁控制、顺序控制等。下面以三相笼型异步电动机直接启动的控制系统为例，介绍电气控制线路的基本组成规律。

所谓直接启动就是通过开关或接触器，将额定电压直接加在定子绕组上使电动机启动的方法，又称全压启动。其优点是启动设备简单、启动力矩较大、启动时间短。缺点是启动电流大（启动电流为额定电流的 5～7 倍）。当电源容量满足公式（2.1）时允许电动机在额定电压下直接启动。

$$\frac{I_{st}}{I_N} \leqslant \frac{3}{4} + \frac{S_N}{4P_N} \tag{2.1}$$

式中，I_{st}——电动机全压启动电流（A）；I_N——电动机额定电流（A）；S_N——电源容量（kV·A）；P_N——电动机额定功率（kW）。

一般情况下，容量小于 10kW 的电动机常采用直接启动。

演示文稿：导线使用规范　微课：自锁控制

2.2.1　自锁控制

如图 2.5 所示是三相笼型异步电动机单向直接启动、自由停车的电气控制线路。在该图中，主电路刀开关 QS 起隔离作用，熔断器 FU_1 对主电路进行短路保护，接触器 KM 的主触点控制电动机的启动、运行和停车，热继电器 FR 用作过载保护，M 为笼型异步电动机。

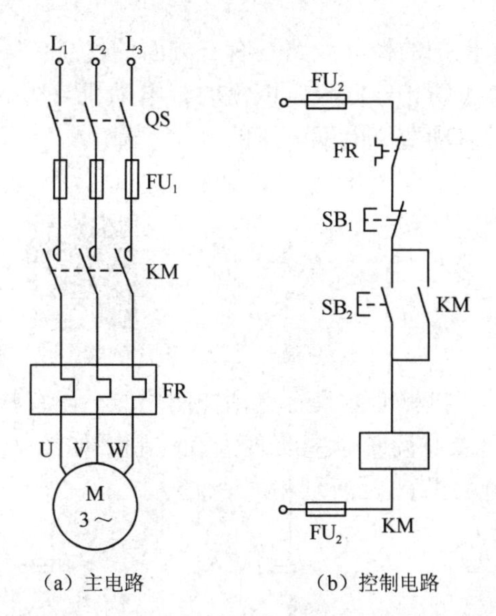

（a）主电路　　（b）控制电路

图 2.5　三相笼型异步电动机单向直接启动、自由停车的电气控制线路

控制电路中的 FU_2用作短路保护，SB_2为启动按钮，SB_1为停止按钮。

1. 线路的工作原理

（1）启动控制。启动时，合上刀开关 QS 引入三相电源。按下启动按钮 SB_2，KM 的吸引线圈通电动作，KM 的衔铁吸合，其中，KM 的主触点闭合使电动机接通电源启动运转；与 SB_2并联的 KM 动合辅助触点闭合，使接触器的吸引线圈经两条线路供电。一条线路是经 SB_1和 SB_2，另一条线路是经 SB_1和接触器 KM 已经闭合的动合辅助触点。这样，当手松开后 SB_2自动复位时，接触器 KM 的吸引线圈仍可通过其动合辅助触点继续供电，从而保证电动机的连续运行。这种依靠接触器自身辅助触点而使其线圈保持通电的现象，称为自锁或自保持。这个起自锁作用的辅助触点，称为自锁触点。

（2）停车控制。停车时，按下停止按钮 SB_1，这时接触器 KM 的吸引线圈断电，主触点和自锁触点均恢复到断开状态，电动机脱离电源停止运转。当手松开停止按钮 SB_1后，SB_1在复位弹簧的作用下恢复闭合状态，但此时控制电路已经断开，只有再按下启动按钮 SB_2时，电动机才能重新启动运转。

2. 线路的保护

（1）短路保护。由熔断器 FU_1、FU_2分别实现对主电路与控制电路的短路保护。

（2）过载保护。由热继电器 FR 实现对电动机的长期过载保护。当电动机出现长期过载时，热继电器动作，串接在控制电路中的动断触点断开，切断 KM 吸引线圈的电源，使电动机断开电源，从而实现过载保护。

（3）欠压和失压保护。由接触器本身的电磁机构来实现。当电源电压过低或失压时，接触器的衔铁自行释放，电动机因失电而停机。当电源电压恢复正常时，接触器线圈不能自动得电，只有再次按下启动按钮 SB_2后电动机才会启动，这能有效防止因断电后突然来电而造成人身及设备损害的危险，具有安全保护的作用，此种保护又称零压保护。

设置欠压、失压和零压保护的控制线路具有三方面的优点：第一，防止电源电压严重下降时电动机欠压运行；第二，防止电源电压恢复时，电动机自行启动造成设备和人身事故；第三，避免多台电动机同时启动造成电网电压的严重下降。

如图 2.5 所示电路，不仅能实现电动机频繁启动控制，而且还可实现远距离的自动控制，是一种最常用的简单控制线路。

2.2.2 点动控制

演示文稿：板前硬线配线工艺及控制柜图　微课：点动控制

在实际应用中，有些生产机械需要具有点动控制功能，还有些生产机械既需要有连续运转（长动）控制功能，又要求在调整时能实现点动控制。如图 2.6 所示为具有点动控制的几种典型线路，主电路与图 2.5（a）所示相同。

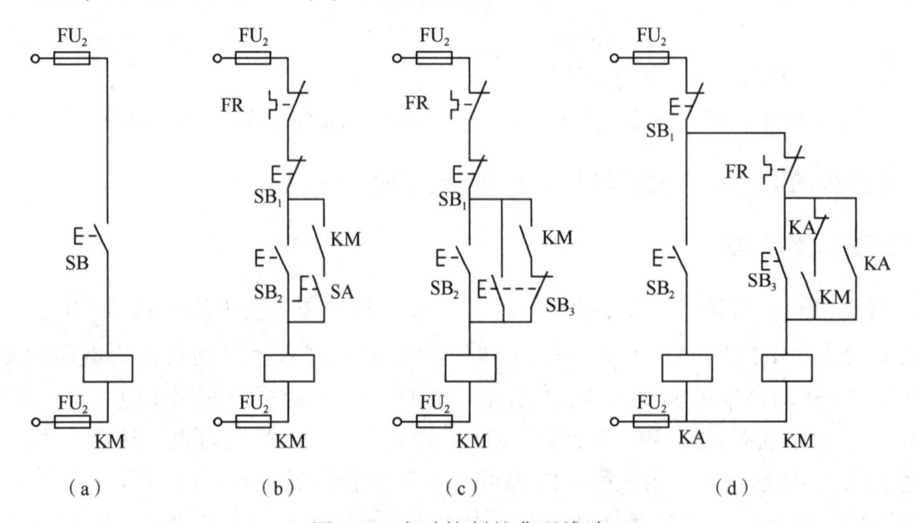

图 2.6　点动控制的典型线路

1. 线路的工作原理

如图 2.6（a）所示是最基本的点动控制线路。当按下点动控制按钮 SB 时，接触器 KM 线圈通电，KM 主触点闭合，电动机 M 通电启动运行。当松开按钮 SB 时，接触器 KM 线圈断电，KM 主触点断开，电动机 M 失电停转。

如图 2.6（b）所示是带转换开关 SA 的长动、点动控制线路。当需要点动控制时，将 SA 断开，则自锁回路断开，按下 SB_2 可实现点动控制；若需要长期运行，则合上开关 SA，将 KM 自锁触点接入，则可实现连续运行控制。

如图 2.6（c）所示是由两个启动按钮控制的长动、点动控制线路。当按下 SB_2 时可实现连续运行控制；当按下 SB_3 时，KM 自锁触点先断开，将自锁回路断开，从而实现点动控制。

如图 2.6（d）所示是利用中间继电器实现的长动、点动控制线路。当按下 SB_2 时，继电器 KA 线圈得电，其辅助动断触点断开自锁回路；同时辅助动合触点闭合，接触器 KM 线圈得电，电动机 M 得电启动运转。松开 SB_2，KA 线圈失电，动合触点分断，接触器 KM 线圈失电，电动机 M 失电停转，从而实现点动控制。当按下 SB_3 时，接触器 KM 线圈得电并自锁，KM 主触点闭合，电动机 M 得电连续运行。当需要停机时，按下 SB_1 即可。

2. 点动控制的规律

由以上分析可知，电动机长动与点动控制的关键环节是自锁触点是否接入。若能实现自锁，则电动机可连续运行；若断开自锁回路，则电动机可实现点动控制，即点动控制时不能接通自锁回路。

微课：联锁控制

2.2.3　联锁控制

在生产实践中，许多生产机械要求电动机能正、反向运转，从而实现可逆运行，如机床主轴的正向和反向运动，工作台的向前、向后运动，起重机吊钩的上升和下降运动等。由电动机原理可知，只要改变电动机定子绕组的电源相序，就可以实现电动机运转方向的改变。在实际应用中，经常通过用两个接触器改变电源相序的方法来实现电动机的正、反转控制。

可逆运行控制线路实质上是两个方向相反的单向运行线路的组合。为了避免误操作引起电源相间短路，必须在这两个相反方向的单向运行线路中加装联锁机构。

1. 用接触器控制电动机正、反转

如图 2.7 所示为用接触器实现三相笼型异步电动机正、反转的控制线路。图中，KM_1、KM_2分别为正、反转接触器，它们的主触点接线相序不同，KM_1按 U—V—W 相序接线，KM_2按 V—U—W 相序接线，即将 U、V 两相对调，所以当两个接触器分别工作时，电动机的旋转方向不一样，从而使电动机能够可逆运行。

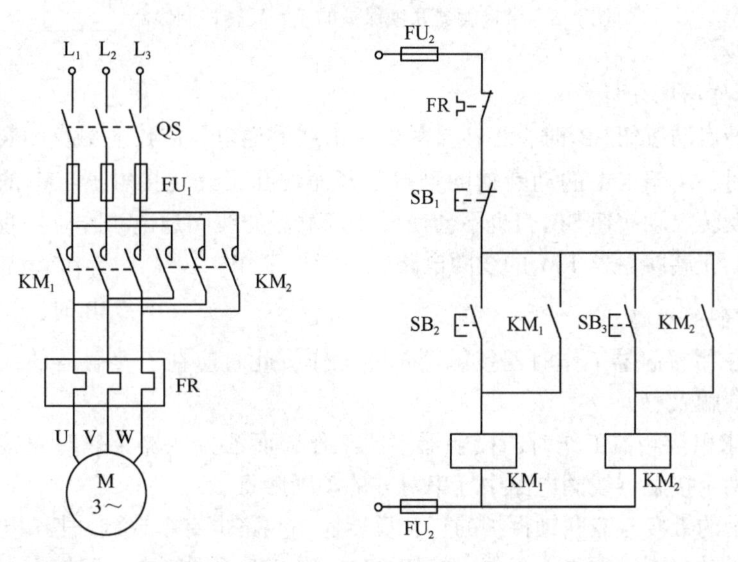

图 2.7　用接触器实现三相笼型异步电动机正、反转的控制线路

图 2.7 所示控制线路虽然可以完成控制电动机正、反转的任务，但这个线路是有缺点的，在按下正转按钮 SB_2时，KM_1线圈通电并自锁，接通正序电源，电动机正转。若发生错误操作，在按下 SB_2后又按下反转按钮 SB_3，则 KM_2线圈通电并自锁，此时在主电路中将发生 U、V 两相电源短路事故。

2. 带接触器联锁保护的正、反转控制

为了避免误操作引起电源短路事故，要求保证图 2.7 中的两个接触器不能同时工作。这种在同一时间里两个接触器只允许一个工作的控制作用称为联锁或互锁。图 2.8 为带接触器联锁保护的正、反转控制线路。在正、反两个接触器中互串一个对方的动断触点，这对动断触点称为互锁触点或联锁触点。由于这种联锁是依靠电气元件来实现的，所以也称为电气联锁。

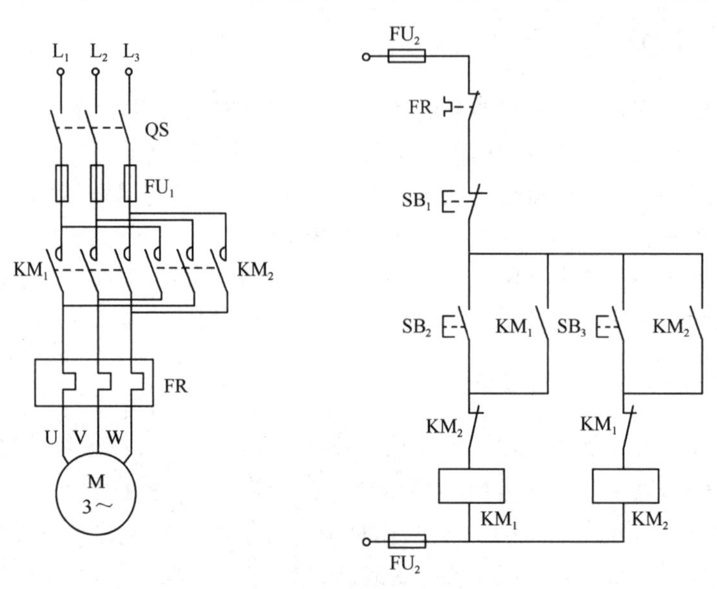

图 2.8　带接触器联锁保护的正、反转控制线路

1）线路工作原理分析

当按下正转启动按钮 SB_2时，正转接触器 KM_1线圈通电，KM_1 主触点闭合，电动机正转运行。与此同时，由于 KM_1的动断辅助触点断开而切断了反转接触器 KM_2的线圈电路。因此，即使按下反转启动按钮 SB_3，也不会使反转接触器的线圈通电工作。同理，在反转接触器 KM_2动作后，正转接触器 KM_1的线圈电路也不能再工作。

2）联锁控制的规律

（1）若要求甲接触器工作时乙接触器不能工作，此时应在乙接触器的线圈电路中串入甲接触器的动断触点。

（2）若要求甲接触器工作时乙接触器不能工作，而乙接触器工作时甲接触器也不能工作，此时要在两个接触器线圈电路中互串对方的动断触点。

图 2.8 所示的带接触器联锁保护的正、反转控制线路也有个缺点，若在电动机正转过程中要求电动机反转，则必须先按下停止按钮 SB_1，让 KM_1线圈断电，互锁触点 KM_1闭合，然后才能按下反转按钮使电动机反转，即只能按照电动机“正—停—反”的顺序控制，这给实际操作带来了不便。

3. 双重联锁正、反转控制

为了解决图 2.8 中电动机从一个转向不能直接过渡到另一个转向的问题，在生产上常采

用双重联锁控制线路，如图 2.9 所示。

在图 2.9 中，既有由接触器动断触点组成的电气联锁，又有由复式按钮 SB_2 和 SB_3 动断触点组成的机械联锁。这样，当电动机由正转变为反转时，只需按下反转按钮 SB_3，便可通过 SB_3 的动断触点断开 KM_1 电路，KM_1 起联锁保护作用的触点闭合，接通 KM_2 线圈控制电路，实现电动机反转，即可以实现电动机的“正—反—停”控制。

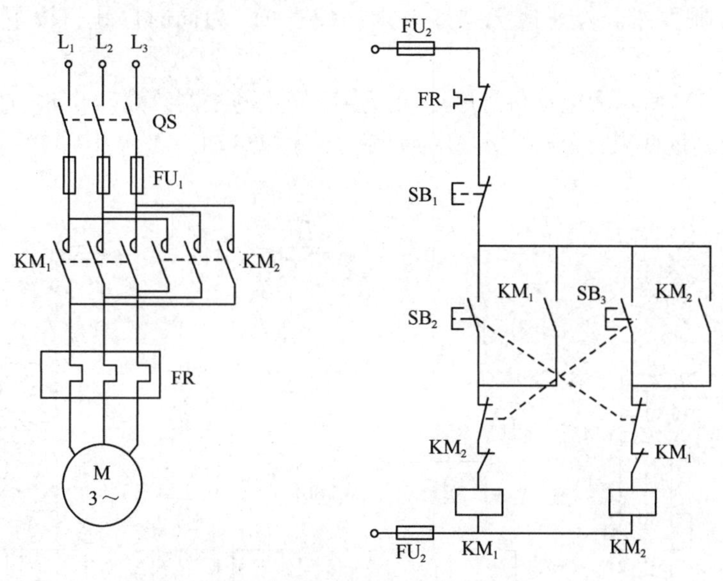

图 2.9　双重联锁控制线路

需要强调的是，复式按钮不能取代联锁触点的作用。例如，当主电路中正转接触器 KM_1 的触点发生熔焊（即静触点和动触点烧蚀在一起）现象时，由于相同的机械连接，KM_1 的触点在线圈断电时不复位，KM_1 的动断触点处于断开状态，可防止反转接触器 KM_2 通电使主触点闭合而造成电源短路故障，这种保护作用仅采用复式按钮是做不到的。

这种既有电气联锁又有机械联锁的控制线路称为双重联锁控制线路，此种线路既能实现电动机直接正、反转的功能，又保证了电路能够可靠工作，常用在电力拖动控制系统中。

2.2.4　顺序控制

微课：顺序控制

在需要多台电动机拖动的电气控制系统中，常要求电动机能够有顺序地启动。例如，车床的主轴必须在油泵工作以后才能启动；铣床的主轴旋转以后工作台方可移动等，这些都要求电动机必须有顺序地启动工作。这种要求一台电动机启动后另一台电动机才能启动的控制方式称为电动机的顺序控制。

如图 2.10 所示为几种电动机顺序控制的典型线路。

1. 线路的工作原理

如图 2.10（b）所示为电动机顺序启动、同时停止的控制线路。电动机 M_2 的控制电路并联在接触器 KM_1 的线圈两端，再与 KM_1 自锁触点串联，从而保证了只有 KM_1 得电吸合，

电动机 M_1启动后，KM_2线圈才能得电，M_2才能启动，以实现 M_1先启动、M_2后启动的顺序控制要求。停止时，M_1、M_2同时停止。

如图 2.10（c）所示为电动机顺序启动、同时停止或单独停止的控制线路。在电动机 M_2的控制电路中串接了接触器 KM_1的动合辅助触点。只要 KM_1线圈不得电，M_1不启动，即使按下 SB_4，由于 KM_1的动合辅助触点未闭合，故 KM_2线圈不能得电，从而保证 M_1启动后 M_2才能启动的控制要求。停止时无顺序要求，按下 SB_1为同时停止，按下 SB_3为 M_2单独停止。

如图 2.10（d）所示为电动机顺序启动、逆序停止的控制线路。在 SB_1的两端并联了接触器 KM_2的动合辅助触点，从而实现 M_1启动后 M_2才能启动、M_2停止后 M_1才能停止的控制要求。

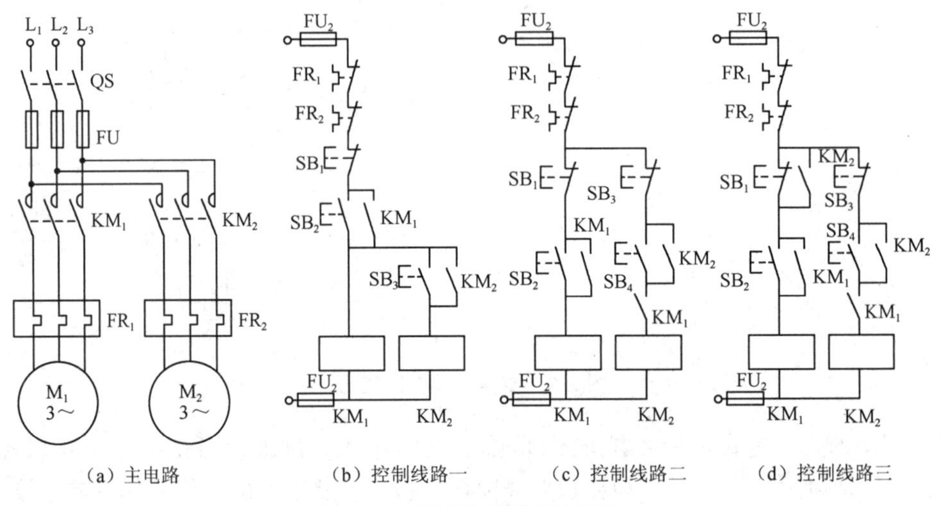

（a）主电路　（b）控制线路一　（c）控制线路二　（d）控制线路三

图 2.10　顺序控制的典型线路

2. 顺序控制的规律

（1）若要求甲接触器工作后才允许乙接触器工作，则在乙接触器线圈电路中串入甲接触器的动合触点。

（2）若要求乙接触器线圈断电后才允许甲接触器线圈断电，则将乙接触器的动合触点并联在甲接触器的停止按钮两端。

2.2.5　多地控制线路

微课：多地控制

能在两地或多地控制同一台电动机的控制方式称为电动机的多地控制。例如，X62W 型万能铣床在操作台的正面及侧面均能对铣床的工作状态进行控制。

如图 2.11 所示为三相笼型异步电动机单方向旋转的两地控制线路。其中 SB_3、SB_1为安装在甲地的启动按钮和停止按钮，SB_4、SB_2为安装在乙地的启动按钮和停止按钮。

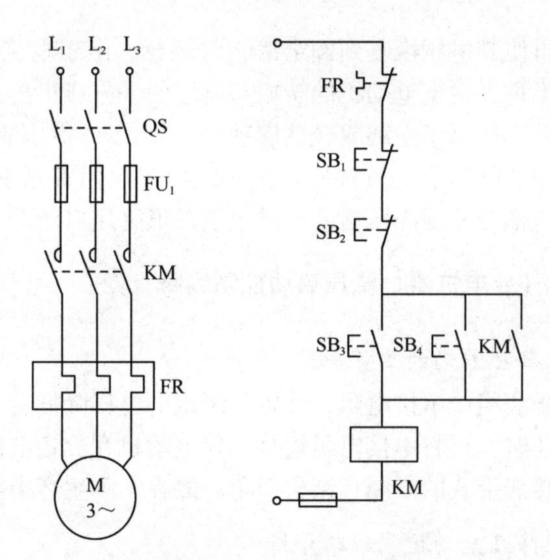

图 2.11　三相笼型异步电动机单方向旋转的两地控制线路

1. 线路的工作原理

在图 2.11 中，启动按钮 SB_3、SB_4是并联的，即当任意一处启动按钮被按下时，接触器线圈都能通电并自锁；停止按钮 SB_1、SB_2是串联的，即当任意一处停止按钮被按下时，都能使接触器线圈断电，必须使电动机停转。

2. 多地控制的规律

对电动机进行多地控制时，所有的启动按钮全部并联在自锁触点两端，按下任意一处的启动按钮都可以启动电动机；所有的停止按钮全部串联在接触器线圈回路中，按下任意一处的停止按钮都可以使电动机停止工作。

综上，本节以三相笼型异步电动机直接启动控制为例，介绍了电气控制线路的基本组成规律，这些规律同样适用于绕线型异步电动机和直流电动机的电气控制线路。

2.3　三相异步电动机降压启动控制线路

三相异步电动机直接启动控制线路具有结构简单、经济、操作方便的优点，但会受到电源容量的限制。当电动机容量较大（大于 10kW）时，启动时会产生较大的启动电流，将引起电网电压下降，因此必须采取降压启动的方法限制启动电流。

笼型异步电动机和绕线型异步电动机的结构不同，限制启动电流的措施也不同。下面就两种电动机限制启动电流所采取的方法和工作原理进行介绍。

2.3.1　笼型异步电动机的降压启动控制线路

微课：降压启动

所谓降压启动是指利用启动设备将电压适当降低后加到电动机的定子绕组上进行启动，

待电动机启动运行后，再使其电压恢复到额定值正常运行。由于电流随电压的降低而减小，从而限制了启动电流。不过，由于电动机的转矩与电压的平方成正比，故电动机启动转矩也会降低，因此，降压启动仅适用于空载或轻载启动。

笼型异步电动机常用的降压启动方法有：定子绕组串电阻（或电抗器）降压启动；星形—三角形降压启动；自耦变压器降压启动；延边三角形降压启动等。

1. 定子绕组串电阻（或电抗器）降压启动控制线路

1）定子绕组串电阻降压启动的工作原理

电动机启动时在定子绕组中串接电阻，使定子绕组的电压降低，从而限制启动电流。待电动机转速接近额定转速时，再将串接电阻短接，使电动机在额定电压下正常运行。这种启动方式由于不受电动机接线形式的限制且结构简单，故在实际生产中获得了广泛应用。

2）定子绕组串电阻降压启动控制线路分析

如图 2.12（b）所示为定子绕组串电阻降压启动的控制线路。该线路利用时间继电器控制降压电阻的切除。时间继电器的延时时间按启动过程所需时间整定。当合上刀开关 QS，按下启动按钮 SB_2时，KM_1线圈立即通电吸合，使电动机定子绕组在串接电阻的情况下启动，与此同时，时间继电器 KT 通电开始计时，当达到时间继电器的整定值时，其延时闭合的动合触点闭合，使 KM_2线圈通电，KM_2的主触点闭合，将串接电阻短接，电动机在额定电压下进入稳定的正常运行状态。

由图 2.12（b）可以看出，线路在启动结束后，KM_1、KT 线圈一直通电，这不仅消耗电能，而且减少电器的使用寿命，这是不必要的。图 2.12（c）是在图 2.12（b）的基础上进行改进得到的。方法是：在接触器 KM_1和时间继电器 KT 的线圈电路中串入 KM_2的动断触点，增加一个 KM_2自锁触点，如图 2.12（c）所示。这样当 KM_2线圈通电时，其动断触点断开，使 KM_1、KT 线圈断电。

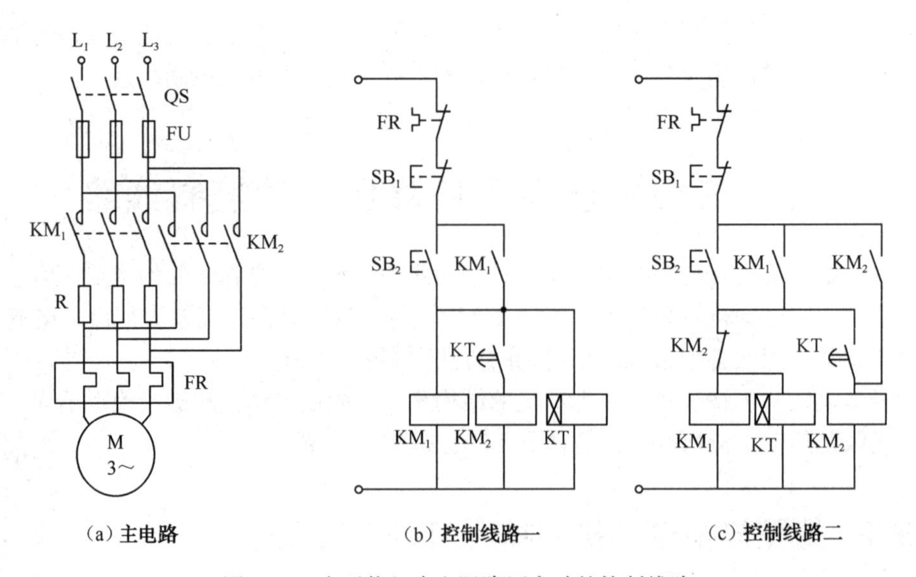

（a）主电路　（b）控制线路一　（c）控制线路二

图 2.12　定子绕组串电阻降压启动的控制线路

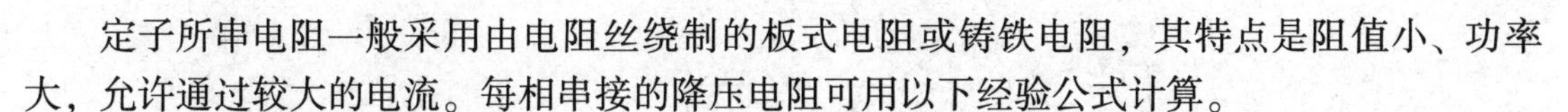

定子所串电阻一般采用由电阻丝绕制的板式电阻或铸铁电阻，其特点是阻值小、功率大，允许通过较大的电流。每相串接的降压电阻可用以下经验公式计算。

（1）电阻的计算公式。

$$R=\frac{220}{I_N}\left(\frac{I_{st}}{I'_{st}}\right)^2-1 \tag{2.2}$$

式中，I_N——电动机额定电流；I_{st}——额定电压下未串接电阻时的启动电流，一般取 $I_{st}=(5\sim7)$ I_N；I'_{st}——串接电阻后所要求达到的电流，一般取 $I'_{st}=(2\sim3)$ I_N。

（2）降压电阻功率的计算公式。

$$P=RI_{st}^2 \tag{2.3}$$

由于启动电阻只在启动时使用，而启动时间又很短，所以实际选用的电阻的功率可比计算值小一些。

定子绕组串电阻降压启动的方法虽然设备简单，但能量损耗较大。为了节省能量，可采用电抗器代替电阻，但成本会增加，采用电抗器的控制线路与电动机定子绕组串电阻的控制线路相同。

2. 星形—三角形降压启动控制线路

对于正常运行时定子绕组接成三角形的三相笼型异步电动机，可采用星形—三角形降压启动方法来达到限制启动电流的目的。由于 Y 系列 4.0 kW 以上的笼型异步电动机均采用三角形连接，故均可以采用星形—三角形降压启动方法。

1）*星形—三角形降压启动的工作原理*

启动时，先将电动机定子绕组接成星形，使电动机每相绕组承受的电压为电源的相电压，是额定电压的 $1/\sqrt{3}$，启动电流为三角形直接启动时电流的 1/3；当转速上升到接近额定转速时，再将定子绕组接线方式由星形改成三角形，此时电动机就可进入全电压正常运行状态。

2）*三接触器式星形—三角形降压启动控制线路*

三接触器式星形—三角形降压启动控制线路如图 2.13 所示。图中 UU′、VV′、WW′为电动机的三相绕组，当 KM_3 的动合触点闭合，KM_2 的动合触点断开时，相当于 U′、V′、W′连接在一起，为星形连接；当 KM_3 的动合触点断开，KM_2 的动合触点闭合时，相当于 U 与 V′、V 与 W′、W 与 U′连接在一起，三相绕组头尾相连接，为三角形连接。

线路的工作原理分析：当合上刀开关 QS 后，按下启动按钮 SB_2，接触器 KM_1 线圈、KM_3 线圈以及通电延时型时间继电器 KT 线圈通电，电动机接成星形启动；同时，KM_1 的动合辅助触点自锁，时间继电器开始定时。当电动机转速接近额定转速，即时间继电器 KT 延时时间已到时，KT 延时断开的动断触点断开，切断 KM_3 线圈电路，KM_3 断电释放，其主触点和辅助触点复位；同时，KT 延时闭合的动合触点闭合，使 KM_2 线圈通电自锁，电动机接成三角形运行。时间继电器 KT 线圈因 KM_2 动断触点断开而失电，时间继电器的触点复位，为下一次启动做好准备。图中的 KM_2、KM_3 动断触点构成联锁控制，防止 KM_2、KM_3 线圈同时通电而造成电源短路。

图 2.13 所示的控制线路适用于电动机容量较大（一般为 13kW 以上）的场合。当电动机的容量较小（4～13kW）时，通常采用两接触器式星形—三角形降压启动控制线路。

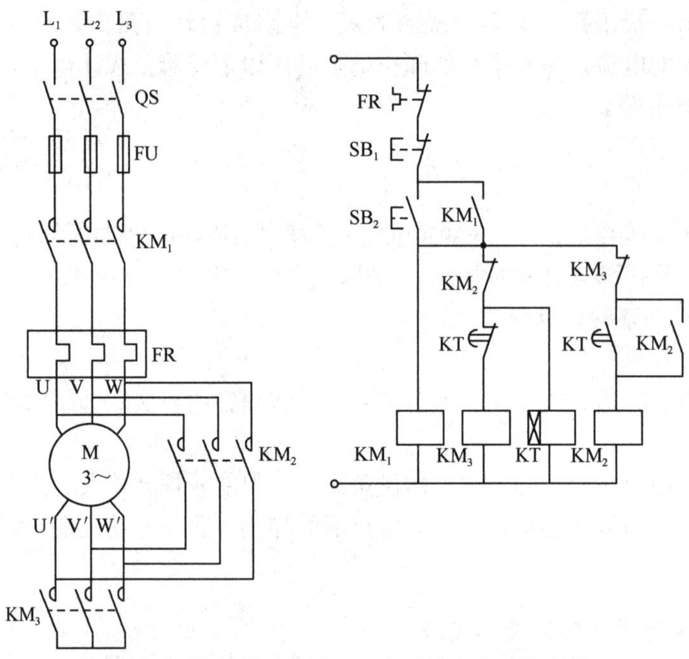

图 2.13 三接触器式星形—三角形降压启动控制线路

3）两接触器式星形—三角形降压启动控制线路

两接触器式星形—三角形降压启动控制线路如图 2.14 所示。

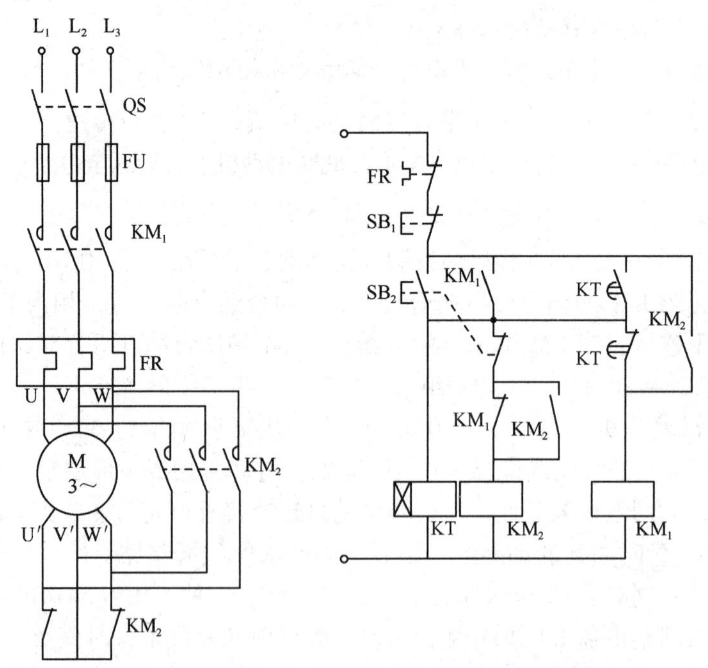

图 2.14 两接触器式星形—三角形降压启动控制线路

线路的工作原理分析：按下启动按钮 SB_2，时间继电器 KT 和接触器 KM_1 线圈得电，利用 KM_1 的辅助动合触点实现自锁，主触点接通主电路，时间继电器开始延时，而 KM_2 线圈因 SB_2 动断触点和 KM_1 动断触点的相继断开而始终不得电，KM_2 的动断触点闭合，电动机接成星形启动。当电动机的转速接近额定转速，即时间继电器延时时间已到时，其延时断开的动断触点断开，KM_1线圈断电，电动机瞬时断电。KM_1的动断触点及 KT 的延时动合触点闭合，接通 KM_2线圈电路，KM_2通电动作并自锁，主电路中的动断触点断开，动合触点闭合，电动机定子绕组接成三角形。同时，KM_2的动合辅助触点闭合，再次接通 KM_1线圈，KM_1主触点闭合接通三相电源，电动机进入正常运行状态。

由于本线路的主电路中所用 KM_2动断触点为辅助触点，因此只适用于功率较小的电动机。

三相笼型异步电动机星形—三角形降压启动具有投资少、线路简单的优点。但是，在限制启动电流的同时，启动转矩仅为三角形直接启动时转矩的 1/3。因此，这种启动方式只适用于空载或轻载启动的场合。

3. 自耦变压器降压启动控制线路

电动机在启动时，先经自耦变压器降压，限制启动电流，当转速接近额定转速时，切除自耦变压器转入全压运行，这种方式称为自耦变压器降压启动。

1）自耦变压器降压启动的工作原理

启动时将电动机定子绕组接到自耦变压器的二次侧，这样，电动机定子绕组得到的电压即为自耦变压器的二次电压，改变自耦变压器抽头的位置可以获得不同的启动电压。由电动机原理可知：当利用自耦变压器将启动电压降为额定电压的 $1/K$ 时，启动电流减小到 $1/K^2$，同时，启动转矩也降为直接启动时的 $1/K^2$。因此，自耦变压器降压启动常用于空载或轻载启动的场合。

在实际应用中，自耦变压器一般有 65%、85%等抽头。当启动完毕时，自耦变压器被切除，额定电压（即自耦变压器的一次电压）直接加到电动机的定子绕组上，电动机进入全电压正常运行状态。

2）自耦变压器降压启动控制线路的工作原理

如图 2.15 所示为自耦变压器降压启动的控制线路。其中，自耦变压器按星形连接，KM_1、KM_2为降压接触器，KM_3为正常运行接触器，KT 为时间继电器，KA 为中间继电器。

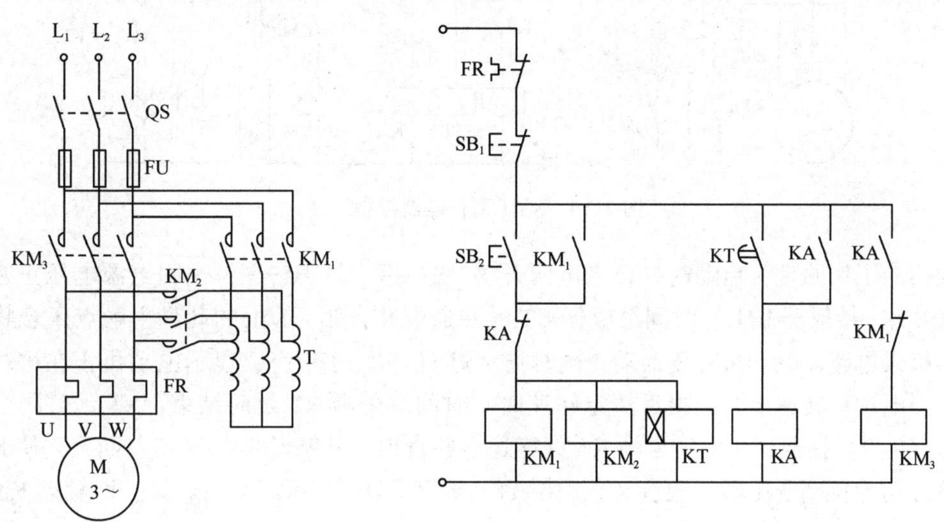

图 2.15　自耦变压器降压启动的控制线路

合上电源开关 QS，按下启动按钮 SB_2，KM_1、KM_2线圈及 KT 线圈通电并通过 KM_1的动合辅助触点自锁，KM_1、KM_2的主触点将自耦变压器接入，电动机定子绕组经自耦变压器供电进行降压启动。同时，时间继电器 KT 开始延时。当电动机转速上升到接近额定转速时，时间继电器 KT 延时结束，其延时闭合动合触点闭合，中间继电器 KA 通电动作并自锁，KA 的动断触点断开，使 KM_1、KM_2、KT 线圈均断电，将自耦变压器切除，KA 的动合触点闭合使 KM_3线圈通电动作，主触点接通电动机主电路，电动机在全电压下运行。

由以上分析可知，自耦变压器降压启动方法适用于电动机容量较大、正常工作时电动机接成星形或三角形的场合。启动转矩可以通过改变抽头的连接位置而进行改变。这种启动方法的缺点是自耦变压器的价格较贵，而且不允许频繁启动。

一般情况下，工厂常采用成品的补偿器来实现自耦变压器降压启动。手动操作的补偿器有 QJ3、QJ5 等型号，自动操作的补偿器有 XJ01、CT2 等型号。

3）XJ01 型补偿器控制线路

XJ01 型补偿器适用于 14～28kW 的电动机，其控制线路如图 2.16 所示。

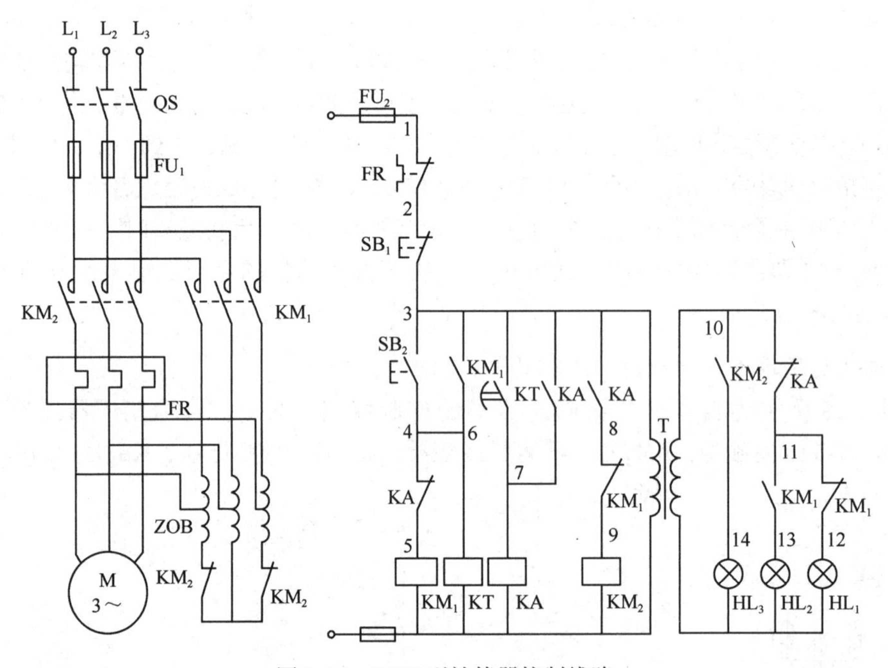

图 2.16　XJ01 型补偿器控制线路

线路的工作原理：启动时先合上电源开关 QS，指示灯 HL_1亮，表明电源电压正常。按下按钮 SB_2，接触器 KM_1、时间继电器 KT 线圈通电并自锁，KM_1的动合主触点闭合将自耦变压器接入电路，电动机降压启动，同时指示灯 HL_1灭、HL_2亮，显示电动机正在进行降压启动。当电动机转速上升到接近额定转速时，时间继电器 KT 延时结束，KT 延时闭合的动合触点（3-7）接通，中间继电器 KA 线圈通电并自锁，其触点 KA（4-5）断开，使 KM_1线圈断电，切除自耦变压器；触点 KA（10-11）断开，HL_2指示灯断电熄灭；而触点 KA（3-8）闭合，使 KM_2线圈通电吸合，KM_2的主触点接通电动机主电路，电动机在全电压下运行，同时 HL_3指示灯亮，表明电动机降压启动结束，进入正常运行状态。

2.3.2　绕线型异步电动机启动控制线路

由电动机原理可知，三相绕线型异步电动机的转子回路可以通过滑环外接电阻，转子回路外接一定的电阻既可以减小启动电流，又可以提高转子回路的功率因数和启动转矩。在要求启动转矩较高的场合（如卷扬机、起重机等设备），绕线型异步电动机得到了广泛的应用。根据绕线型异步电动机启动过程中转子绕组串接装置不同，绕线型异步电动机有串电阻启动与串频敏变阻器启动两种控制线路。

1. 转子绕组串电阻启动控制线路

启动前，将启动电阻全部接入线路中。在启动过程中，启动电阻被逐级短接切除，直至正常运行时，外接启动电阻全部被切除。在启动过程中，电阻被短接切除的方式有两种，分别是三相电阻平衡切除法和三相电阻不平衡切除法。不平衡切除法是指转子每相的启动电阻按先后顺序被短接切除，而平衡切除法是指转子每相的启动电阻同时被短接切除。一般来说，三相电阻不平衡切除法常采用凸轮控制器来短接电阻，这可以使控制电路简单，操作方便，如利用凸轮控制器控制起重机主钩电动机启动等。若采用接触器进行启动控制，则常采用三相电阻平衡切除法。本节主要介绍采用接触器控制的平衡切除法控制线路。

根据绕线型异步电动机启动过程中转子电流变化及所需启动时间的特点，控制线路有时间原则控制线路和电流原则控制线路两种。

1）时间原则控制线路

如图 2.17 所示为时间原则控制线路，KM_1～KM_3为短接电阻接触器，KM_4为电源接触器，KT_1、KT_2、KT_3为时间继电器。待电动机启动完毕正常运行时，线路中仅 KM_3、KM_4通电工作，其他电器全部停止工作，这样既节约了电能，又延长了电器的使用寿命，提高了线路工作的可靠性。为防止由于机械卡阻等原因使接触器 KM_1、KM_2、KM_3不能正常工作，造成启动时冲击电流过大，损坏电动机，常采用将 KM_1、KM_2、KM_3三个辅助动断触点串接于启动回路中的方式来消除这种故障的影响。

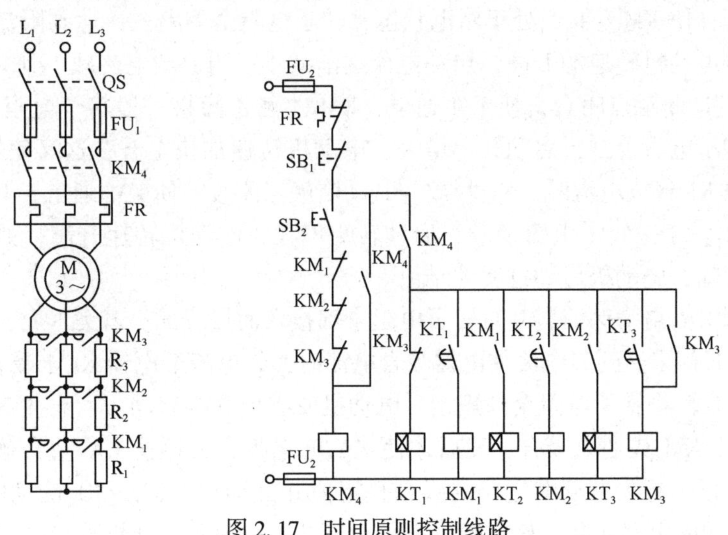

图 2.17　时间原则控制线路

本控制线路存在两个问题，一是一旦时间继电器损坏，线路将无法实现电动机正常启动和运行；二是在电阻的分级切除过程中，电流和转矩突然增大，会产生不必要的机械冲击。

2）电流原则控制线路

如图 2.18 所示为电流原则控制线路。该线路按照电动机在启动过程中转子电流变化来控制电动机启动电阻的切除。KI_1、KI_2、KI_3为欠电流继电器，其线圈串于转子回路中，通过调节使它们的吸合电流相同、释放电流不同，且 KI_1释放电流最大，KI_2次之，KI_3释放电流最小。KA_4为中间继电器，KM_1～KM_3为短接电阻接触器，KM_4为电源接触器。

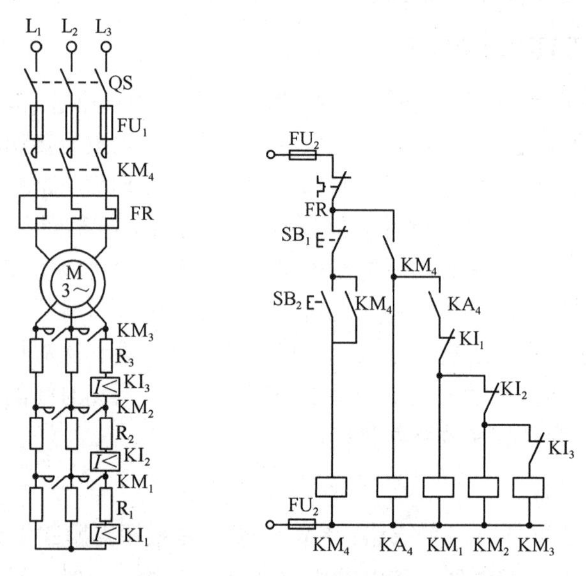

图 2.18　电流原则控制线路

线路工作原理：合上电源开关 QS，按下启动按钮 SB_2，KM_4通电并自锁，电动机定子接通三相交流电源，转子串入全部电阻并连接成星形启动。同时 KA_4通电，为 KM_1～KM_3通电做准备。由于启动电流大，KI_1、KI_2、KI_3的吸合电流相同，故欠电流继电器同时吸合，其动断触点都断开，使 KM_1～KM_3处于断电状态，转子电阻全部串入，达到限流和提高启动转矩的目的。随着电动机转速的升高，启动电流逐渐减小。当启动电流减小到 KI_1释放电流时，KI_1首先释放，其动断触点闭合，使 KM_1通电，KM_1主触点短接一段转子电阻 R_1，由于转子电阻减小，故转子电流上升，启动转矩增大，电动机转速加快上升，这又使转子电流下降；当转子电流降至 KI_2释放电流时，KI_2释放，其动断触点闭合，使 KM_2通电，其主触点短接第二段转子电阻 R_2，于是转子电流上升，启动转矩增大，电动机转速升高，如此继续，直至转子电阻全部切除，电动机启动过程才结束。

中间继电器 KA_4是为保证启动时转子电阻全部接入而设置的。若无 KA_4，则当电动机启动电流由零增大且尚未达到欠电流继电器吸合电流时，欠电流继电器 KI_1未吸合，将使 KM_1～KM_3同时通电吸合，将转子电阻全部短接，电动机便进行直接启动。而设置 KA_4后，当按下启动按钮 SB_2时，KM_4先通电吸合，然后才使 KA_4通电吸合，再使 KA_4动合触点闭合，在此之前启动电流早已达到欠电流继电器的吸合整定值并已动作，KI_1～KI_3的动断触点已断开，并将 KM_1～KM_3线圈电路切断，确保转子电阻全部接入，避免电动机直接启动。

2. 转子绕组串频敏变阻器启动控制线路

采用绕线型异步电动机转子绕组串电阻启动方法时，由于在启动过程中转子电阻是逐渐被切除的，故在切除的瞬间电流和转矩会突然增大，进而产生一定的机械冲击力。如果想减小电流的冲击，则必须增加电阻的级数，这将使控制线路复杂，工作性能不可靠，启动电阻的体积增大。

频敏变阻器的阻抗能够随着电动机转速的上升、转子电流频率的下降而自动减小，所以它是一种较为理想的绕线型异步电动机启动装置，常用于较大容量的绕线型异步电动机的启动控制。

如图 2.19 所示为绕线型异步电动机转子绕组串频敏变阻器启动控制线路。图中，KM_1为电源接触器，KM_2为短接频敏变阻器接触器，KT 为控制启动时间的通电延时型时间继电器，KA 为中间继电器，由于线路电流较大，故将热继电器 FR 接在电流互感器的二次侧。

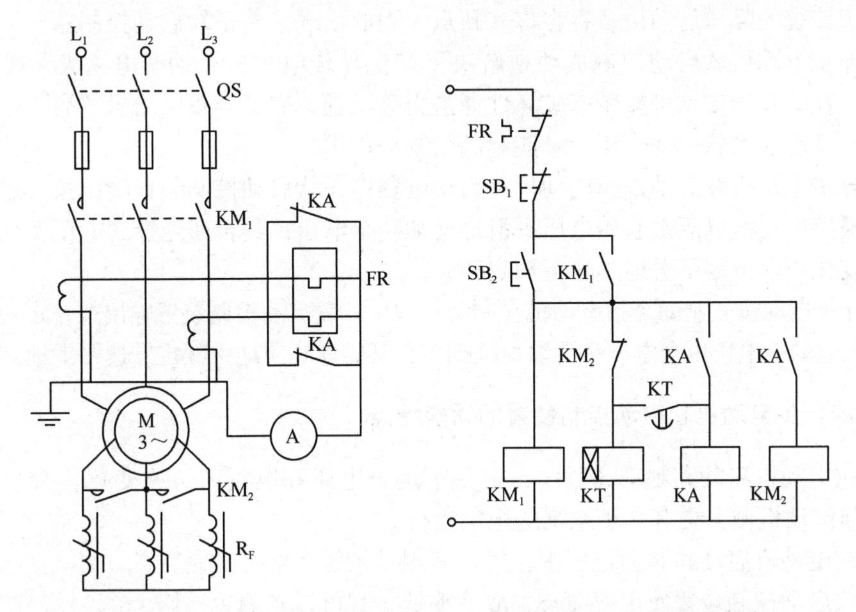

图 2.19　绕线型异步电动机转子绕组串频敏变阻器启动控制线路

1）线路的工作原理

合上电源开关 QS，按下启动按钮 SB_2，接触器 KM_1线圈通电并自锁，电动机接通三相交流电源，电动机转子绕组串频敏变阻器启动；同时，时间继电器 KT 线圈通电开始延时。当延时结束时，KT 延时闭合的动合触点闭合，KA 线圈通电并自锁，KA 的动断触点断开，热继电器 FR 投入电路进行过载保护；KA 的两个动合触点闭合，一个用于自锁，另一个用于接通 KM_2线圈电路，KM_2动合触点闭合将频敏变阻器切除，电动机进入正常运行状态。

在启动过程中，为了避免启动时间过长而使热继电器误动作，用 KA 的动断触点将热继电器 FR 的发热元件短接。

2）频敏变阻器的调整

频敏变阻器是针对一般使用要求设计的，在实际应用中，应根据具体的使用场合、负载情况、电动机参数等对频敏变阻器做一些调整，以满足生产的需要。具体来说，对频敏变阻器的调整主要包括以下两点。

（1）改变线圈匝数。频敏变阻器的线圈大多留有几组抽头，增加或减少线圈匝数将改变频敏变阻器的等效阻抗，可起到调整电动机启动电流和启动转矩的作用。如果启动电流过大、启动时间太快，则应增加线圈匝数；反之，则应减少线圈匝数。

（2）调整磁路。在电动机刚启动时，启动转矩较大，对机械部件会有冲击；在启动完毕后，稳定转速大大低于额定转速，短接频敏变阻器时电流冲击较大。当遇到这些情况时，应调整磁路，增大上轭板与铁芯间的气隙。

2.3.3 交流异步电动机软启动控制装置

目前，交流异步电动机以其低成本、高可靠性等优点在各种工业领域中得到广泛应用。但是，由于传统的降压启动设备存在许多缺点，因此出现了电子软启动控制器。

交流异步电动机软启动控制成功地解决了交流异步电动机启动时电流大、线路电压降大、电能损耗大及给传动机械带来破坏性冲击力等问题。交流异步电动机软启动控制装置对被控电动机既能起到软启动作用，又能起到软制动作用。

交流异步电动机软启动是指电动机在启动过程中，软启动控制装置输出按一定规律上升的电压，被控电动机电压由起始电压平滑地增加到全电压，其转速随控制电压变化而发生相应的软性变化，即由零平滑地加速至额定转速。

交流异步电动机软制动是指电动机在制动过程中，软启动控制装置输出按一定规律下降的电压，被控电动机电压由全电压平滑地下降到零，其转速相应地由额定转速平滑地减小至零。

1. 交流异步电动机软启动控制装置的功能特点

（1）在电动机启动和制动过程中，避免了运行电压和电流的急剧变化，有利于保护被控电动机和传动机械，更有利于系统的稳定运行。

（2）在电动机启动和制动过程中，可以实现晶闸管无触点控制。

（3）软启动控制装置使用寿命长，故障率低，且可以实现免检修。

（4）软启动控制装置集相序、缺相、过热、启动过电流、运行过电流和过载检测及保护于一身，不仅功能强大，而且环保又安全。

（5）软启动控制装置可以实现以最小起始电压（电流）获得最佳转矩的节电效果。

2. 交流异步电动机软启动控制装置产品介绍

1）Softstart 软启动器

Softstart 软启动器是 ABB 公司的 PS 系列产品。如图 2.20 所示为 Softstart 软启动器的工作原理框图。Softstart 软启动器的功率部分由三对正反并联的晶闸管组成，通过电子控制线路调节加到晶闸管上的触发脉冲的角度，以此控制加到电动机上的电压，使加到电动机上的电压按某一规律缓慢地增加到全电压。通过适当地设置控制参数，可以使电动机的转矩和电流与负载要求得到较好的匹配。Softstart 软启动器还具有软制动、节电和各种保护功能。

Softstart 软启动器启动时电压沿斜坡增大，增大至全电压的时间可设定为 0.5 ~ 60s。Softstart 软启动器还具有软停止功能，其可调节的斜坡时间为 0.5 ~ 240s。采用不同方法启动时的电动机启动转矩如图 2. 21 所示，采用不同方法启动时的电动机电压如图 2. 22 所示。

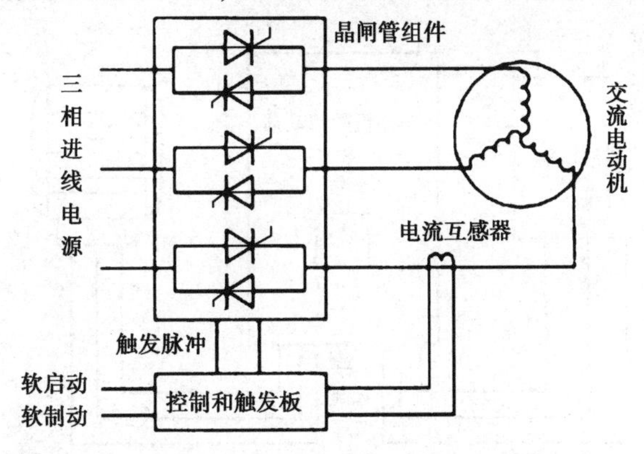

图 2. 20　Softstart 软启动器的工作原理框图

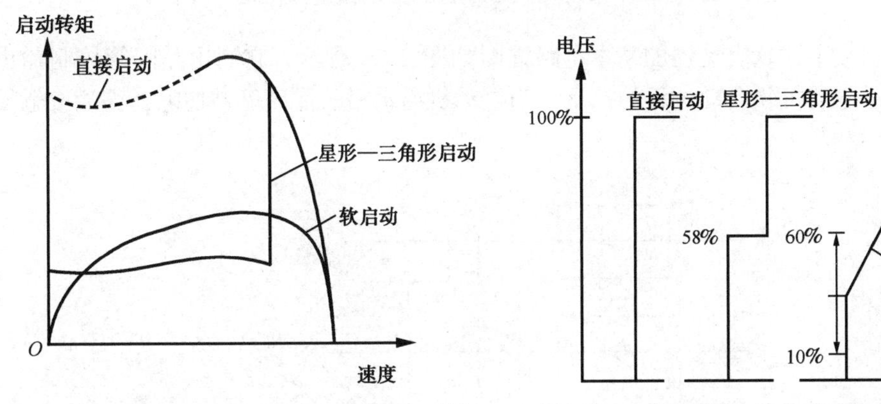

图 2. 21　采用不同方法启动时的电动机启动转矩　　图 2. 22　采用不同方法启动时的电动机电压

2) CDJR1 系列数字式软启动器

CDJR1 系列数字式软启动器可应用于 5. 5 ～ 500 kW 交流电动机的启动及制动控制过程。它可以替代星形—三角形启动、电抗器启动、自耦变压器降压启动等启动设备，多应用于冶金、化工、建筑、水泥、矿山、环保等工业领域中。

CDJR1 系列数字式软启动器的技术数据如表 2. 1 所示。

表 2. 1　CDJR1 系列数字式软启动器的技术数据

功　能		设定范围	出厂值	说　明
代　号	名　称			
0	起始电压/V	40 ～ 380	120	电压模式有效
1	起始时间/s	0 ～ 20	5	电压模式有效
2	启动上升时间/s	0 ～ 500	10	电压模式有效
3	软停机时间/s	0 ～ 200	2	设为零时自由停机
4	启动限制电流/%	50 ～ 400	250	限流模式有效，额定值百分比
5	过载电流/%	50 ～ 200	150	额定值百分比
6	运行电流/%	50 ～ 300	200	额定值百分比

CDJR1系列数字式软启动器的线路连接方法如图2.23所示。

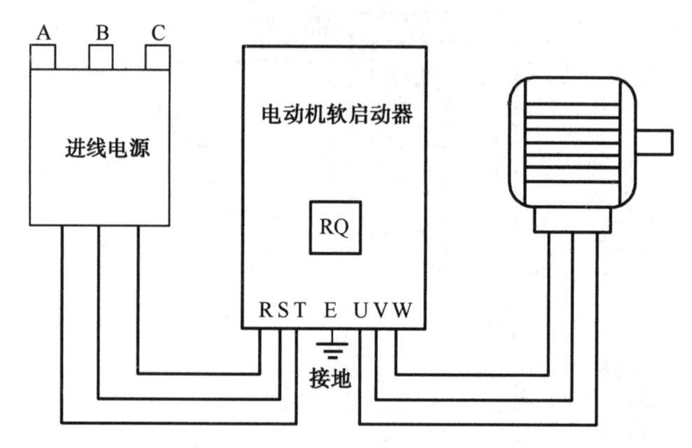

图2.23 CDJR1系列数字式软启动器的线路连接方法

CDJR1系列数字式软启动器的基本电路框图如图2.24所示，它利用晶闸管控制输出特性，从而实现对电动机软启动过程的控制。当电动机启动后，晶闸管被切除，交流接触器投入运行。

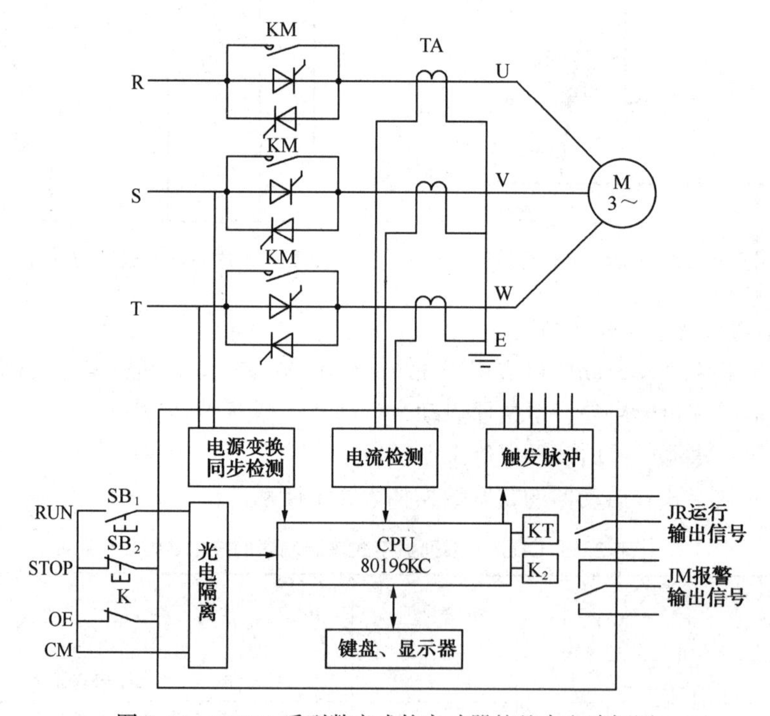

图2.24 CDJR1系列数字式软启动器的基本电路框图

CDJR1系列数字式软启动器主回路和控制回路的接线端子如表2.2所示。

可见，软启动器有7个接线端，R、S、T通过空气断路器接入（无相序要求），E端必须牢固接地，U、V、W为输出端，与电动机连接。经试运转可知，通过换接R、S、T中任意两端或换接U、V、W任意两端可以改变电动机的转向。

表 2.2　CDJR1 系列数字式软启动器主回路和控制回路的接线端子

电路类型	端子标记	端子名称	说　明
主回路	R　S　T	主回路电源端	连接三相电源
	U　V　W	启动器输出端	连接三相交流异步电动机
	E	接地端	金属框架接地（防电击事故和干扰）
控制回路	CM	接点输入公共端	接点输入信号的公共端
	RUN	启动输入端	RUN-CM 接通时电动机开始运行
	STOP	停止输入端	STOP-CM 断开时电动机进入停止状态
	OE1、2、3	外部故障输入端	OE-CM 断开时电动机立即停止
	JRA、JRB、JRC	运行输出信号	JRA-JRB 为动合触点，JRB-JRC 为动断触点
	JMA、JMB、JMC	报警输出信号	JMA-JMB 为动合触点，JMB-JMC 为动断触点

2.4　三相交流异步电动机制动控制线路

三相交流异步电动机定子绕组脱离电源后，由于惯性作用，转子需经过一段时间才能停止转动。而某些生产工艺要求电动机能迅速而准确地停机（也称为停车），这就要求对电动机进行强迫制动。制动的方式有机械制动和电气制动两种。

机械制动是指在电动机断电后利用机械装置使电动机迅速停转。电磁抱闸制动就是常用的机械制动方法之一，从结构上看，电磁抱闸由制动电磁铁和闸瓦制动器组成，可分为断电制动型和通电制动型。机械制动动作时，制动电磁铁线圈的电源被切断或接通，通过机械抱闸制动电动机。

电气制动是指产生一个与原来转动方向相反的制动力矩来进行制动。常用的电气制动方式有反接制动和能耗制动。

2.4.1　三相交流异步电动机反接制动控制线路

微课：反接制动

反接制动是指在电动机的原三相交流电源被切断后，立即接通与原相序相反的三相交流电源，使定子绕组的旋转磁场反向，转子受到与旋转方向相反的制动力矩作用而迅速停机。这种制动方式必须在电动机转速减小到接近零时及时切断电动机电源，以防电动机反向启动。

在反接制动过程时，电动机定子绕组中流过的电流相当于全电压直接启动时电流的两倍，为了限制制动电流对电动机转轴的机械冲击力，在制动过程中往往在定子电路中串入电阻，这个电阻称为反接制动电阻。

1. 单向运行的反接制动控制线路

反接制动的关键在于改变电动机电源的相序，且当电动机转速接近零时，能自动将电源切除。因此，在反接制动控制过程中采用速度继电器来检测电动机的速度变化。

如图 2.25 所示为三相笼型异步电动机单向运行的反接制动控制线路。图中，KM_1 为单向运行接触器，KM_2 为反接制动接触器，KS 为速度继电器，R 为反接制动电阻。

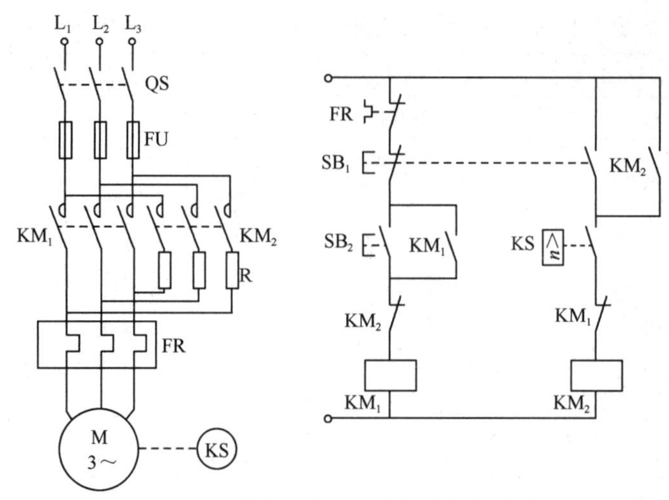

图 2.25　单向运行的反接制动控制线路

启动时，合上电源开关 QS，按下启动按钮 SB_2，接触器 KM_1线圈通电并自锁，电动机在全电压下启动运行，当转速升到某一值（通常大于 120r/min）时，速度继电器 KS 的动合触点闭合，为反接制动接触器 KM_2的通电做准备。

需要停机时，按下停止按钮 SB_1，KM_1断电释放，KM_2线圈通电动作并自锁，KM_2的动合主触点闭合，改变了电动机定子绕组中电源的相序，电动机在定子绕组串入电阻 R 的情况下反接制动，电动机的转速迅速下降，当转速低于 100r/min 时，速度继电器 KS 复位，KM_2线圈断电释放，制动过程结束。

2. 电动机可逆运行的反接制动控制线路

如图 2.26 所示为笼型异步电动机降压启动可逆运行的反接制动控制线路。图中，KM_1、KM_2为正、反转接触器，KM_3为短接电阻用接触器，KA_1～KA_4为中间继电器，电阻 R 既能限制反接制动电流，又能限制启动电流。

1）正向启动控制过程

按下启动按钮 SB_2，中间继电器 KA_3线圈通电动作并自锁，KA_3的动合触点闭合使接触器 KM_1线圈通电，KM_1的主触点闭合，电动机在定子绕组串电阻 R 的情况下降压启动。当转速上升到一定值时，速度继电器 KS 动作，动合触点 KS_1闭合，中间继电器 KA_1线圈通电动作并自锁，KA_1的动合触点闭合，KM_3线圈通电动作，KM_3的动合主触点闭合，切除电阻 R，电动机在全电压下正转运行。

2）停机制动过程

按下停机按钮 SB_1，KA_3及 KM_1线圈相继断电，相应的触点复位，电动机正向电源被断开，由于电动机转速较高，速度继电器的动合触点 KS_1仍闭合，中间继电器 KA_1线圈保持通电状态。KM_1断电后，动断触点的闭合使反转接触器 KM_2线圈通电，接通电动机反向电源，进行反接制动。同时，由于中间继电器 KA_3线圈断电，接触器 KM_3断电，电阻 R 被串入主电路中，限制了反接制动电流。电动机转速迅速下降，当转速下降到小于 100r/min 时，速度继电器的动合触点 KS_1断开复位，KA_1线圈断电，KM_2线圈也断电，反接制动过程结束。

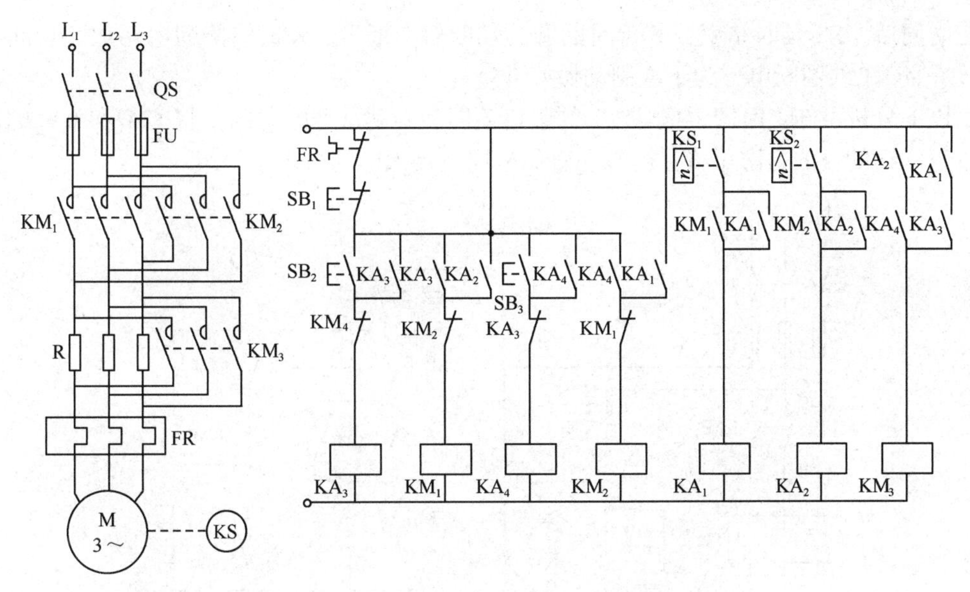

图 2.26　电动机可逆运行的反接制动控制线路

3）反向启动和停机制动过程

按下反向启动按钮 SB_3，电动机反向启动。电动机的反向启动过程和停机制动过程与正向启动时相似，读者可自行分析。

反接制动的优点是制动能力强、制动时间短；缺点是能量损耗大、制动时冲击力大、制动准确度差。反接制动适用于生产机械的迅速停机与迅速反向运转。

2.4.2　三相交流异步电动机能耗制动控制线路

能耗制动是指在三相笼型异步电动机断开交流电源后，迅速给定子绕组接通直流电源，使其产生静止的磁场，此时电动机转子因惯性而继续旋转，切割磁感应线，产生感应电动势和转子电流，转子电流与静止磁场相互作用，产生制动力矩，使电动机迅速减速后停机。这种制动方法是将电动机旋转的动能转变为电能，消耗在转子电阻上，故称为能耗制动。

能耗制动既可以按时间原则由时间继电器进行控制，也可以按速度原则由速度继电器进行控制。

1. 按时间原则控制的能耗制动控制线路

1）线路的工作原理

如图 2.27 所示为按时间原则控制的电动机能耗制动控制线路。

启动时，合上电源开关 QS，按下启动按钮 SB_2，接触器 KM_1 动作并自锁，其主触点闭合接通电动机主电路，电动机在全电压下启动运行。

停机时，按下停止按钮 SB_1，KM_1 线圈断电，其主触点断开切断电动机电源，SB_1 的动合触点闭合，接触器 KM_2、时间继电器 KT 线圈通电并经 KM_2 的辅助触点和 KT 的瞬动触点自锁；同时，KM_2 的主触点闭合，给电动机两相定子绕组送入直流电流，进行能耗制动。经过一定时间后，KT 延时结束，其延时断开的动断触点断开，KM_2线圈断电释放，切断直流电源，并且 KT 线圈断电，为下次制动做好准备。

由以上分析可知：时间继电器 KT 的整定值即为制动过程的时间。将 KM_1和 KM_2的动断触点进行联锁的目的是防止将交流电和直流电同时接入电动机定子绕组。

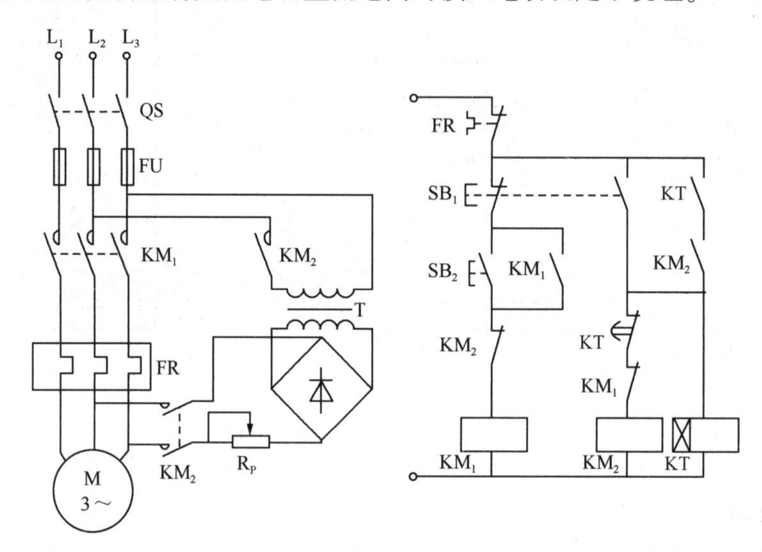

图 2.27　按时间原则控制的电动机能耗制动控制线路

2）直流电源的估算方法

（1）参数的确定。先用电桥测量电动机定子绕组任意两相之间的冷态电阻 R，也可以从相关的电工手册中查到；再测出电动机的空载电流 I_0，也可根据 $I_0=(30\%\sim40\%)\ I_N$来确定，其中 I_N为电动机的额定电流。

一般取直流制动电流为 $I_Z=(1.5\sim4)\ I_N$。当传动装置的转速高、惯性大时，系数可取大些，否则取小些。一般取直流电源的制动电压为 RI_Z。

（2）变压器容量及二极管的选择。

变压器二次侧电压取 $U_2=1.11RI_Z$。

变压器二次侧电流取 $I_2=1.11I_Z$。

变压器容量为 $S=U_2I_2$。

由于变压器仅在制动过程的短时间内工作，故它的实际容量通常取计算容量的 1/3 左右。

当采用桥式整流电路时，每只二极管流过的电流平均值为 $I_Z/2$，反向电压为$\sqrt{2}U_2$，然后按照 1.5～2 倍的安全裕量选择适当的二极管。

2. 按速度原则控制的能耗制动控制线路

如图 2.28 所示为按速度原则控制的电动机能耗制动控制线路。图中，KM_1、KM_2分别为正、反转接触器，KM_3为制动接触器，KS 为速度继电器，KS_1、KS_2分别为正、反转时对应的动合触点。

启动时，合上电源开关 QS，根据需要按下正转按钮或反转按钮，相应的接触器 KM_1或 KM_2线圈通电并自锁，电动机正转或反转运行，此时速度继电器触点 KS_1或 KS_2闭合。

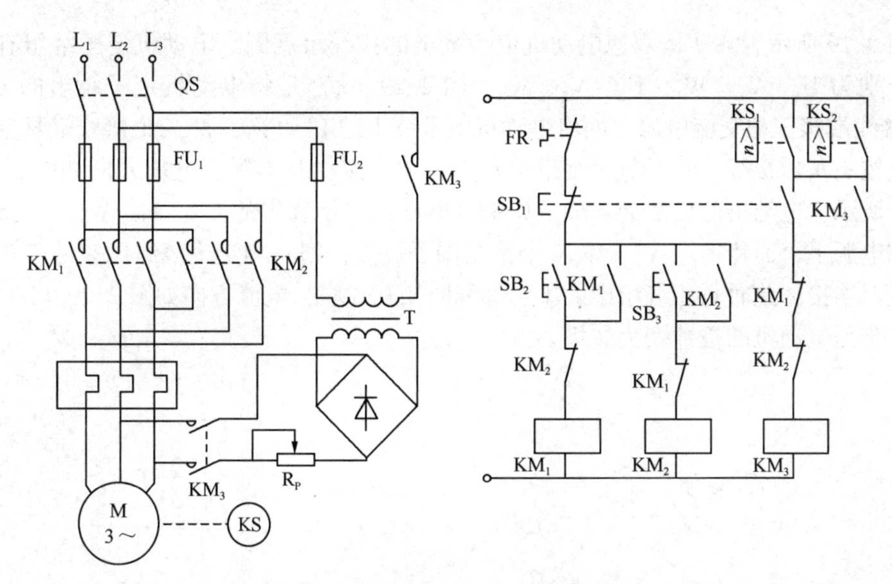

图 2.28　按速度原则控制的电动机能耗制动控制线路

需要停机时，按下停机按钮 SB_1，使 KM_1或 KM_2线圈断电，SB_1的动合触点闭合，接触器 KM_3线圈通电动作并自锁，电动机定子绕组接通直流电源进行能耗制动，转速迅速下降。当转速下降到 100r/min 时，速度继电器 KS 的动合触点 KS_1或 KS_2断开，KM_3线圈断电，能耗制动结束以后电动机自由停机。

能耗制动的特点是制动电流较小、能量损耗小、制动准确，但它需要直流电源，制动速度较慢，所以能耗制动适用于要求平稳制动的场合。

2.5　三相交流异步电动机调速控制线路

由三相交流异步电动机的转速公式 $n=60f_1/p(1-s)$ 可知，异步电动机的调速方法主要有变极调速、变频调速、变转差率调速等。下面将介绍几种常用的异步电动机调速控制线路。

2.5.1　笼型异步电动机的变极调速控制线路

通过改变电动机定子绕组的磁极对数，可以改变它的同步转速，从而改变转子转速。在改变定子绕组磁极对数时，转子的磁极对数也必须同时改变。为了避免对转子部分进行变极改接，变极电动机常采用笼型异步电动机，因为笼型异步电动机的转子本身没有固定的极数，它的极数由定子磁场的极数确定，不用改接。

改变定子绕组磁极对数的方法有两种：第一种方法是改变定子绕组的连接；第二种方法是在定子上安装两个独立的绕组，两个绕组具有不同的极数。变极调速一般可得到两级、三级速度，最多可获得四级速度，但常见的是两级速度的变极调速，即双速电动机。

1. 变极调速的原理

双速电动机通过改变定子绕组的连接来改变磁极对数，从而实现转速的改变。

如图 2.29 所示为 4/2 极双速电动机定子绕组的接线示意图。电动机定子绕组有六个接线端，分别为 U_1、V_1、W_1、U_2、V_2、W_2。图 2.29（a）是将电动机定子绕组的 U_1、V_1、W_1 三个接线端接三相交流电源，而将电动机定子绕组的 U_2、V_2、W_2 三个接线端悬空，三相定子绕组按三角形接线，此时每个绕组中的①、②线圈相互串联，电流方向如图 2.29（a）中的箭头所示，电动机的极数为 4 极。如果将电动机定子绕组的 U_2、V_2、W_2 三个接线端子接到三相电源上，而将 U_1、V_1、W_1 三个接线端子短接，则三相定子绕组原来的三角形连接变成双星形连接，此时每相绕组中的①、②线圈相互并联，电流方向如图 2.29（b）中的箭头所示，于是电动机的极数变为 2 极。

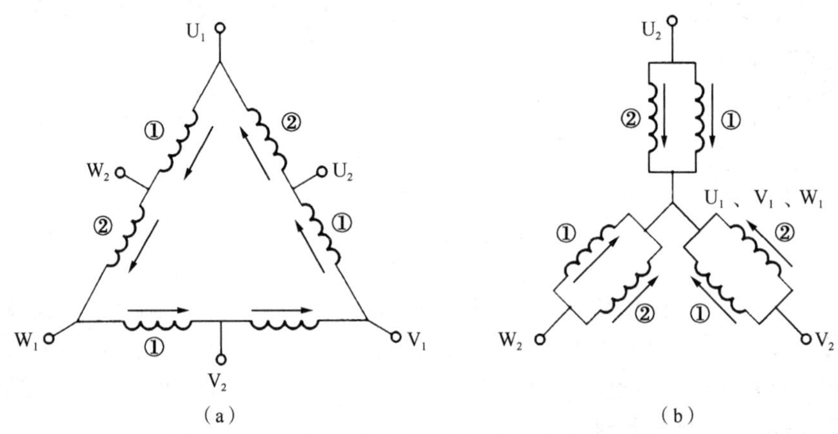

图 2.29　4/2 极双速电动机定子绕组的接线示意图

注意：在定子绕组改变极数后，其相序方向和原来的相序相反。所以，在变极调速时，必须把电动机的任意两个出线端对调，以保持高速和低速时的转向相同。

2. 双速电动机控制线路

4/2 极双速电动机的控制线路如图 2.30 所示。

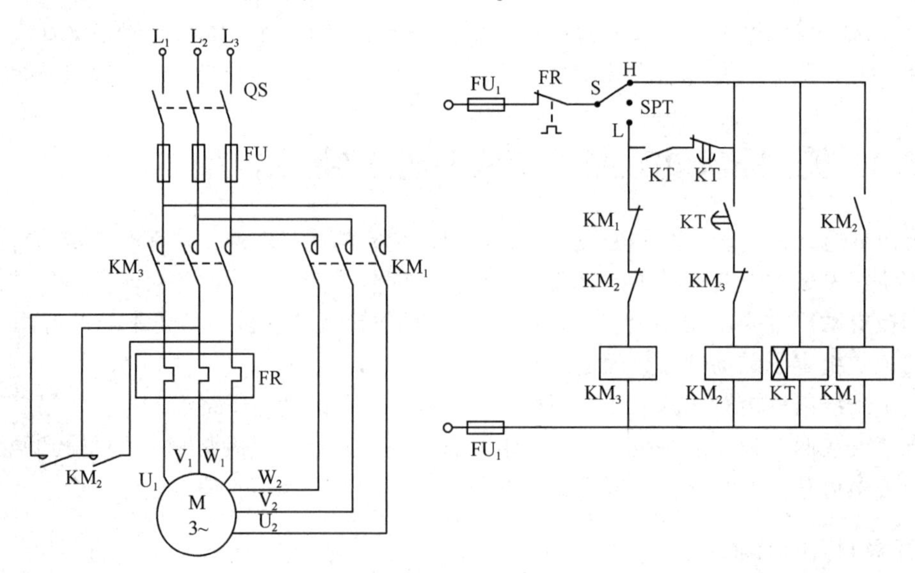

图 2.30　4/2 极双速电动机的控制线路

该线路利用开关 S 进行高低速转换。当开关 S 处在低速位置 L 时，接触器 KM_3线圈通电，KM_3的主触点闭合，将定子绕组的接线端 U_1、V_1、W_1接到三相电源上，而此时由于 KM_1、KM_2动合触点不闭合，所以电动机定子绕组按三角形接线，电动机低速运行。在变极时，将电动机的两个出线端 U_2、W_2对调。

当开关 S 处在高速位置 H 时，线路的工作原理分析如下。

(1) 时间继电器 KT 首先通电，其瞬时动作动合触点闭合，接触器 KM_3线圈通电，KM_3主触点闭合，将电动机接成三角形做低速启动。

(2) 经过一段时间延时后，KT 延时断开的动断触点断开，KM_3线圈断电，其触点复位，而 KT 延时闭合的动合触点闭合，使 KM_2线圈通电，KM_2的主触点闭合，将 U_1、V_1、W_1连接在一起，同时通过 KM_2的动合触点闭合使 KM_1线圈通电，KM_1的主触点闭合，电动机以双星形连接方式高速运行。

通过本线路可以实现变极调速控制，在实际应用中，必须正确识别电动机的各接线端子，这一点很重要。变极多速电动机主要用于驱动那些不需要平滑调速的生产机械，如冷拔拉管机、金属切削机床、通风机、水泵和升降机等。在某些机床上，常采用变极调速与齿轮箱调速相结合的方式，从而较好地满足生产机械对调速的要求。

2.5.2　电磁调速异步电动机控制线路

电磁调速异步电动机调速系统如图 2.31 所示，它由笼型异步电动机、电磁滑差离合器、晶闸管整流器等部分组成。

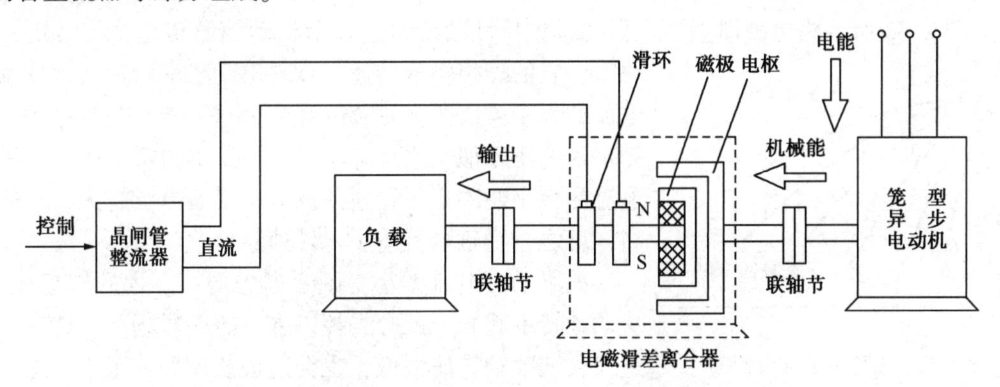

图 2.31　电磁调速异步电动机调速系统

1. 电磁滑差离合器

1) 电磁滑差离合器的结构

电磁滑差离合器的结构形式有多种，应用较多的是爪极式电磁滑差离合器。如图 2.32 所示为爪极式电磁滑差离合器的结构示意图。电磁滑差离合器一般由电枢和磁极两个主要部分组成，两者之间无机械联系。电枢与电动机轴做硬性连接，由电动机轴带着电枢转动，称为主动部分。磁极由铁芯和励磁绕组两部分组成，通过联轴节和生产机械做硬性连接，称为从动部分。

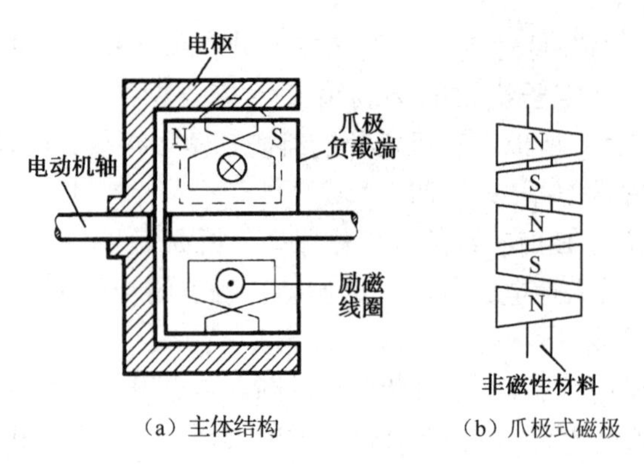

（a）主体结构　　（b）爪极式磁极

图 2. 32　爪极式电磁滑差离合器的结构示意图

2）电磁滑差离合器的工作原理

当异步电动机旋转时，带动电磁滑差离合器的电枢旋转，此时若励磁绕组中没有加入励磁电流，则磁极与负载不转动。若加入励磁电流，则电枢中会产生涡流，涡流与磁极的磁场作用产生电磁力，使磁极在电磁转矩的作用下跟着电枢同方向旋转。

由此可知，无励磁电流时，磁极不会跟随电枢转动，相当于电枢与磁极“离开”；当加入励磁电流时，磁极即刻跟随电枢旋转，相当于电枢与磁极“合上”，故称为“离合器”。又因它是根据电磁感应原理工作的，磁极与电枢之间必须有滑差才能产生涡流与电磁转矩，故又称“电磁滑差离合器”。

3）电磁滑差离合器的机械特性

如图 2. 33 所示为电磁滑差离合器的机械特性曲线，它表示从动轴的转速 n 与转矩 T 的关系，它的理想空载转速 n 就是电动机的转速。改变励磁电流的大小可以改变磁场的强弱，这一点与异步电动机改变定子电压相似。当从动轴带有一定的负载转矩时，励磁电流的大小便决定了转速的高低。励磁电流越大，转速越高；反之，励磁电流越小，转速越低。

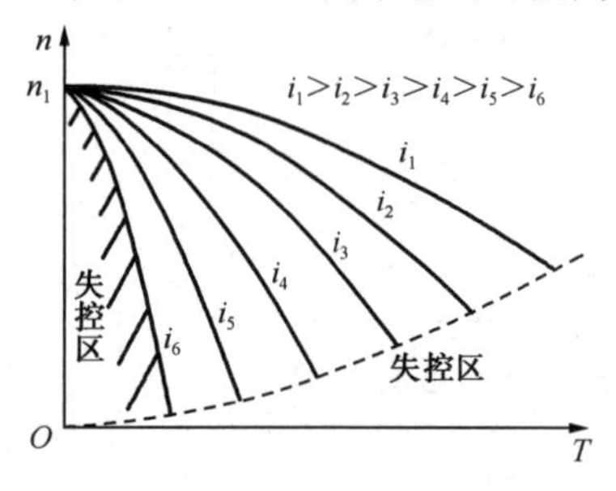

图 2. 33　电磁滑差离合器的机械特性曲线

如果励磁电流太小，则磁通较弱，产生的转矩较小，从动轴转不起来，就会失控。在一定的磁场下，如果负载过大，从动轴转速太低，也会造成从动部分跟不上主动部分而失控。因此，应避免电磁滑差离合器工作在失控区。

从图 2. 33 中可以看出，电磁滑差离合器的机械特性较软，稳定性较差，因此在工程实践中，常采用带转速负反馈的闭环调速系统提高机械特性的硬度。

2. 自动换极的电磁调速异步电动机控制线路

如图 2. 34 所示为能够自动换极的电磁滑差离合器 4/8 极调速异步电动机控制线路。当电动机运行在定子绕组双星形连接时，如果电磁滑差离合器从动部分的转速由于励磁电流减小而下降到 600r/min 以下，则该控制线路能够使电动机定子绕组自动变换到三角形连接运行，即由 4 极变换到 8 极，其目的是提高电磁滑差离合器低速运行时的效率。同样，当电动机运行在定子绕组三角形连接时，如果从动部分的转速由于励磁电流的增大而上升到600r/min以上，则为了使速度进一步提高，该控制线路将使电动机的定子绕组自动变换到双星形连接。电磁滑差离合器的励磁电流是由单结晶体管触发的单相半控桥式整流电路提供的，调节电阻 R_P可以改变励磁电流的大小，从而改变生产机械的转速。为了使电动机在 4/8 极或者 8/4 极变换时其转向维持不变，在具体接线时，将 U_2、V_2对调，如图 2. 34 所示。

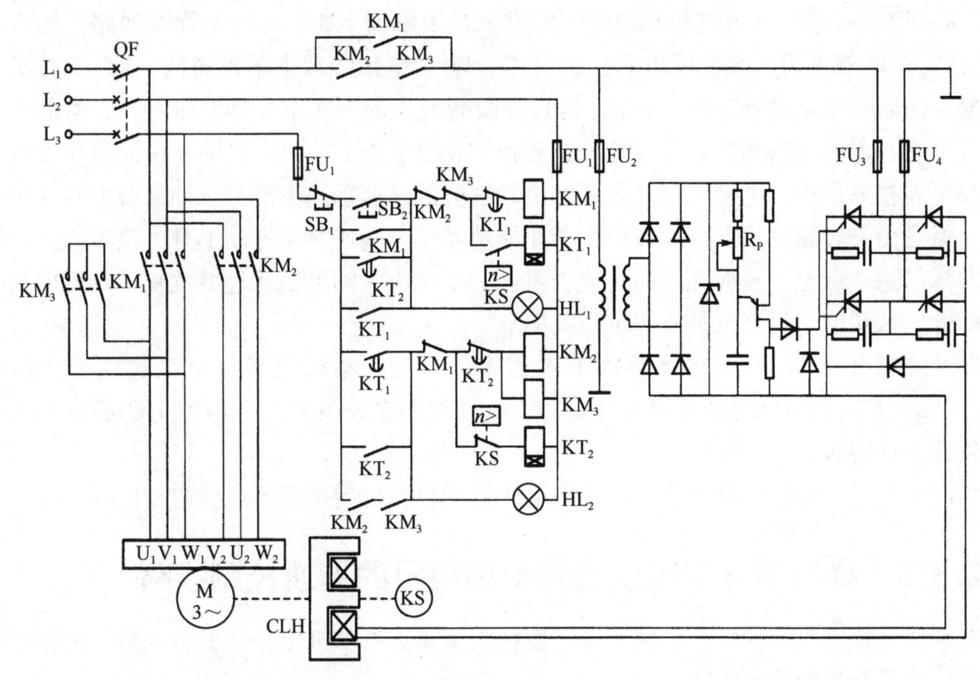

图 2. 34　能够自动换极的电磁滑差离合器 4/8 极调速异步电动机控制线路

线路的工作原理介绍如下。

合上自动开关 QF，按下启动按钮 SB_2，接触器 KM_1线圈通电并自锁，KM_1的主触点闭合，将电动机定子绕组接成三角形，电动机从 8 极开始启动运行，电磁离合器的主动部分在它的拖动下一起运行，同时信号灯 HL_1亮。由于 KM_1的动断辅助触点断开，接触器 KM_2、KM_3线圈不能接通，而 KM_1的动合辅助触点闭合，使晶闸管调压线路的触发部分和可控整流桥部分获得单相的交流电源。调节电阻 R_P为某一适当值，励磁绕组流过一个直流电流，于是离合器从动部分开始跟随主动部分一起旋转。在此可以通过调节电阻 R_P改变励磁线圈中的电流，使从动部分所带的负载稳定在所需要的转速上。在调节过程中，当转速升高到 600r/min 以上时，安装在从动轴上的速度继电器 KS 的动合触点闭合，时间继电器 KT_1线圈通电并自锁。当 KT_1的整定时间到时，其延时断开的动断触点断开使 KM_1线圈断电，触点复位；KT_1延时闭合的动合触点闭合，接触器 KM_2、KM_3线圈通电并自锁，KT_1线圈断电，为下次工作做好准备。KM_2、KM_3的动合触点闭合，它一方面使晶闸管调压线路继续获得单相交流电源；另一方面使电动机定子绕组接成双星形，使电动机与离合器主动部分的转速升高到 4 极转速，从动部分的转速也随之升高。当转速上升以后，转矩也相应地增加，由电磁滑差离合器机械特性曲线可知，在一定的励磁电流条件下，转矩的上升会使转速自动下降，而随着转速的下降，转矩又会增加，最后转速稳定在机械特性曲线的某一点上。假如此时的转速还需要进一步提高，则可以通过继续增加励磁电流的方式来提高负载的转速，但提高有一定的限度。

如果工艺要求转速下降，则可以通过减小励磁电流来实现。如果电动机运行在定子绕组双星形连接状态，当从动部分的转速由于励磁电流的减小等原因下降到600r/min以下时，速度继电器KS的动断触点复位，时间继电器KT_2线圈通电并通过瞬时动作触点自锁。当KT_2的整定时间到时，其延时断开的动断触点断开接触器KM_2、KM_3的线圈通路，则电动机的U_2、V_2、W_2端断开三相交流电源，U_1、V_1、W_1三个接线端也不再短接，KT_2延时闭合的动合触点闭合使KM_1线圈通电并自锁，KT_2线圈断电，为下次工作做好准备。KM_1的动合触点闭合，它一方面使晶闸管调压线路继续获得三相交流电源；另一方面使电动机定子绕组又在三角形连接下运行，电动机与离合器的主动部分的转速迅速下降，从动部分的转速也随之降低。但是由于转速突然下降后转矩也会相应地减小，转速又会自动上升，最后稳定在机械特性曲线的某一点上。假如此时的转速仍需进一步减小，则可以通过继续减小励磁电流的方式来降低负载转速，但这也是有一定限度的。

在速度继电器KS两对触点转换的过程中，即在电动机定子绕组极数变换，接触器KM_1、KM_2、KM_3瞬间同时处于释放状态时，电动机、电磁滑差离合器的主动部分和从动部分均依靠惯性旋转。

当需要负载停止运行时，首先将励磁电流减为零，然后按下停止按钮SB_1。

2.5.3　绕线型异步电动机转子串电阻的调速控制线路

对调速无特殊要求的生产机械，可采用绕线型异步电动机拖动。下面介绍一种按时间原则启动、能耗制动的控制线路。

按时间原则启动、能耗制动的控制线路如图2.35所示。对线路的工作原理分析如下。

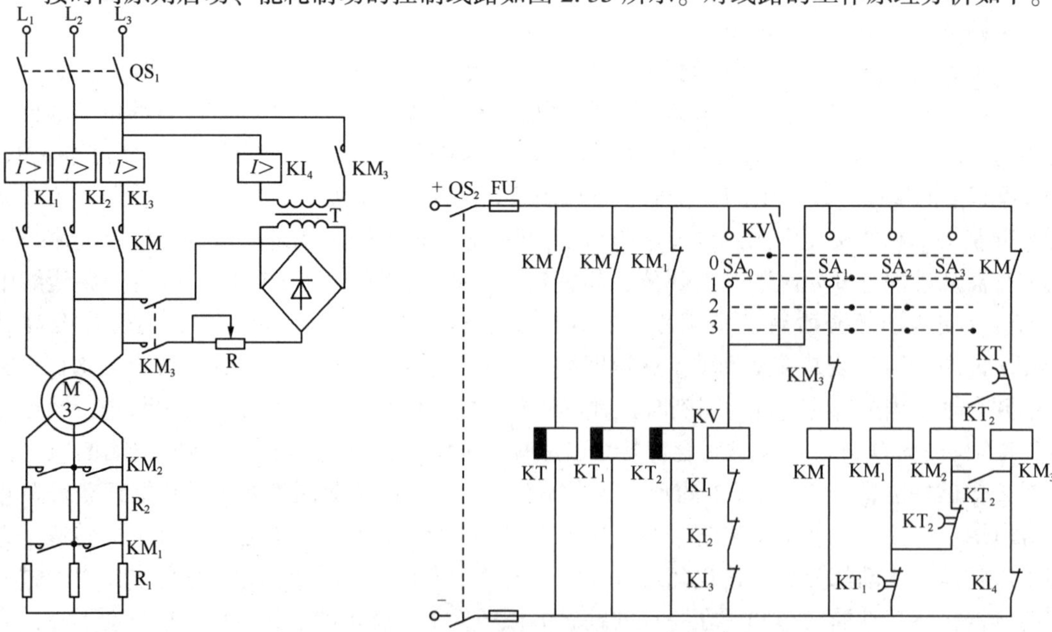

图2.35　按时间原则启动、能耗制动的控制线路

1. 启动前的准备

先将主令控制器 SA 的手柄置到“0”位，再合上电源开关 QS_1、QS_2，则有：

① 零位继电器 KV 线圈通电并自锁；

② KT_1、KT_2线圈得电，其延时闭合的动断触点瞬时断开，确保 KM_1、KM_2线圈断电。

2. 启动控制

将 SA 的手柄推向“3”位，SA 的触点 SA_1、SA_2、SA_3均接通，KM 线圈通电。则有：

① KM 的主触点闭合，电动机接入交流电源，电动机在转子串两段电阻的情况下启动。同时，KT 线圈得电，KT 延时断开的动合触点闭合。

② KM 的动断触点断开，KT_1线圈断电开始延时，当延时结束时，KT_1动断触点闭合，KM_1线圈通电，KM_1的动合触点闭合切除一段电阻 R_1，同时 KM_1的动断触点断开，KT_2线圈断电开始延时，当延时结束时，KT_2的动断触点闭合，KM_2线圈通电切除电阻 R_2，启动结束。

3. 制动控制

进行制动时，将主令控制器 SA 的手柄扳回“0”位，KM、KM_1、KM_2线圈均断电，电动机切除交流电源。同时，KT_1、KT_2线圈得电。则有：

① KM 的动断触点闭合，KM_3线圈通电，电动机接入直流电源进行能耗制动；同时，KM_2线圈通电，电动机在转子短接全部电阻的情况下进行能耗制动。

② KM 的动合辅助触点断开，KT 线圈断电开始延时，当延时结束时，KT 延时断开的动合触点断开，KM_2、KM_3线圈均断电，制动结束。

4. 调速控制

当需要电动机低速运行时，可将主令控制器 SA 的手柄推向“2”位或“1”位，此时电动机的转子在串入一段电阻或不串入电阻的情况下以较高的速度运转。具体情况这里不再详述。

图 2.35 中的 KI_1、KI_2、KI_3、KI_4均为过电流继电器，它们起过电流保护作用。

2.5.4　变频调速控制线路

随着电力电子技术、大规模集成电路和计算机控制技术的发展，交流变频调速技术迅速发展，已进入生产的各个应用领域，并发挥着巨大的作用。

1. 变频调速的原理

变频调速的原理是将电网电压提供的恒压恒频交流电转换为变压变频的交流电。它通过平滑改变异步电动机的供电频率 f 来调节异步电动机的同步转速 n_0，从而实现对异步电动机的无级调速。这种调节同步转速 n_0 的方法，可以保持有限的转差率，故效率高、调速范围大、精度高，是一种比较理想的交流电动机调速方法。

由于电动机每极气隙磁通主要受电源频率的影响，所以在实际调速过程中要保持定子电压与其频率之比为常数这一基本原则。

实现交流电动机调速的装置为交流变频调速器，简称变频器。变频器是一种采用模块化结构，集数字技术、计算机技术和现代控制技术于一体的智能型交流电动机调速装置。变频器具有转矩大、精度高、噪声低、功能齐全、运行可靠、操作简单、维护方便、节约能源等特点，广泛应用于钢铁、石油、化工、机械、电子等行业。

变频器按照用途不同，可分为通用变频器、高性能专用变频器、高频变频器、单相变频器和三相变频器等。通用变频器可以驱动通用型交流电动机，且具有各种可供选择的功能，能适应许多不同性质的负载机械。专用变频器则是专为某些有特殊要求的负载机械设计和制造的，如电梯专用变频器等。

2. 变频器的基本结构与基本功能

1）变频器的基本结构

目前，市场上主流变频器的基本结构如图 2.36 所示。

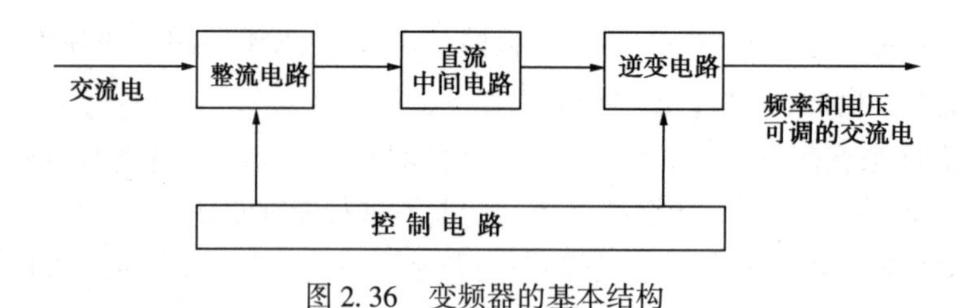

图 2.36　变频器的基本结构

2）变频器内部电路的基本功能

变频器的种类很多，其结构也有些不同，但大多数变频器都有类似的硬件结构，它们的区别主要是控制电路、检测电路及控制算法不同。

变频器的整流电路通常由三相全波整流桥构成。它的主要作用是对工频的外部交流电进行整流，并给逆变电路和控制电路提供所需要的直流电。

直流中间电路的作用是对整流电路的输出进行平滑，以保证逆变电路和控制电源能够得到质量较高的直流电。当整流电路输出的是直流电压时，直流中间电路主要由大容量的电解电容组成，而当整流电路输出的是直流电流时，直流中间电路则主要由大容量的电感组成。此外，由于电动机制动的需要，在直流中间电路中有时还包括制动电阻及其他辅助电路。

逆变电路是变频器最主要的部分之一。它的主要作用是在控制电路的控制下将直流中间电路输出的直流电转换为频率和电压均任意可调的交流电。逆变电路的输出就是变频器的输出，它被用来对异步电动机进行调速控制。

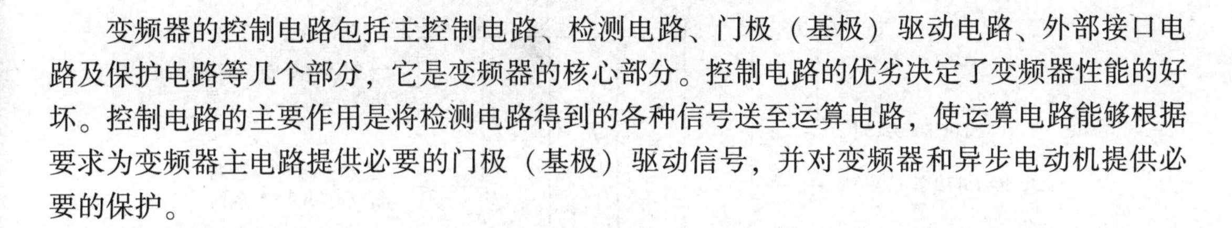

变频器的控制电路包括主控制电路、检测电路、门极（基极）驱动电路、外部接口电路及保护电路等几个部分，它是变频器的核心部分。控制电路的优劣决定了变频器性能的好坏。控制电路的主要作用是将检测电路得到的各种信号送至运算电路，使运算电路能够根据要求为变频器主电路提供必要的门极（基极）驱动信号，并对变频器和异步电动机提供必要的保护。

3. 通用变频器的规格

变频器没有统一的产品型号，世界上各个变频器生产厂家都自定型号，这些生产厂家会提供变频器的型号说明、主要特点、技术参数和标准规格等内容，供用户参考。用户可根据实际需要，选择合适的变频器。下面对变频器的标准规格介绍如下。

1）变频器的容量

大多数变频器的容量均以所适用的电动机的功率、变频器的额定输出容量和变频器的额定输出电流来表征，其中最重要的是额定输出电流。额定输出电流是指变频器连续运行时允许输出的电流。额定输出容量是指变频器在额定输出电流与额定输出电压下输出的三相视在功率。

变频器所适用的电动机的功率是指以标准的 4 极电动机为对象，在变频器的额定输出电流范围内，变频器可以拖动的电动机的功率。如果是 6 极及以上的异步电动机，变频器的容量应该相应地增大，从而保证变频器的电流不超出其允许值。

由此可见，选择变频器容量时，变频器的额定输出电流是一个关键量。当采用 4 极以上电动机或者多电动机并联时，必须以总电流不超过变频器的额定输出电流为原则选择变频器容量。

2）变频器的输出电压

变频器的输出电压可根据所用电动机的额定输出电压进行选择或做适当调整。我国常用交流电动机的额定电压为 220V 和 380V，还有一些场合采用高压交流电动机。

3）变频器的输出频率

变频器的最高输出频率根据机型不同而有很大差别，一般有 50Hz、60Hz、120Hz、240Hz 或更高。大容量通用变频器几乎都具有 50Hz 或 60Hz 的输出频率，最高输出频率超过工频的变频器多为小容量变频器。

4）瞬时过载能力

通用变频器的瞬时过载能力常设计为 150%额定电流、1min 或 120%额定电流、1min。

4. 变频器的接线

不同厂家生产的变频器其输入、输出端子及接线方法均有所区别，在实际应用中应仔细查阅产品操作手册。下面以富士 FRENIC5000 G11S/P11S 系列变频器为例介绍变频器的接线方法。FRENIC5000 G11S/P11S 系列变频器的型号说明如下。

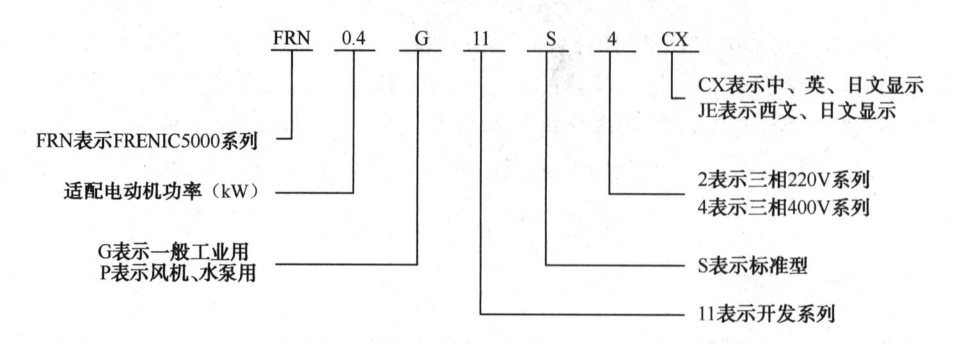

富士 FRENIC5000 G11S/P11S 系列变频器的接线如图 2. 37 所示，各接线端子的主要功能如下所述。

（1）主电路。L_1、L_2、L_3是电源输入，连接三相交流电源；U、V、W 是逆变器输出，连接三相电动机；P_1、P_+是直流电抗器连接端，连接改善功率因数的直流电抗器；P_+、N_-是制动单元连接端，连接制动单元；G 是接地端。

（2）频率设定。13、12、11 是外部电位器频率设定端子。调节电位器，输出的频率在零到最大值之间变化。如果不用电位器，由端子 12、11 输入电压信号 DC 0～10V 或 DC 0～5V 也可以设定频率；C_1、11 为频率设定电流输入端子，输入 DC 4～20mA，输出的频率在零到最大值之间变化。

（3）控制端子。FWD、CM 接通，电动机正转；REV、CM 接通，电动机反转。X_1～X_9是控制输入端子，通过不同组合可以进行多种速度选择、频率上升/下降控制、由工业用电到逆变器切换运行、加/减速时间选择、电流输入信号选择、DC 制动命令、第二电动机选择、数据保护及外部故障信号输入、报警复位等操作。详细情况请查阅变频器的使用说明书。

（4）运行状态信号。晶体管输出即 Y_1、Y_2、Y_3、Y_4与 CME，通过设定功能代码，选择各端子的功能，可以输出逆变器正在运行、频率到达、频率值检测、过载预报、欠电压、转矩限制模式等状态信号。

总报警输出即 30A、30B、30C，当保护功能动作时，输出接点信号。

模拟输出、脉冲输出用于输出频率、电流、电压、转矩、负载率、功率等。

（5）通信功能。内装接口 RS485，由此可由个人计算机向变频器输入运行命令和设定功能码数据等。

设有 DI/DO 功能，变频器的输入/输出端子状态（接点信号的有无）能传送至上位机和受其监控。

可以连接现场总线，包括 Profibus-DP、Interbus-S、Device Net、Modbus Plus 等。

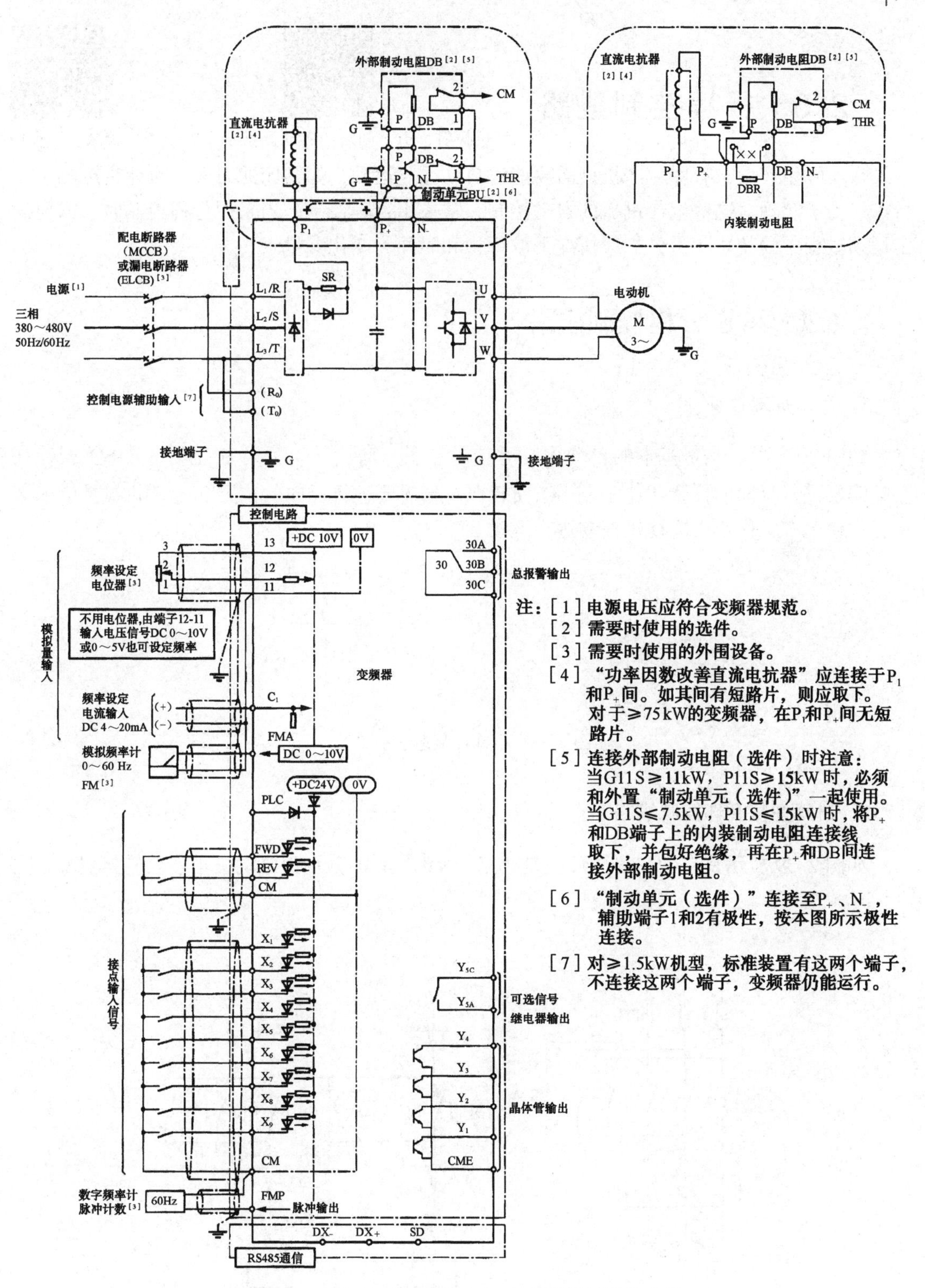

注：[1] 电源电压应符合变频器规范。
[2] 需要时使用的选件。
[3] 需要时使用的外围设备。
[4] “功率因数改善直流电抗器”应连接于P_1和P_+间。如其间有短路片，则应取下。对于≥75kW的变频器，在P_1和P_+间无短路片。
[5] 连接外部制动电阻（选件）时注意：当G11S≥11kW，P11S≥15kW时，必须和外置“制动单元（选件）”一起使用。当G11S≤7.5kW，P11S≤15kW时，将P_+和DB端子上的内装制动电阻连接线取下，并包好绝缘，再在P_+和DB间连接外部制动电阻。
[6] “制动单元（选件）”连接至P_+、N_-，辅助端子1和2有极性，按本图所示极性连接。
[7] 对≥1.5kW机型，标准装置有这两个端子，不连接这两个端子，变频器仍能运行。

图 2.37　FRENIC5000 G11S/P11S 系列变频器的接线

2.6 行程控制线路

思想映射：勇于创新的高铁调试专家罗昭强　微课：行程控制

在实际生产中，有些生产机械需要能够自动往复运动，如钻床的刀架、万能铣床的工作台等。为了实现对这些生产机械的自动控制，常采用行程控制。当采用行程控制时，需要确定运动过程中的变化参量，一般情况下取行程和时间为变化参量。

2.6.1 可逆行程控制线路

1. 自动往复运动

如图 2.38 所示是最基本的自动往复运动示意图。SQ_1、SQ_2为行程开关，将 SQ_1安装在左端需要进行反向的位置 A 上，将 SQ_2安装在右端需要进行反向的位置 B 上，机械挡铁安装在工作台上，工作台由电动机拖动进行运动。

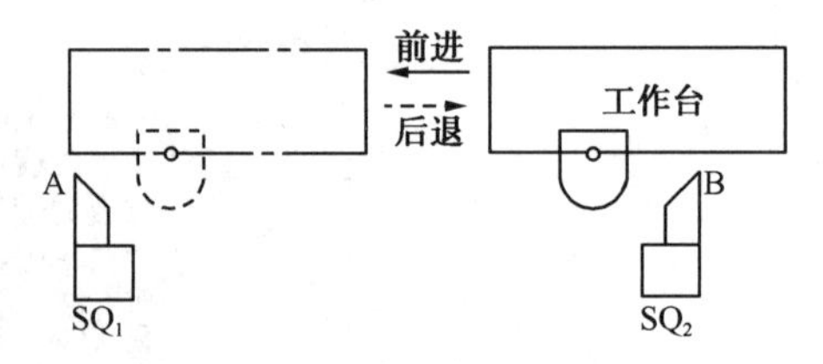

图 2.38　自动往复运动示意图

2. 自动往复循环控制线路

如图 2.39 所示是自动往复循环控制线路，KM_1、KM_2分别为电动机正、反转接触器。

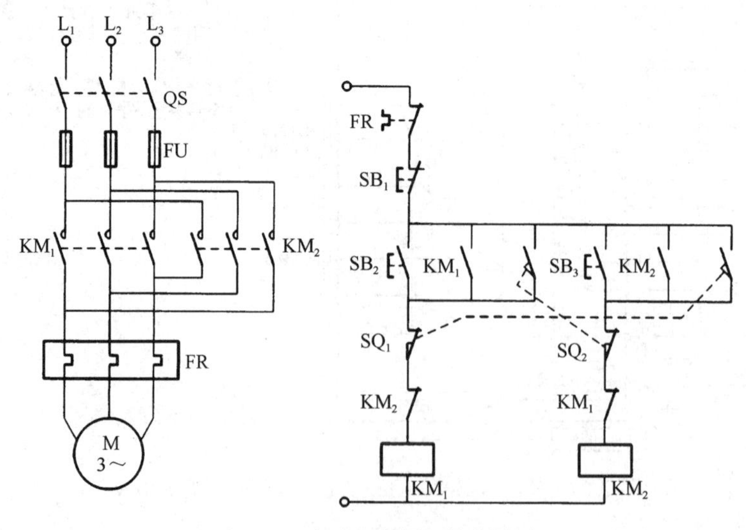

图 2.39　自动往复循环控制线路

启动时，合上电源开关 QS，按下正转按钮 SB_2，KM_1线圈通电并自锁，KM_1主触点接通主电路，电动机正转运行，带动工作台前进。当工作台行至左端的位置 A 时，机械挡铁撞压行程开关 SQ_1，SQ_1 的动断触点断开，切断 KM_1线圈电路，KM_1 主、辅触点复位，KM_1的动断触点闭合及 SQ_1的动合触点闭合使接触器 KM_2线圈通电并自锁，电动机定子绕组电源相序改变，电动机进行反接制动，转速迅速下降，然后反向启动，带动工作台进行反向运动。当工作台行至右端位置 B 时，机械挡铁撞压行程开关 SQ_2，SQ_2的动断触点断开，使 KM_2线圈断电，SQ_2的动合触点闭合，使 KM_1线圈电路接通，电动机先进行反接制动再反向启动，带动工作台前进。这样，工作台自动进行往复运动。当按下停止按钮 SB_1时，电动机停机。

由上述工作过程可知，工作台每往返一次，电动机就要经受两次反接制动，这将造成较大的反接制动电流和机械冲击力。因此，这种线路只适用于循环周期较长的生产机械。在选择接触器容量时，应比一般情况下选择的接触器容量大一些。

对于自动往复循环控制线路，接线完成后，要检查电动机的转向与限位开关是否协调。例如，电动机正转（KM_1吸合），工作台行至需要反向的位置时，机械挡铁应该撞压限位开关 SQ_1，而不应撞压 SQ_2。否则，电动机不会反向运转，工作台也就不会反向运动。如果电动机转向与限位开关不协调，只要将三相异步电动机的三根电源线对调两根即可。

2.6.2　行程控制应用举例

1. 钻孔加工过程自动控制

钻床的钻头与刀架分别由两台三相笼型异步电动机拖动。如图 2.40 所示为刀架的自动循环无进给切削示意图，其工艺要求：刀架能够由位置 A 移动到位置 B 停车，进行无进给切削，当孔的内表面精度达到要求后，刀架自动返回位置 A 停车。

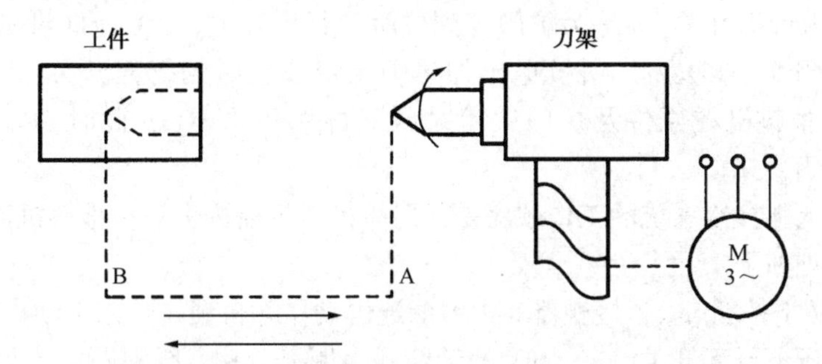

图 2.40　刀架的自动循环无进给切削示意图

刀架自动循环无进给切削控制线路如图 2.41 所示。其中，SQ_1、SQ_2分别为安装于 A、B 位置的行程开关，KM_1、KM_2为电动机正、反转接触器。控制线路的工作原理如下。

按下启动按钮 SB_2，接触器 KM_1线圈通电并自锁，电动机正向运转，刀架前进。当刀架到达位置 B 时，撞压行程开关 SQ_2，SQ_2 的动断触点断开，KM_1线圈断电，电动机停止工作，刀架停止进给。但钻头由另一台电动机拖动继续旋转，同时，SQ_2的动合触点接通时间继电器 KT 的线圈电路，开始无进给切削计时。到达预定时间后，时间继电器 KT 动作，其动合触点闭合，反向接触器 KM_2线圈通电并自锁，KM_2 主触点闭合，电动机反相序接通，刀架开始返回，到达位置 A 时，撞压行程开关 SQ_1，SQ_1的动断触点断开，KM_2线圈断电，电动机停止运行，完成一个周期的工作。

该控制线路中时间继电器的延时值应根据无进给切削所需要的时间进行整定。

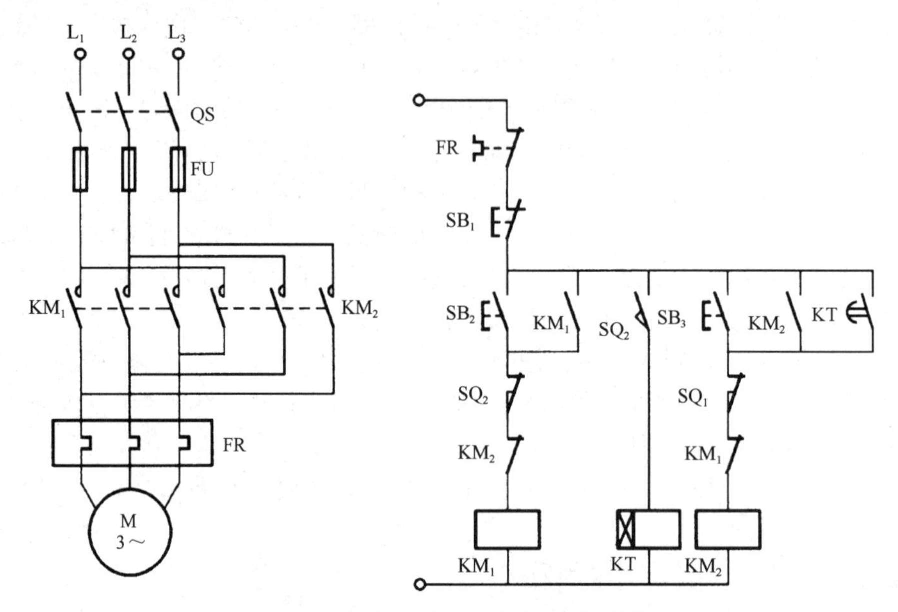

图 2.41　刀架自动循环无进给切削控制线路

2. 加热炉自动上料控制线路

加热炉自动上料控制线路如图 2.42 所示。其中，KM_1、KM_2分别为控制炉门开、关的电动机正、反转接触器，KM_3、KM_4分别为控制推料机的电动机正、反转接触器，SQ_1、SQ_2、SQ_3、SQ_4为行程开关，SQ_1为炉门开到位时的行程开关，SQ_2为推料机进入到炉内预定位置时的行程开关，SQ_3为推料机退出加热炉预定位置时的行程开关，SQ_4为炉门关闭时的行程开关。推料机在原位及炉门关闭时压下行程开关 SQ_4，此时 SQ_4 的动合触点闭合，动断触点断开。

加热炉自动上料控制系统的工作顺序是开门→推料机前进进炉→推料机退回→关门。控制线路的工作原理如下。

合上 QS_1，按下按钮 SB_2，接触器 KM_1线圈通电动作并自锁，炉门电动机带动炉门打开。当炉门开到位时压下行程开关 SQ_1，SQ_1的动断触点断开，KM_1线圈断电，炉门电动机停止转动，SQ_1的动合触点闭合，KM_3线圈通电动作并自锁，推料电动机正转带动推料机前进。当推料机到达预定位置时压下行程开关 SQ_2运行，此时 SQ_2动断触点断开，KM_3线圈断电，推料机停止运行。此时 SQ_2的动合触点闭合，KM_4线圈通电动作并自锁，推料电动机反转带动推料机返回。当推料机退回到预定位置时压下行程开关 SQ_3，SQ_3的动断触点断开，KM_4线圈断电，推料机停止运行。此时 SQ_3的动合触点闭合，KM_2线圈通电动作并自锁，炉门电动机反转关门，当炉门到达预定位置后压下行程开关 SQ_4，SQ_4的动断触点断开，KM_2线圈断电，炉门电动机停转，完成一个周期的工作，然后依次循环，进入下一个周期。

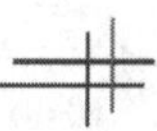

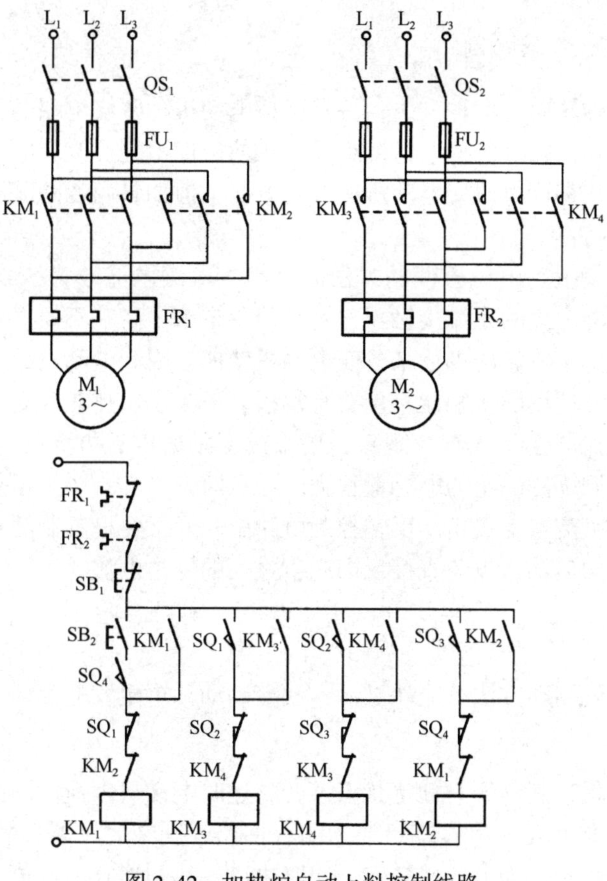

图 2.42　加热炉自动上料控制线路

2.7　直流电动机的控制线路

2.7.1　直流电动机启动、制动及正、反转控制

直流电动机具有良好的启动、制动与调速性能，容易实现各种运行状态的自动控制，在工业生产中得到了广泛的应用。

直流电动机有串励、并励、复励和他励四种类型，其控制电路基本相同。

1. 直流电动机启动控制

与交流电动机类似，对直流电动机启动控制的要求是在保证足够大的启动转矩下，尽可能地减小启动电流，通常采用分级启动方式，启动级数不宜超过三级。他励、并励直流电动机启动时，必须在施加电枢电压前先接上额定的励磁电压，其原因之一是为了保证启动过程中产生足够大的反电动势以减小启动电流；其二是为了保证产生足够大的启动转矩，加速启动过程；其三是为了避免由于励磁磁通为零而产生“飞车”事故。

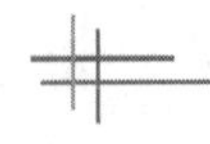

2. 直流电动机正、反转控制

改变直流电动机的转向有两种方法：一是保持电动机励磁绕组端电压的极性不变，改变电枢绕组端电压的极性；二是保持电枢绕组端电压的极性不变，改变电动机励磁绕组端电压的极性。上述两种方法都可以改变电动机的旋转方向，但如果两者的电压极性同时改变，则电动机的旋转方向维持不变。

在采用改变电枢绕组端电压极性的方法时，因主电路电流较大，故接触器的容量也较大，并要求采用灭弧能力强的直流接触器，这给使用带来了诸多不便。对于大电流系统，常通过改变直流电动机励磁电流的极性来改变电动机转向，因为电动机的励磁电流仅为电枢额定电流的2%～5%，故使用的接触器容量要小得多。但为了避免在改变励磁电流方向的过程中，因励磁电流为零而产生“飞车”现象，要求改变励磁电流方向的同时要切断电枢绕组的电源。另外，考虑到励磁绕组的电感量很大，触点断开时容易产生很高的自感电动势，故需加设吸收装置。在直流电动机正、反转控制电路中，通常要设置制动和联锁电路，以确保在电动机停转后再反向启动，以免直接反向产生过大的冲击电流。

3. 直流电动机制动控制

直流电动机的电气制动方法有能耗制动、反接制动和再生发电制动三种。

1）能耗制动

切断电枢电源并保持其励磁为额定状态不变，这时电动机因惯性而继续旋转，成为直流发电机。如果用一个电阻R使电枢绕组成为闭合回路，则在此回路中将产生电流和制动转矩，拖动系统的动能将转化为电能并在转子回路中以发热的形式消耗掉，此种制动方式称为能耗制动。由于能耗制动较为平稳，所以在要求准确停机的生产机械中应用较为普遍。

2）反接制动

保持励磁为额定状态不变，将反极性的电源接到电枢绕组上，从而产生制动转矩，迫使电动机迅速停止。在进行反接制动时要注意两点：一是要限制过大的制动电流，通常在电枢电路中串入反接制动电阻；二是在电动机不要求反转的情况下要防止电动机反向再启动，通常以转速（电动势）为变化参量进行控制。

3）再生发电制动

这种制动方法常用于重物下降的过程中，如吊车下放重物或电力机车下坡时等。此时电枢和励磁电源处于某一定值，电动机转速超过了理想空载转速，电枢的反电动势也将大于电枢的供电电压，电枢电流反向，产生制动转矩，将电动机转速限制在一个高于理想空载转速的稳定转速上，而不会无限增加。

2.7.2 直流电动机启动、制动控制线路

如图2.43所示为直流并励电动机的启动、制动控制线路。其中，启动时以时间为变化参量控制启动，制动时以电动势为变化参量控制反接制动。

图中设两级启动电阻和一级反接电阻，启动电阻的接入和切除分别由KM_2、KM_3的动合

触点控制；反接电阻的接入和切除由KM$_1$的动合触点控制，在启动时要求迅速切除反接电阻，反接时将反接电阻接入电路，直至转速接近零时，切除反接电阻以便反向启动。

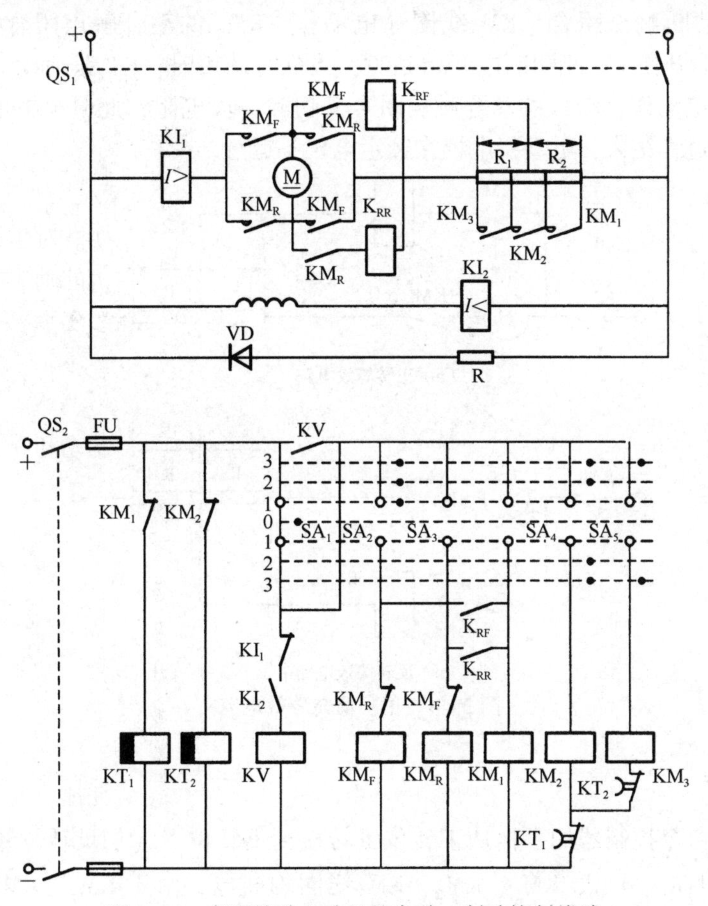

图2.43　直流并励电动机的启动、制动控制线路

图2.43中，KM$_F$、KM$_R$分别为正、反转接触器；K$_{RF}$、K$_{RR}$分别为反映正、反转时电枢电动势的反接继电器；KI$_1$为过电流继电器，用于过电流保护；KI$_2$为用于弱磁保护的弱磁继电器，防止由于磁场减弱或消失而引起电动机“飞车”；电阻R和二极管VD构成吸收回路。线路的工作原理分析如下。

1. 启动前的准备

将主令控制器SA的手柄置于“0”位，合上电源开关QS$_1$、QS$_2$，若电动机励磁绕组工作正常，则KI$_2$达到吸合值时动作，其动合触点闭合使零位继电器KV线圈接通并自锁，同时时间继电器KT$_1$、KT$_2$线圈均接通，它们的动断触点瞬时断开，为电动机启动做好准备。

2. 启动过程

将主令控制器的手柄置于正转位置（如正转位置“3”），此时主令控制器的触点SA$_2$、SA$_4$、SA$_5$接通，KM$_F$线圈通电，其动合触点闭合，一方面主触点使电动机接通正向电源；另一方面辅助触点将反接继电器K$_{RF}$接通，此时的等效电路如图2.44（a）所示。由于加在

K_{RF}线圈上的电压大于它的吸合电压，K_{RF}动合触点闭合，KM_1线圈通电，KM_1的动合触点闭合，将反接电阻切除。KM_1的动断触点断开，使 KT_1线圈断电开始延时，当延时结束时，KT_1延时闭合的动断触点闭合，KM_2线圈通电动作，KM_2 的动合触点闭合切除一段电阻，KM_2的动断触点断开使 KT_2线圈断电开始延时，当延时结束时，KT_2延时闭合的动断触点闭合使 KM_3线圈通电动作，KM_3 的动合触点闭合又切除一段电阻，此时电枢电路中的电阻已全部切除，启动过程结束，电动机电枢在额定电压下运行。

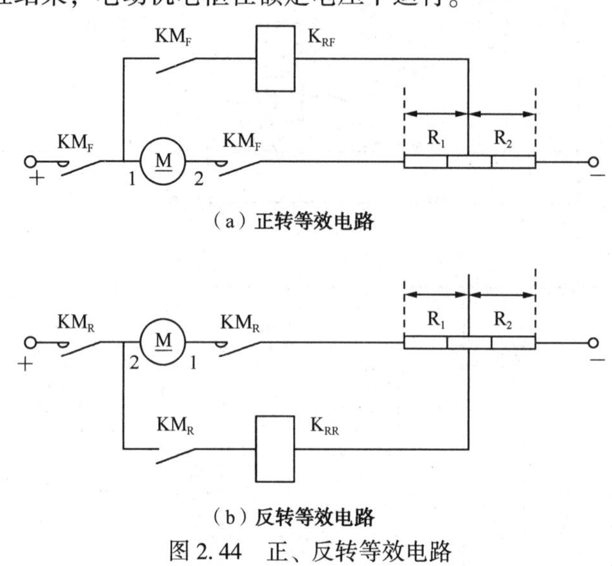

图 2. 44　正、反转等效电路

3. 反接过程

反接时，将主令控制器的手柄从正转位置转换到反转位置（如反转位置“3”），在过“0”位的瞬间，KM_F、K_{RF}、KM_1、KM_2、KM_3线圈均断电，由于 KM_1、KM_2的动断触点闭合，KT_1、KT_2线圈通电，KT_1、KT_2的动断触点断开。当主令控制器的手柄置于反转位置时，主令控制器的触点 SA_3、SA_4、SA_5均接通，接触器 KM_R线圈通电动作，一方面使电动机接通反向电源，另一方面使反接继电器 K_{RR}线圈通电，其等效电路如图 2. 44（b）所示。由于电动机的惯性，转速 n 和电枢反电动势 E 的大小和方向都来不及变化，此时反电动势 E 的方向与电阻压降方向相反，反接继电器 K_{RR}的线圈电压 $U_K(U_K=-E+R_1I)$很小，不足以使反接继电器 K_{RR}动作，它的动合触点不闭合，KM_1线圈不通电，保证了在制动过程中电枢电路接入全部电阻。

随着电动机转速的降低，反电动势逐渐减小，K_{RR}的线圈电压 U_K 逐渐增加，当电动机的转速接近零时，U_K接近 R_1I，继电器 K_{RR}动作，K_{RR}的动合触点闭合，接通接触器 KM_1线圈，切除反接电阻，电动机反向启动，各电器的动作情况与正转时类似，请读者自行分析。

4. 调速控制

将主令控制器的手柄置于“1”位或“2”位，电枢回路中的启动电阻在电动机启动完毕后将有两段或一段不被切除，因此将有一部分电源电压分配在电阻上，这相当于使电动机的电枢电压降低，电动机转速降低，从而实现了电动机在不同转速下的运行。

5. 保护环节

（1）当电路中的电流达到预定值时，过电流继电器 KI_1 动作，其动断触点断开，零位继电器 KV 线圈断电，所有接触器均断电释放，电动机停机，从而实现过电流保护。

（2）当电动机出现弱磁或励磁消失时，欠电流继电器 KI_2 动作，其动合触点断开，零位继电器 KV 线圈断电，所有接触器均断电释放，从而实现弱磁保护。

（3）零位继电器 KV 用于实现失压保护。

2.8 步进电动机的控制

步进电动机又称脉冲电动机，它能将输入的脉冲信号变为电动机轴的步进转动，每输入一个脉冲信号，步进电动机就转动一步。在数控机床中，数控系统输出的脉冲信号经步进驱动器放大后驱动步进电动机。

2.8.1 步进电动机的控制原理及特点

1. 步进电动机的控制原理

步进电动机按励磁方式不同可分为反应式、永磁式和永磁感应式步进电动机。反应式步进电动机的控制原理如图 2.45 所示。定子上均匀地分布着六个磁极，每个磁极上绕有绕组。相对的磁极组成一组，绕组的连接如图 2.45（a）所示。转子上没有绕组，其铁芯是用硅钢片或软磁性钢片叠装而成的。

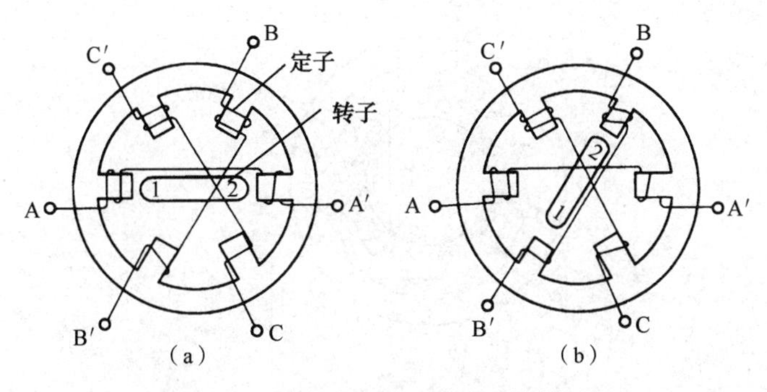

图 2.45 反应式步进电动机的控制原理

1）三相单三拍

当只有 A 相绕组通电时，气隙磁场与 A 相绕组轴重合，如图 2.45（a）所示。转子在磁场力的作用下旋转到与 A 相绕组轴线重合的位置，转子只受到径向力作用，而无切向力，故此位置使转子具有自锁能力。如果将 A 相绕组通电换接为 B 相绕组通电，则转子将旋转到使其轴线与 B 相绕组轴线重合的位置，如图 2.45（b）所示。若三相绕组按 A—B—C 的顺序轮流导电，则每换接一相，磁场轴线就沿 A—B—C 方向旋转 60°，步进电动机转子在空间上也随之转过 60°，该角度称为步距角。

从一个通电状态到另一个通电状态，称为“一拍”。例如，从 A 相通电状态切换到 B 相通电状态称为一拍。每次只有一相绕组通电，称为“单拍”。“三相”是指三相绕组，如 A—A′、B—B′、C—C′绕组。若绕组通电顺序为 A—B—C—A，则转子运转方向为正转；反之，若绕组通电顺序为 A—C—B—A，则转子运转方向为反转。上述步进电动机每次只有一相绕组通电，在一个循环周期内换接三次，这种通电方式称为三相单三拍。

2）三相双三拍

若每次接通两相绕组，则这种方式在原理上与三相单三拍方式相同，只是每次转子步进后停在两相绕组轴线之间，这种通电方式称为三相双三拍。步进电动机转子步距角仍为 60°。三相绕组若按 AB—BC—CA—AB 顺序通电，则步进电动机正转；若按 AC—CB—BA—AC 顺序通电，则步进电动机反转。

3）三相六拍

如果三相步进电动机按 A—AB—B—BC—C—CA—A 方式通电，则在一个通电周期内共换接六次，称为三相六拍。采用这种通电方式时，每次通电换接，转子便转到与绕组轴线或两相绕组轴线中间位置对齐的位置，此时步距角为 30°。

三相反应式步进电动机的结构原理图如图 2.46 所示。转子和定子磁极上均有小齿，步距角可以通过以下公式计算：

$$\theta=\frac{360°}{m \times Z \times Q} \tag{2.4}$$

式中，Z——转子齿数；m——相数；Q——通电节拍。

由上式可知，转子齿数越多，步进电动机的步距角越小，位置精度越高。

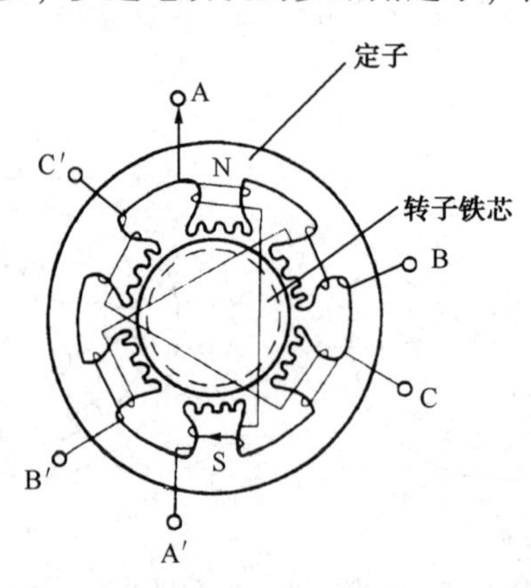

图 2.46　三相反应式步进电动机的结构原理图

2. 步进电动机的特点

步进电动机是一种将电脉冲信号转换成相应角位移或线位移的控制电动机。它的主要特点包括以下几点。

（1）在工作范围内，每输入一个电流脉冲，步进电动机就转过一个角度。当没有电流脉冲输入时，转子能稳定地停止在原来的位置上。

(2) 脉冲数增加，角位移增加。

(3) 输入脉冲频率越高，电动机转速越高；反之，输入脉冲频率越低，电动机转速越低。

(4) 改变分配脉冲相序可以改变电动机的旋转方向。

(5) 步进电动机的输出精度较高，并且一般只有相邻误差，没有积累误差。

2.8.2 步进电动机的分类及性能指标

1) 步进电动机的分类

步进电动机的种类繁多，其分类方法也很多。按励磁方式不同，可分为反应式、永磁式和永磁感应式步进电动机。按输出力矩的大小不同，可分为伺服式和功率式步进电动机。按绕组相数不同，可分为二相、三相、四相、五相、六相等步进电动机。

2) 步进电动机的性能指标

步进电动机的主要性能指标有步距角、步距误差、最大静态误差、空载启动频率、最高连续运行频率、启动矩频特性、运行矩频特性等。

3) 数控机床中步进电动机的选择

步进电动机的进给传动示意图如图 2.47 所示。若已知进给脉冲当量、滚珠丝杆螺距、传动减速比，则可以利用以下公式求得步距角。

$$\theta=\frac{360°i\delta}{p} \qquad (2.5)$$

式中，θ——步进电动机步距角；δ——进给脉冲当量；i——减速齿轮的减速比；p——滚珠丝杆的螺距。

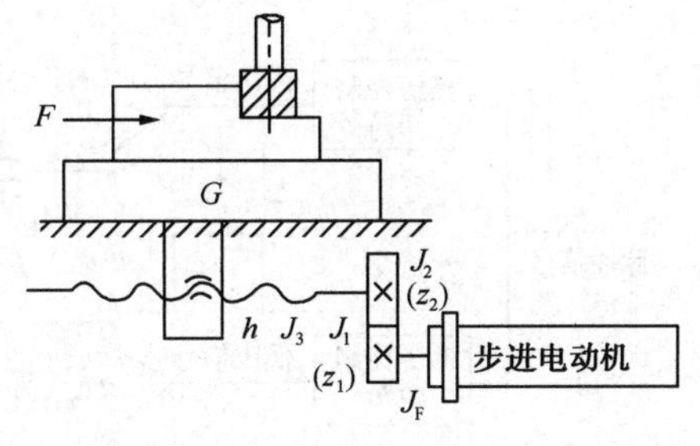

图 2.47 步进电动机的进给传动示意图

选择步进电动机时，应根据负载功率、进给速度和初步设计要求，结合 δ、i、p 等性能指标参数来综合考虑，合理选择。

2.8.3 步进电动机控制系统

1. 功率放大器

如图 2.48 所示为步进电动机控制方框图。一般控制脉冲信号都很弱，必须经过功率放大器才能驱动步进电动机，可见驱动电路性能的好坏在很大程度上将影响步进电动机的功能发挥。

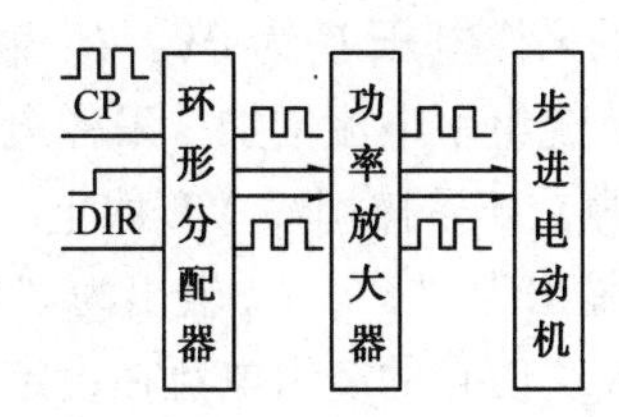

图 2.48 步进电动机控制方框图

功率放大器又称步进驱动器，其性能好坏主要受以下几个方面的影响。

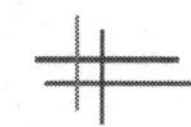

（1）提供足够幅值、前后沿较好的励磁电流。

（2）本身功耗小、变换频率高。

（3）能长时间稳定可靠地运行。

（4）成本低且易于维护。

目前，应用较多的步进驱动方式主要有高低压驱动、恒流斩波驱动、调频调压驱动和细分控制驱动。

下面介绍工业生产中广泛应用的高低压驱动和恒流斩波驱动。

1）高低压驱动

高低压驱动采用两组电源，如图 2.49 所示为高低压驱动原理图。当输入脉冲信号时，高压和低压控制回路分别产生与输入脉冲同步的脉冲信号 u_H 和 u_L，使 VT_1 和 VT_2 同时导通，二极管 VD_1 承受反向电压而截止，绕组由高压电源 U_{d1} 供电，绕组电流快速达到额定值。当绕组电流达到额定值后，u_H 转为低电平，VT_1 关断，低压电源 U_{d2} 经二极管 VD_1 向绕组供电，保持额定电流不变，直到控制脉冲消失。

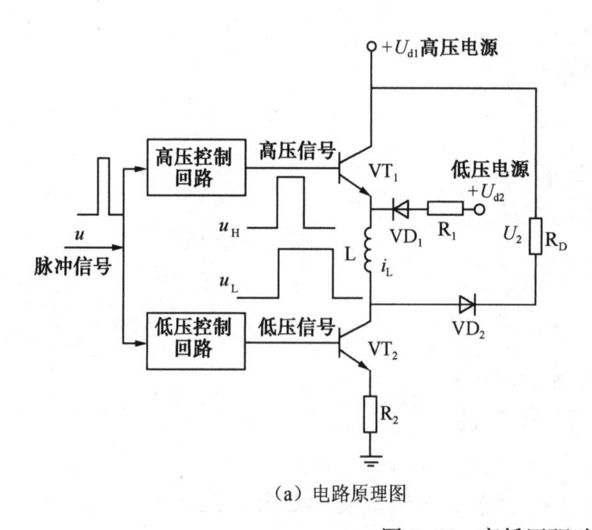

（a）电路原理图

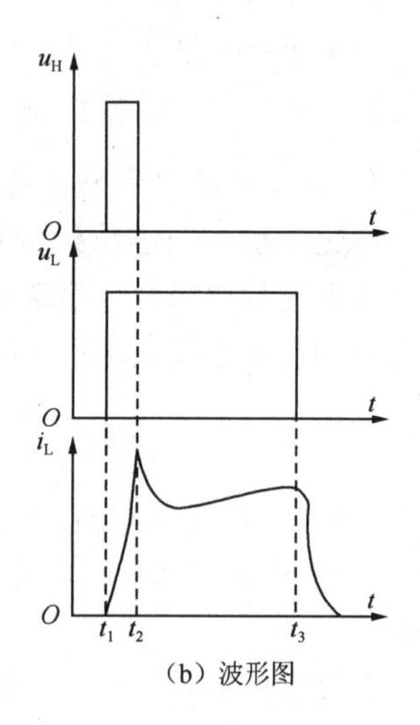

（b）波形图

图 2.49 高低压驱动原理图

高低压驱动的优点是电流前沿很陡，电动机的转矩、启动和运行频率得到提高，功耗小。缺点是运行中有电流波动。

2）恒流斩波驱动

如图 2.50 所示为恒流斩波驱动原理图。当 U_{in} 无控制脉冲时，绕组中无电流通过，经 R_3 的采样电压 U_f 为 0V，U_1 输出为“1”。当给定控制脉冲 U_{in} 时，U_2 输出为“1”，VT_1 导通，绕组中电流增加，采样电压 U_f 也增加。随着 U_f 的增加，当 $U_f>U_{ref}$ 时，U_1 输出为“0”，封锁了 U_2 的输出，VT_1 截止，绕组上通过 VD_1 释放电流，采样电压 U_f 减少；当 $U_f<U_{ref}$ 时，U_1 输出为“1”，U_2 输出为“1”，VT_1 又导通，绕组电流增加，在一个脉冲范围内 VT_1 多次通断，使它的绕组电流在设定值上来回波动。

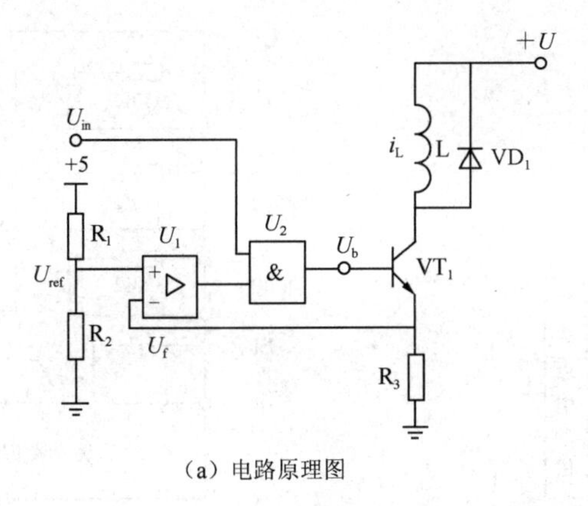

（a）电路原理图

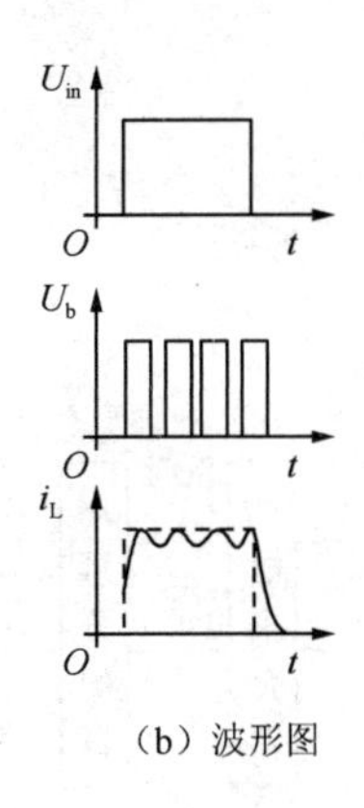

（b）波形图

图 2.50　恒流斩波驱动原理图

恒流斩波驱动的优点是效率高，电路幅值和波形调整方便，开关管所承受电压不超过电源电压。缺点是电流的锯齿波会产生较大的电磁噪声。

2. 环形分配器

控制系统输出的一系列脉冲不能直接经功率放大器驱动步进电动机绕组，必须进行环形分配，使得步进电动机绕组按照一定的时序通断电。另外，步进电动机还需要逆向运行，需要控制系统输出一个方向信号，这样步进电动机绕组就能够按照控制信号要求顺时针或逆时针通断电，使步进电动机的运行符合控制要求。脉冲环形分配一般有两种方式：一种为软件环形分配，即通过软件依次给绕组通断电；另一种是硬件环形分配（早期用触发器实现，现在用专门的集成电路实现）。前者分配灵活，但占用系统时间；后者分配速度快，但缺乏灵活性。

现以三相六拍硬件环形分配为例进行说明。正转时，脉冲分配为 A—AB—B—BC—C—CA—A；反转时，脉冲分配为 A—AC—C—CB—B—BA—A。如图 2.51 所示为三相六拍环形分配器硬件接线图。环形分配器需要控制系统输出 CP 脉冲信号和 DIR 方向信号。CP 脉冲个数控制步进电动机的转角，CP 脉冲频率控制步进电动机的速度，DIR 方向信号控制步进电动机的旋转方向。

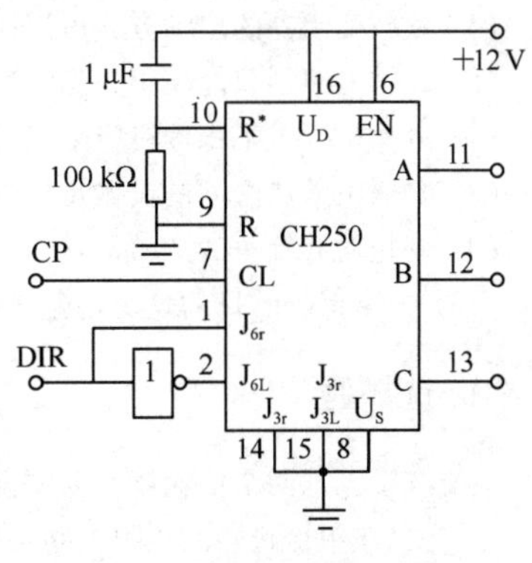

图 2.51　三相六拍环形分配器硬件接线图

在实际工业生产中，常将输入信号先通过光电耦合器隔离，再送给环形分配器。带光电耦合器的步进驱动控制方框图如图 2.52 所示。驱动器光耦接口电路如图 2.53 所示。采用这种方式时，用户在使用时非常方便，不管输入信号是高电平还是低电平，脉冲都可以起作用，同时又解决了控制信号和步进驱动共地问题、电源隔离接口问题，提高了系统的抗干扰性能。

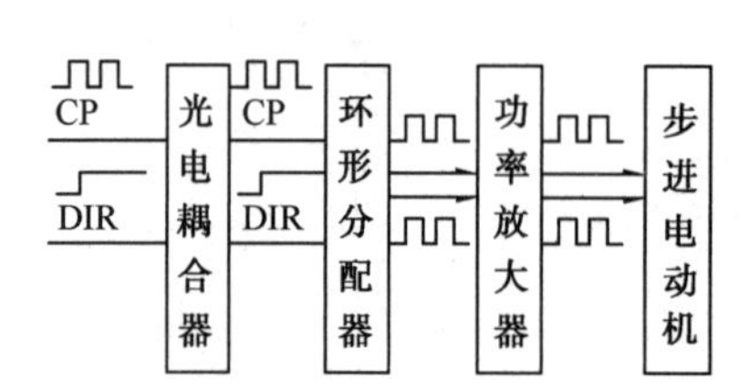

图 2.52 带光电耦合器的步进驱动控制方框图

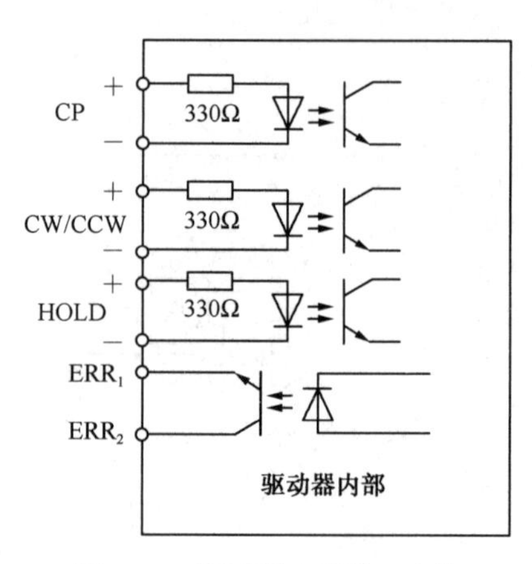

图 2.53 驱动器光耦接口电路

思考与练习 2

1. 判断题

(1) 如果三相笼型异步电动机的电气控制线路使用热继电器进行过载保护，则不必再装设熔断器进行短路保护。 (　　)

(2) 现有四个按钮，欲使它们都能控制接触器 KM 通电，则它们的动合触点应串接在 KM 的线圈电路中。 (　　)

(3) 只要是笼型异步电动机，就可以用星形—三角形方式降压启动。 (　　)

(4) 自耦变压器降压启动的方法适用于频繁启动的场合。 (　　)

(5) 频敏变阻器的启动方式可以使启动平稳，避免产生不必要的机械冲击力。 (　　)

(6) 频敏变阻器只能用于三相笼型异步电动机的启动控制。 (　　)

(7) 电动机为了平稳停机应采用反接制动方式。 (　　)

(8) 电磁滑差离合器的机械特性硬，稳定性好。 (　　)

(9) 变频器有统一的产品型号。 (　　)

(10) 失压保护的目的是防止电压恢复时电动机自启动。 (　　)

2. 选择题

(1) 有甲、乙两个接触器，欲实现联锁控制，应（　　）。

A. 在甲接触器的线圈电路中串入乙接触器的动断触点

B. 在乙接触器的线圈电路中串入甲接触器的动断触点

C. 在两接触器的线圈电路中互串入对方的动断触点

D. 在两接触器的线圈电路中互串入对方的动合触点

(2) 有甲、乙两个接触器，若要求甲接触器工作后乙接触器才能工作，则应（　　）。

A. 在乙接触器的线圈电路中串入甲接触器的动合触点

B. 在乙接触器的线圈电路中串入甲接触器的动断触点

C. 在甲接触器的线圈电路中串入乙接触器的动断触点

D. 在甲接触器的线圈电路中串入乙接触器的动合触点

(3) 在星形—三角形降压启动控制线路中，启动电流是正常工作电流的（　　）。

A. 1/3　　B. $1/\sqrt{3}$　　C. 2/3　　D. $2/\sqrt{3}$

(4) 下列电器中对电动机起过载保护的是（　　）。

A. 熔断器　　B. 热继电器　　C. 过电流继电器　　D. 空气开关

(5) 常用的绕线型异步电动机降压启动方法是（　　）。

A. 定子串电阻降压启动　　B. 星形—三角形降压启动

C. 自耦变压器降压启动　　D. 频敏变阻器启动

3. 简答题

(1) 电气控制系统图有哪几种？各有什么用途？

(2) 在电气原理图中，QS、FU、KM、KT、SB、SQ 分别是什么电气元件的文字符号？

(3) 笼型异步电动机在什么条件下可以直接启动？

(4) 什么是交流异步电动机的软启动？其作用是什么？

(5) 电动机的能耗制动控制与反接制动控制分别适用于什么场合？

(6) 什么是变频器？它具有哪些特点？

4. 分析题

(1) 如图 2.54 所示是电厂常用的闪光电源控制线路。当发生故障时，继电器 KA 的动合触点闭合，试分析图中信号灯 HL 发出闪光信号的工作原理。

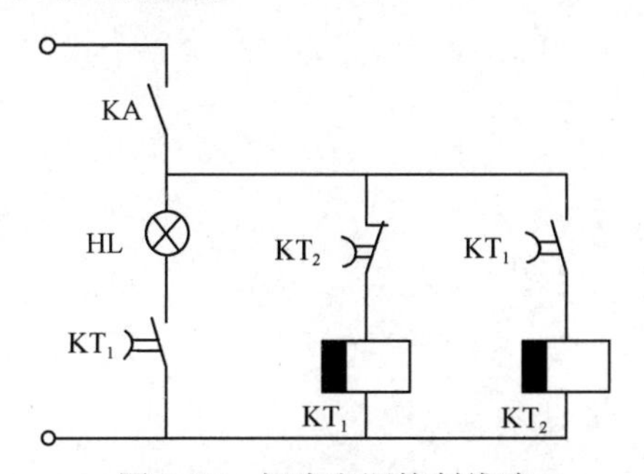

图 2.54　闪光电源控制线路

(2) 试分析图 2.9 中复式按钮的作用，并说明线路有哪些保护？

5. 设计训练题

(1) 试设计可以从两地控制一台电动机实现点动工作和连续运转工作的控制线路。

(2) 某机床由一台笼型异步电动机拖动，润滑油泵由另一台笼型异步电动机拖动，均采用直接启动，工艺要求如下：

① 主轴必须在油泵开动后才能启动；

② 主轴正常为正向运转，但为调试方便，要求能正、反向点动；

③ 主轴停止后才允许油泵停止；

④ 线路中应有短路、过载及失压保护。

试设计主电路及控制电路。

(3) 有一小车由笼型异步电动机拖动，其动作过程如下：

① 小车由原位开始前进，到终端后自动停止；

② 在终端停留 20s 后自动返回原位停止；

③ 小车能在前进或后退途中任意位置停止和启动。

试设计主电路与控制电路。

(4) 现有一台双速电动机，试按照下述要求设计电气控制线路。

① 用两个按钮分别控制电动机高速和低速运行，用一个总停止按钮控制电动机停转。

② 在高速运行时，应先接成低速运行，然后经延时后再换接到高速运行。

③ 线路中应有短路保护和过载保护。

应 用 篇

第3章

常用机床的电气控制

知识目标

(1) 掌握机床电气原理图的识读方法。
(2) 了解普通机床的结构、工作原理及控制要求。
(3) 熟悉普通机床的电气控制特点。
(4) 掌握普通机床的常见故障与处理方法。
(5) 了解数控车床和铣床的电气控制线路。

技能目标

(1) 能识读普通机床的电气控制线路。
(2) 能分析普通机床的电气控制线路与设计方法。
(3) 能查找机床的电气故障。
(4) 能进行简单机床电气故障的维修。
(5) 具备一定的电气识图能力。

机床除了在机械加工制造行业大量使用，在其他行业也有很多用途。它是非常典型的机电一体化设备。本章通过对常用机床电气控制线路的实例分析，使读者掌握比较常用的几种机床电气控制线路的工作原理，了解电气部分在整个设备中所处的地位和作用，熟悉电气控制系统的分析方法，强化电气识图能力，为正确使用机床、进行机床电气故障的维修和掌握继电—接触器电气控制系统的设计打下一定的基础。另外，本章还介绍了数控车床、数控铣床的电气控制线路，供读者参考学习。

3.1 机床电气原理图的识读

由于一些常用机床的电气原理图比较复杂，因而识读电气原理图需要掌握一定的步骤和方法。

1. 阅读相关的技术资料

在识读机床电气原理图前，应阅读相关的技术资料，对设备有一个总体的了解，为阅读设备的电气原理图做好准备。阅读的主要内容有：设备的基本结构、运行情况、工艺要求和操作方法；设备机械、液压系统的基本结构、原理，以及与电气控制系统的关系；相关电器的安装位置和在控制电路中的作用；设备对电力拖动的要求，对电气控制和保护的一些具体要求。

识读电气原理图主要采用自上而下、从左到右、先主后控的方法。

2. 识读主电路

识读电气原理图主电路时，先按从左到右的顺序观察该电气原理图主电路共包含几台电动机，再按从下至上的顺序（从电动机开始，经有关器件依次到达电源）分析每台电动机的通电情况，最后弄清电源是经过哪些器件到达用电设备的。一般按照以下四个步骤识读。

（1）看电路及设备的供电电源（车间机械生产设备多用 380V、50Hz 三相交流电）。

（2）分析主电路共有几台电动机，并了解各台电动机的功能。

（3）分析各台电动机的工作状况（如启动、制动方式，是否为正、反转，有无调速等）及它们之间的制约关系。

（4）了解电动机经过哪些器件（如刀开关和交流接触器等）到达电源，与这些器件有关联的部分分别处在图中哪些区域，各台电动机的保护电器（如熔断器、热继电器、自动开关中的脱扣器等）有哪些。

3. 识读控制电路

电气原理图控制电路的识读一般应在熟悉电动机控制电路基本环节的基础上，按照设备的工艺要求和动作顺序，分析各个控制环节的工作原理和工作过程，并根据设备的电气控制和保护要求，结合设备的机、电、液系统的配合情况，分析各环节之间的联系及工作过程，纵观整个电路，看清有哪些保护环节。一般按以下三个步骤识读。

（1）弄清控制电路的电源电压。在车间机械生产设备中，电动机台数较少、控制线路不复杂的控制电路，常采用 380V 交流电压；电动机台数较多、控制线路复杂的控制电路，常采用 110V、127V、220V 等交流电压，其中 110V 用得最多，这些控制电压均由控制变压器提供。

（2）按布局顺序从左到右依次看懂控制电路各条支路是如何控制主电路的。了解电路中常用的继电器、接触器、位置开关、按钮等电器的用途，分析各种电器的动作原理及与主电路的控制关系。

（3）结合主电路有关器件对控制电路的要求，分析控制电路的动作过程。

4. 识读辅助电路

辅助电路即电气原理图中的其他电路，如检测电路、信号指示电路及照明电路等。

3.2　普通车床的电气控制

车床是一种用途极广并且很普遍的金属切削机床，主要用来车削外圆、内圆、端面、螺纹和定型面，也可用钻头、铰刀等刀具进行钻孔、镗孔、倒角、割槽及切断等加工工作。

3.2.1　卧式车床的结构及工作要求

微课：卧式车床的结构及工作要求

普通卧式车床主要由床身、主轴变速箱、尾座、进给箱、挂轮箱、丝杠、光杠、刀架和溜板箱等组成，如图 3.1 所示。

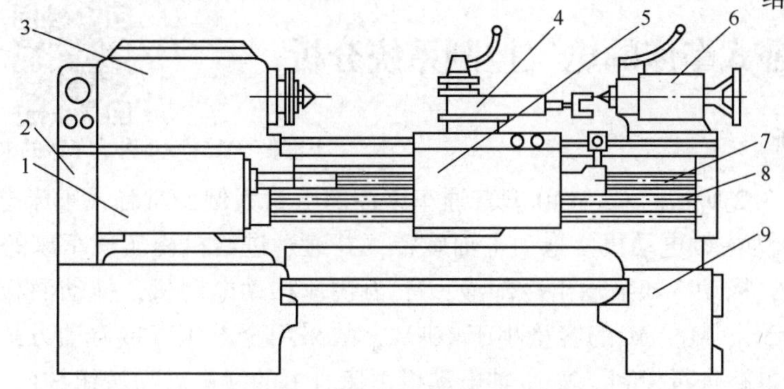

1—进给箱；2—挂轮箱；3—主轴变速箱；4—刀架；5—溜板箱；6—尾座；7—丝杠；8—光杠；9—床身

图 3.1　普通卧式车床的结构

车床在加工过程中有主运动、进给运动和辅助运动。

车床的主运动为工件的旋转运动，它由主轴通过卡盘或顶尖带动工件旋转，承受车削加工时的主要切削功率。车削加工时，应根据被加工工件的材料、刀具种类、工件尺寸、工艺要求等来选择不同的切削速度，这就要求主轴能在相当大的范围内调速。车削加工时，一般不要求反转，但在加工螺纹时，为避免乱扣，要反转退刀，再纵向进刀继续加工，这就要求主轴具有正、反转功能。

车床的进给运动是溜板箱带动刀架的纵向或横向直线运动。其运动方式有手动和机动两种。加工螺纹时，工件的旋转速度与刀具的进给速度应有严格的比例关系。为此，车床溜板箱与主轴变速箱之间通过齿轮传动来连接，而主运动与进给运动由一台电动机拖动。

车床的辅助运动有刀架的快速移动、尾座的移动，以及工件的夹紧与放松等。

3.2.2　卧式车床的电力拖动和控制要求

通常，车削加工近似于恒功率负载，因而一般中小型车床均采用三相交流异步电动机进行拖动，配合齿轮变速箱进行机械调速来满足恒功率调速。

根据车床的运行情况和工艺要求，车床对电气控制提出以下要求。

(1) 主轴电动机从经济性考虑一般选用笼型异步电动机，采用机械调速，主轴电动机与主轴间使用齿轮变速箱连接。

（2）在车削加工时，为防止因温度升高造成刀具的损坏，需要增加一台冷却泵电动机。它应在主轴电动机启动后启动，并在冷却泵不能提供冷却液时不允许主轴电动机工作。冷却泵电动机为单方向旋转。

（3）为了车削螺纹，要求主轴能进行正、反转。对于小型车床，主轴的正、反转由主轴电动机按常规继电器正、反转控制设计。当主轴电动机容量较大时，可考虑采用电磁摩擦离合器来实现主轴的正、反转。

（4）主轴电动机可采用直接启动或星形—三角形启动方式，要求能够实现快速停车，以节省时间，一般可采用机械或电气制动方式。

（5）为实现溜板箱的快速移动，由单独的快速移动电动机拖动，采用点动控制。

（6）控制电路应有必要的保护装置与安全的局部照明电路。

3.2.3 卧式车床的电气控制系统分析

微课：CA6140 型卧式车床的电气控制系统分析

1. 电路分析

下面以如图 3.2 所示的 CA6140 型普通车床控制电路为例，对卧式车床电气控制系统进行分析。其中 M_1为主轴电动机，拖动主轴旋转，并通过进给机构实现车床的进给运动；M_2为冷却泵电动机，拖动冷却泵输出冷却液；M_3为快速移动电动机，拖动溜板箱实现快速移动。由于电动机 M_1、M_2、M_3的容量小于 10kW，故采用全电压直接启动方式，皆由接触器控制的单向旋转电路进行控制。M_1主轴电动机由床身上的绿色启动按钮 SB_1、红色蘑菇形停止按钮 SB_2和接触器 KM_1构成的电路进行控制，使电动机能够单向连续运转、启动与停止。而主轴的正、反转是由电磁摩擦离合器通过改变传动链来实现的。

M_2冷却泵电动机是在主轴电动机启动之后，通过扳动冷却泵开关 SA_1来控制接触器 KM_2，实现冷却泵电动机的启动与停止的。由于 SA_1开关具有定位作用，故不设自锁触点。

M_3快速移动电动机由装在溜板箱上的快、慢速进给手柄内的快速移动按钮 SB_3来控制 KM_3接触器，进而实现 M_3的点动控制。操作时，先将快、慢速进给手柄扳到所需移动方向，再按下 SB_3按钮，即可实现该方向的快速移动。

2. 保护环节

CA6140 型普通车床电路具有完善的保护环节，主要包括以下几个方面。

（1）电路电源开关是带有开关锁 SA_2的断路器 QF。当需要合上电源时，先用开关钥匙将开关锁 SA_2右旋，再扳动断路器 QF 将其合上，此时，电源送入主电路 380V 交流电压，并经控制变压器输出 110V 控制电压、24V 照明电压、6V 信号灯电压。

当将开关锁 SA_2左旋时，触点（03-13）闭合，QF 线圈通电，QF 断路器断开。若出现误操作，又将 QF 合上，则 QF 将在 0.1s 内再次自动跳闸。由于机床接通电源需先使用开关钥匙，再合上开关，故增加了安全性。

（2）在机床控制电气箱门上装有安全行程开关 SQ_2，当打开电气箱门时，行程开关 SQ_2触点（03-13）闭合，将使 QF 线圈通电，QF 断路器自动断开，切除机床电源，以确保人身安全。

（3）在机床床头皮带罩处设有安全行程开关 SQ_1，当打开机床挂轮箱时，SQ_1触点（03-1）断开，使接触器 KM_1、KM_2、KM_3线圈断电释放，电动机全部停止转动，以确保人身安全。

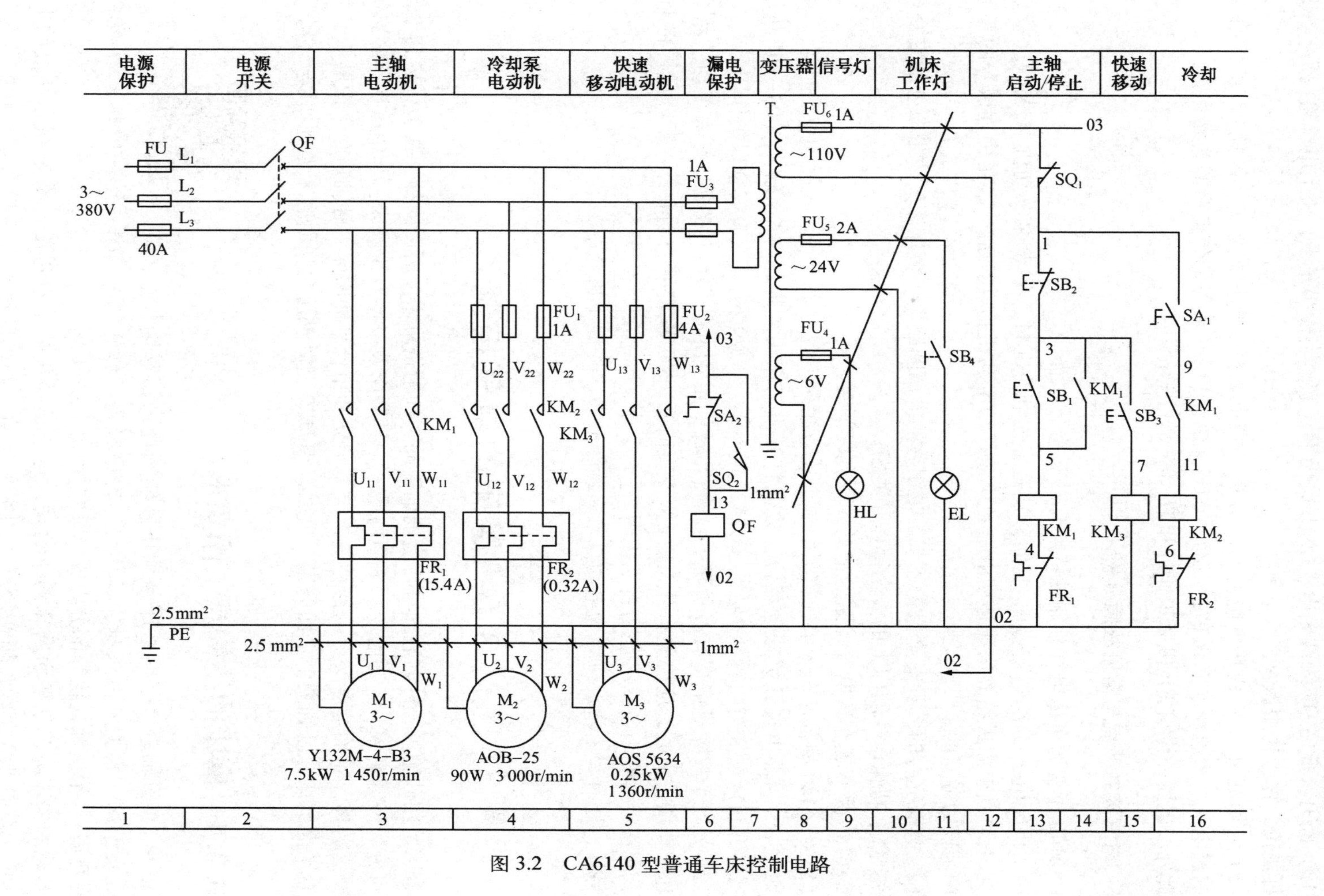

图 3.2　CA6140 型普通车床控制电路

(4) 为满足打开机床电气箱门进行带电检修的需要，可将 SQ_2 传动杆拉出，使 SQ_2 触点（03-13）断开，此时 QF 线圈断电，QF 开关仍可合上。当检修完毕，关上电气箱门后，SQ_2 传动杆复位，保护作用恢复。

(5) 电动机 M_1、M_2 由热继电器 FR_1、FR_2 实现电动机长期过载保护；断路器 QF 实现全电路的过电流、欠电压、热保护；熔断器 FU、FU_1～FU_6 实现各部分电路的短路保护。

此外，电路还设有 EL 机床工作灯和 HL 信号灯进行照明。

3. 电气控制特点与常见故障分析

CA6140 型普通车床电气控制的特点有以下几个方面。

(1) 机床由三台电动机拖动，它们分别是主轴电动机 M_1、冷却泵电动机 M_2 与快速移动电动机 M_3。其中溜板箱的快速移动由一台快速移动电动机拖动控制，这在相近型号的普通车床中是较为普遍的。

(2) 具有完善的人身安全保护环节：带钥匙的电源断路器、机床床头皮带罩处的安全行程开关 SQ_1、机床电气箱门上的安全行程开关 SQ_2 等。

CA6140 型普通车床电气控制的常见故障有以下两个。

(1) CA6140 型普通车床电气控制的一个故障往往出现在安全行程开关 SQ_1、SQ_2 上。由于长期使用，可能出现开关松动移位，致使打开机床床头皮带罩时 SQ_1 触点（03-1）断不开，或打开机床电气箱门时 SQ_2 触点（03-13）不闭合，从而失去人身安全保护作用。

(2) 另一个故障是由带有开关锁 SA_2 的断路器 QF 引起的。当开关锁 SA_2 失灵时，将会失去保护作用。因此，应检验将开关锁 SA_2 左旋时断路器 QF 能否自动断开，断开后再将 QF 合上，观察经过 0.1s 后 QF 能否自动跳闸。

另外，还有一个常见故障为电动机单向旋转故障，在此不再介绍。

3.3　磨床的电气控制

磨床是用砂轮对工件的表面进行磨削加工的一种精密机床。磨床的种类很多，按其工作性质可分为外圆磨床、内圆磨床、平面磨床、工具磨床及一些专用磨床，其中以平面磨床的应用最为普遍。平面磨床又分为四种基本类型：立轴矩台平面磨床，卧轴矩台平面磨床，立轴圆台平面磨床，卧轴圆台平面磨床。下面以 M7130 型卧轴矩台平面磨床为例加以分析。

3.3.1　磨床的结构及工作要求

微课：磨床的结构及工作要求

M7130 型卧轴矩台平面磨床是利用砂轮圆周进行磨削加工的平面磨床。它主要由床身、工作台、电磁吸盘、砂轮箱（又称磨头）、滑座和立柱等部分组成，其结构如图 3.3 所示。

砂轮的快速旋转是平面磨床的主运动，进给运动包括垂直进给（滑座在立柱上的上、下运动）、横向进给（砂轮箱在滑座上的水平移动）和纵向运动（工作台沿床身的往复运动）。当工作台反向运动时，砂轮箱横向进给一次，能连续地加工整个平面。当整个平面磨

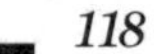

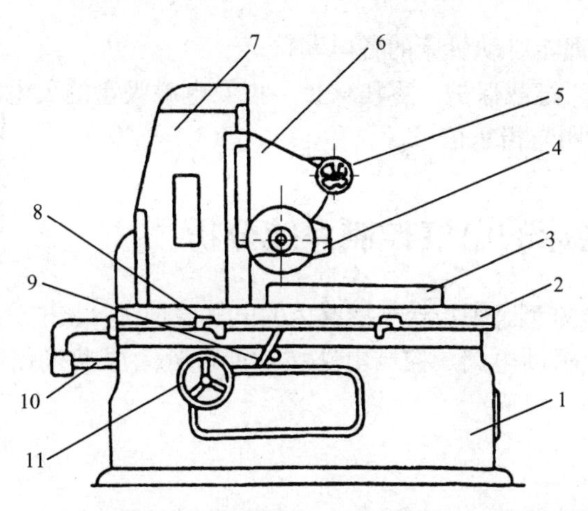

1—床身；2—工作台；3—电磁吸盘；4—砂轮箱；5—砂轮箱横向移动手轮；6—滑座；7—立柱；
8—换向撞块；9—工作台往复运动换向手柄；10—活塞杆；11—砂轮箱垂直进刀手柄

图3.3 M7130型卧轴矩台平面磨床的结构

完一遍后，砂轮在垂直于工件表面的方向移动一次，称为吃刀运动。通过吃刀运动，可将工件磨到所需要的尺寸。

3.3.2 磨床的电力拖动和控制要求

在M7130型卧轴矩台平面磨床砂轮箱内有一台电动机，它带动砂轮做旋转运动。砂轮的旋转一般不需要较大的调速范围，所以采用三相交流异步电动机拖动。为了做到体积小、结构简单且能提高加工精度，M7130型卧轴矩台平面磨床采用装入式电动机，将砂轮直接装在电动机轴上。因为考虑到砂轮磨钝以后要用较高转速从砂轮工作表面削去一层磨料，使砂轮表面上露出新的锋利磨粒，以恢复砂轮的切削力（称为对砂轮进行修正），所以，对于这种磨床，砂轮用双速电动机带动。

长方形的工作台装在床身的水平纵向导轨上做往复直线运动。为使运行过程中换向平稳和容易调整运行速度，采用液压传动。液压电动机拖动液压泵，工作台在液压作用下做纵向运动。在工作台的前侧装有两个可调整位置的换向撞块，在每个撞块碰击床身上的液压换向开关后，将改变工作台的运动方向，这样来回换向就可使工作台往复运动。也可用手轮来操作实现砂轮横向的连续与断续进给。

为了在磨削加工过程中对工件进行冷却，磨床上装有冷却泵电动机，它拖动冷却泵旋转，以提供冷却液。

另外，对工件的固定可采用螺钉和压板，也可以在工作台上安装电磁吸盘，通过电磁吸力吸住工件。

根据磨床的运行情况和工艺要求，磨床对电气控制提出以下要求。

（1）砂轮电动机、液压泵电动机和冷却泵电动机都只要求单方向旋转。

（2）冷却泵电动机随砂轮电动机的运转而运转，但不需要冷却泵电动机时，可单独断开。

（3）具有电磁吸盘吸持工件、松开工件，并使工件去磁的控制环节。

（4）保证在使用电磁吸盘进行正常工作且电磁吸盘的吸力足够大时和在不使用电磁吸盘

而对机床进行调整时，都能启动机床的各电动机。

（5）设有短路保护、过载保护、零压保护，以及电磁吸盘的欠电流保护和过电压保护。

（6）具有必要的照明与指示信号。

微课：M7130 型平面磨床的电气控制系统分析

3.3.3 平面磨床的电气控制系统分析

如图 3.4 所示为 M7130 型卧轴矩台平面磨床的电气原理图。该电气原理图主要由三部分组成：主电路，控制电路，辅助电路。控制电路按功能可分为电动机控制电路和电磁吸盘控制电路。

1. 主电路

QS 为电源总开关，熔断器 FU_1用于整个电气线路的短路保护。M_1为砂轮电动机，M_2为冷却泵电动机，都由接触器 KM_1的主触点控制，M_2 须经插接器 X_1才能通电。M_3为液压泵电动机，由接触器 KM_2的主触点控制。热继电器 FR_1和 FR_2用作过载保护。

2. 电动机控制电路

控制电路中转换开关 SA_2为电磁吸盘的充磁和去磁开关，KI 是欠电流继电器。只有在转换开关 SA_2扳到去磁位置或欠电流继电器 KI 的动合触点处于闭合状态时，控制电路触点（6-8）才接通并起作用。其目的是保证电动机只有在电磁吸盘去磁的情况下（磨床进行调整）或在电磁吸盘充磁后且磁力足够大时方可启动。

合上电源开关 QS，按下启动按钮 SB_1，接触器 KM_1线圈通电吸合，KM_1 主触点闭合，砂轮电动机 M_1及冷却泵电动机 M_2启动运行，同时其动合辅助触点（1-3）闭合进行自锁。同理，按下启动按钮 SB_3，可使液压泵电动机启动运行。SB_2和 SB_4为停止按钮。

3. 电磁吸盘控制电路

1）*电磁吸盘的结构原理*

电磁吸盘的外形有长方形和圆形两种，矩台平面磨床采用长方形电磁吸盘。电磁吸盘的结构是在钢质箱体内部装有许多铁芯，每一个铁芯上都绕有一个线圈，线圈通直流电，产生磁力线，经过被加工的零件形成闭合回路，则工件被牢牢地吸住在台面上。

电磁吸盘的功能是利用电磁吸力来固定加工工件。与机械夹紧方法相比，这种方法夹紧迅速，不损伤工件，可同时夹紧多个工件和比较小的工件。在加工过程中，具有工件发热可自由伸延、加工精度高等优点。但也存在夹紧力不及机械夹紧力大、调节不便、需要直流电源供电、不能吸持非磁性材料工件等缺点。

2）*电磁吸盘控制电路分析*

电磁吸盘控制电路分为整流电路、控制电路和保护电路。

变压器 T_1将 220V 交流电变为 127V 交流电，经过桥式全波整流后变为 110V 直流电压供给电磁线圈。通过组合开关可以使电磁吸盘上磁或去磁。当电磁吸盘对工件产生足够大的吸力时，欠电流继电器动作，其动合触点（6-8）闭合，为电动机启动做准备。当工件加工完毕后，应先将组合开关扳在“去磁”位置对工件进行去磁（工作台和工件上往往有剩磁，不易将工件从工作台上取下），再将组合开关置于“放松”位置。

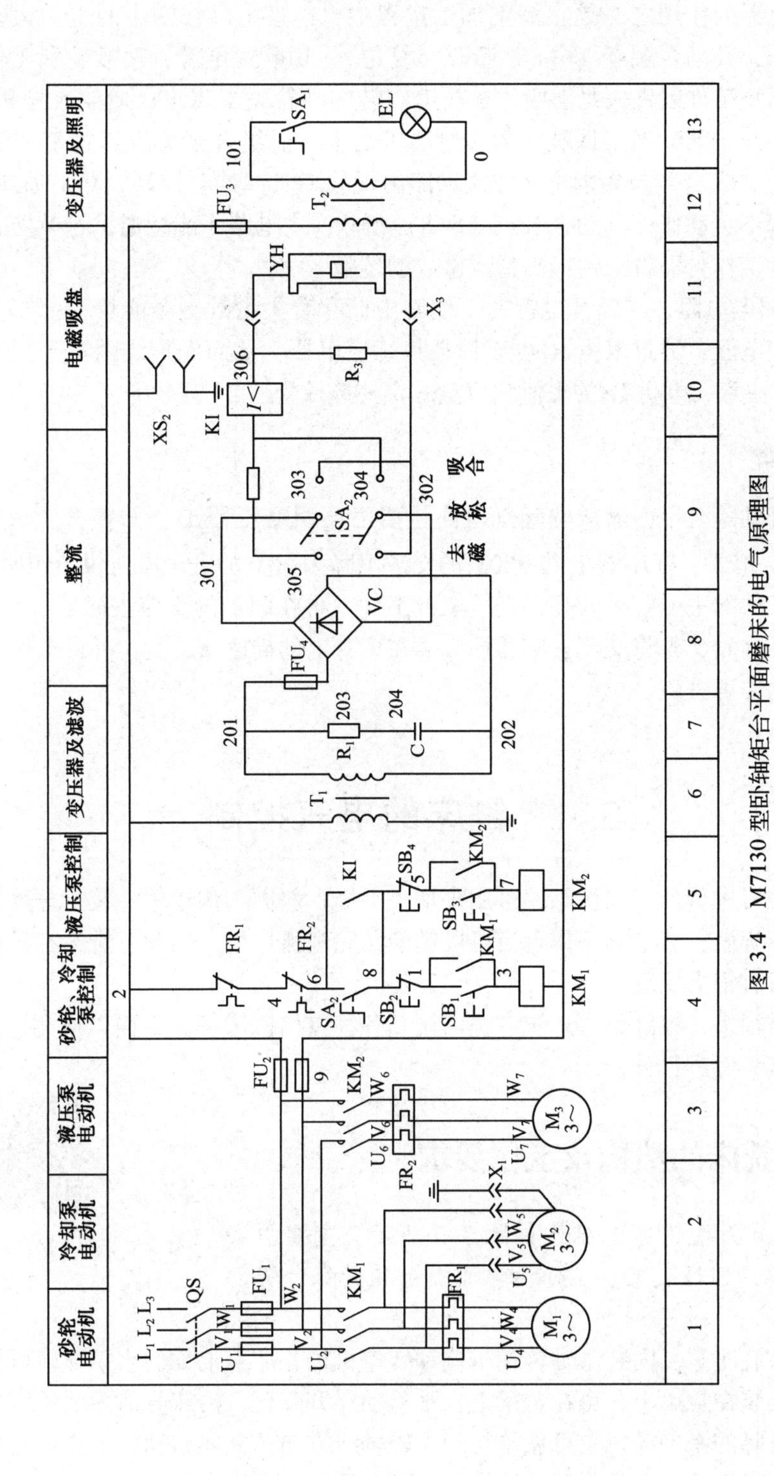

图 3.4　M7130 型卧轴矩台平面磨床的电气原理图

欠电流继电器的作用之一是在磨削加工过程中，一旦电磁线圈中的电流大幅减小或消失，它马上动作，其动合触点（6-8）断开（复位），切断主电源，使砂轮和工作台全部停止运动，从而防止工件因失去足够吸力被高速旋转的砂轮碰击飞出，造成人身和设备事故。其作用之二是在开车前，当工件被放置在电磁吸盘上，而组合开关没有置于“吸合”位置或组合开关置于“吸合”位置但电磁线圈回路出现故障时，这时控制电路不通或电流较小，欠电流继电器都不会动作，其动合触点（6-8）断开，主电路不能接通，这就防止了当工件未被吸牢就开动工作台而将工件甩出造成事故的危险。

电阻 R_3是放电电阻，在断开电源时，线圈中储存着大量的磁场能量，会在线圈两端感应出很高的感应电压，通过电阻 R_3可以消耗掉感应电压，从而保护线圈本身的绝缘和转换开关 SA_2。但要注意，电阻 R_3的阻值和容量一定要选择合适。

4. 辅助电路

M7130 型卧轴矩台平面磨床的辅助电路主要由照明变压器 T_2、转换开关 SA_1、熔断器 FU_3和照明灯 EL 组成。变压器 T_2将 380V 的交流电降为 36V 的安全电压供给照明电路。

此外，若工件的去磁要求较高，则应取下工件，再在附加的交流去磁器（又称退磁器）上进一步去磁。这时，先将交流去磁器插头插在床身上的插座 XS_2上，再将工件放到交流去磁器上来回移动即可去磁。

3.4 铣床的电气控制

铣床是用铣刀进行加工的机床，可用来加工平面、斜面和沟槽等，装上分度头后可以铣削直齿齿轮和螺旋面，装上圆工作台后可以铣削凸轮和弧形槽。因此，铣床在机械行业的机械生产设备中占有很大比重。

铣床的种类很多，有卧铣、立铣、龙门铣及各种专用铣床等。下面以应用广泛的 X62W 型卧式万能铣床为例进行分析。

3.4.1 铣床的结构及工作要求

微课：铣床的结构及工作要求

X62W 型卧式万能铣床的结构如图 3.5 所示，主要由底座、床身、悬梁、刀杆支架、工作台、溜板箱和升降台等部分组成。

床身固定在底座上，内装主轴传动机构和变速机构，床身上部的水平导轨可使悬梁水平移动，刀杆支架装在悬梁上，可在悬梁上水平移动。升降台可沿床身前面的垂直导轨上下移动。溜板箱在升降的水平导轨上可做平行于主轴轴线方向的横向移动。工作台安放在溜板箱的水平导轨上，可沿导轨做垂直于主轴轴线的纵向移动。这样，固定在工作台上的工件可进行上下、前后及左右三个方向的移动。三个方向上的移动由同一台进给电动机通过正、反转实现。此外，溜板箱还能绕垂直轴线左右旋转 45°，因此工作台还能在倾斜方向上进给，以加工螺旋槽。在工作台上还可以安装圆工作台以扩大铣削能力。

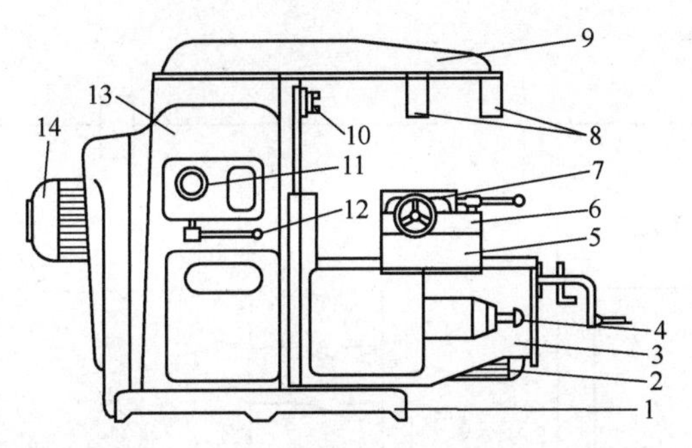

1—底座；2—进给电动机；3—升降台；4—进给变速手柄及变速盘；5—溜板箱；6—转动部分；7—工作台；8—刀杆支架；9—悬梁；10—主轴；11—主轴变速盘；12—主轴变速手柄；13—床身；14—主轴电动机

图 3.5　X62W 型卧式万能铣床的结构

3.4.2　铣床的电力拖动和控制要求

铣床主要有三种运动：主运动、进给运动和辅助运动。

主运动是指主轴带动铣刀的旋转运动，它与工作台的进给运动之间无速度比例协调的要求，故主轴的拖动由一台电动机承担。为适应铣削加工顺铣和逆铣的需要，主轴电动机应能在电气上实现正向或反向旋转，而一旦选定铣刀后，铣削方向就确定了，在工作过程中不需要变换电动机转向。为减小负载波动对铣刀转速的影响，主轴上装有飞轮，使得转动惯性很大。因此，为了提高工作效率，要求主轴电动机有停车控制功能。为保证变速时齿轮易于啮合，要求主轴电动机有点动控制功能。在进给变速时，既需要有变速点动控制功能，又需要可以在各方向上实现快速移动。

铣削的进给运动是直线运动，一般为工作台的垂直、纵向和横向三个方向的移动。为保证安全，加工时只允许在一个方向上运动，为此这三个方向的运动应设有联锁。所以，工作台的移动由一台进给电动机拖动，并由运动方向手柄来选择运动方向，由进给电动机的正、反转来实现上或下、左或右、前或后的运动。为扩大铣床的加工能力，可在工作台上安装圆工作台。在使用圆工作台时，圆工作台的上下、左右、前后几个方向的运动都不允许进行。

铣床的辅助运动是指工件与铣刀相对位置的调整运动及工作台的回转运动。

3.4.3　卧式万能铣床的电气控制系统分析

微课：X62W 型卧式万能铣床的电气控制系统分析

如图 3.6 所示为 X62W 型卧式万能铣床的电气原理图。它由主电路、控制电路和辅助电路组成。

1. 主电路

（1）主轴电动机 M_1 由接触器 KM_1 实现启动、停止控制，M_1 正转接线与反转接线通过主轴转换开关 SA_5 进行手动切换。KM_2 的主触点串联两相电阻 R 与速度继电器 KS 配合实现 M_1 的反接制动停车。

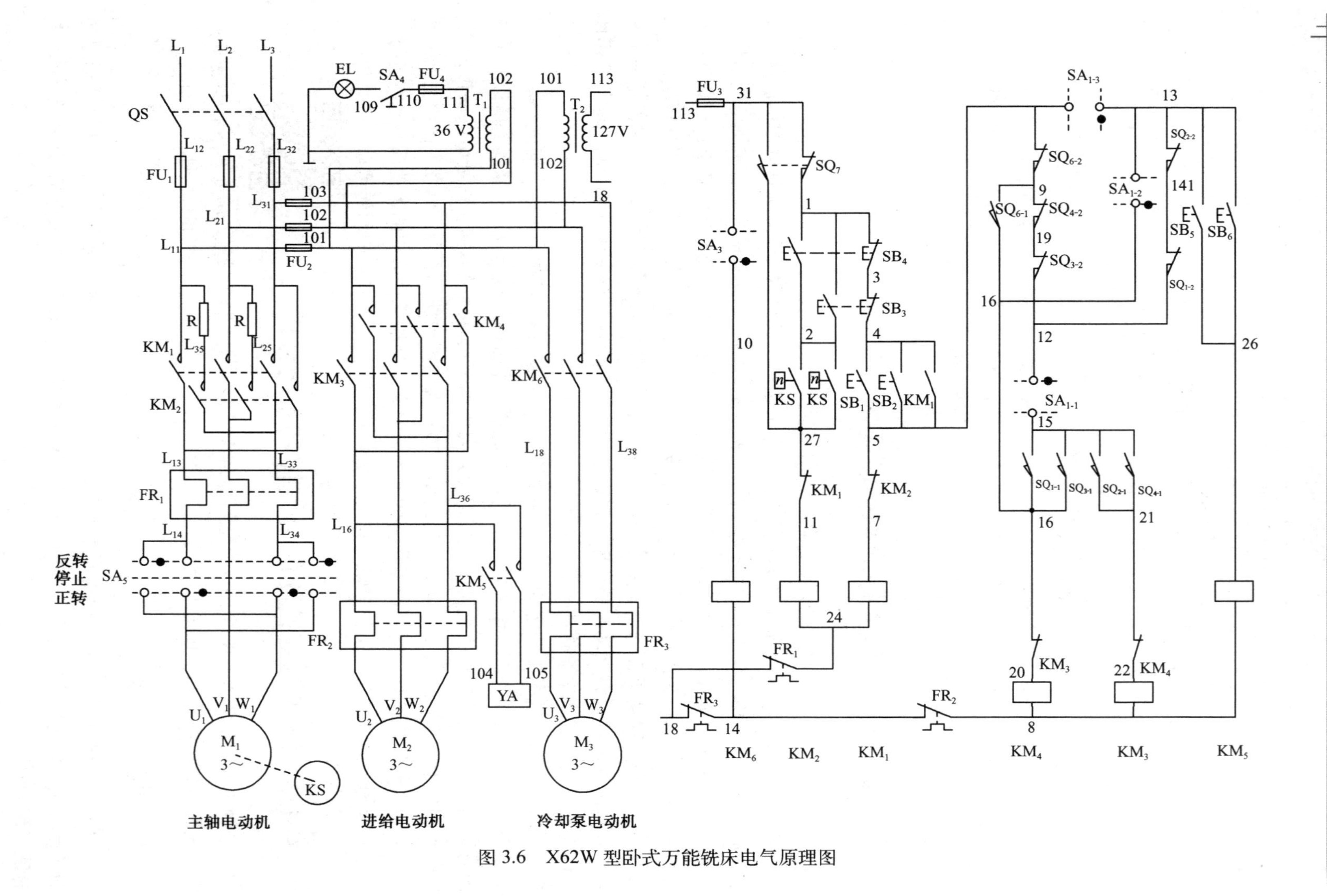

图 3.6 X62W 型卧式万能铣床电气原理图

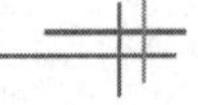

（2）进给电动机 M_2通过 KM_3、KM_4控制正、反向进给，并通过 KM_5控制牵引电磁铁 YA，决定工作台移动速度。KM_5接通为快速移动，KM_5 断开为慢速自动进给。

（3）冷却泵电动机 M_3通过 KM_6控制，只能单方向旋转。

电动机 M_1、M_2和 M_3均为直接启动，热继电器 FR_1、FR_2和 FR_3分别对 M_1、M_2和 M_3进行过载保护，熔断器 FU_1、FU_2、FU_3及 FU_4实现对主轴电动机、冷却泵电动机、控制电路及照明电路的短路保护。

2. 控制电路

在控制电路中，按钮 SB_1、SB_2是分别装设在两处的主轴启动按钮，按钮 SB_3、SB_4是分别装设在两处的主轴停止按钮，按钮 SB_5、SB_6是工作台快速移动按钮。SA_1是圆工作台转换开关，SA_3是冷却泵电动机转换开关，SA_4是照明灯开关，SA_5是主轴转换开关。SQ_1是工作台向右进给行程开关，SQ_2是工作台向左进给行程开关，SQ_3是工作台向前、向下进给行程开关，SQ_4是工作台向后、向上进给行程开关，SQ_6是进给变速点动开关，SQ_7是主轴变速点动开关。

1）主轴电动机的控制

为了便于操作，主轴电动机 M_1采用两地控制方式，主轴电动机启动按钮 SB_1、停止按钮 SB_3为一组，安装在床体上；另一组启动按钮 SB_2、停止按钮 SB_4安装在工作台上。

（1）主轴电动机启动控制。主轴电动机空载时直接启动。启动前，由主轴转换开关 SA_5 选定电动机的转向。主轴转换开关说明如表 3.1 所示。按下启动按钮 SB_1或 SB_2并自锁，其主触点闭合，主轴电动机按给定方向启动旋转。

表 3.1　主轴转换开关说明

触　点		位　置		
		左　转	停　止	右　转
SA_{5-1}	$L_{14}-W_1$	+	—	—
SA_{5-2}	$L_{14}-U_1$	+	—	—
SA_{5-3}	$L_{34}-W_1$	—	—	+
SA_{5-4}	$L_{34}-U_1$	—	—	+

（2）主轴电动机制动控制。按下停止按钮 SB_3或 SB_4，接触器 KM_1的线圈断电，这时速度继电器 KS 仍高速转动，KS 的动合触点仍闭合，接触器 KM_2的线圈通电并自锁，使电动机 M_1串电阻 R 实现反接制动。当电动机转速接近 100r/min 时，速度继电器 KS 的动合触点断开，接触器 KM_2断电，主轴电动机停转。

（3）主轴变速时的变速控制。主轴变速可在主轴不动时进行，也可在主轴旋转时进行。变速时，拉出主轴变速手柄，转动变速盘，选择需要的转速，此时凸轮机构压下，使主轴变速点动开关 SQ_7动断触点（31-1）先断开，使 M_1断电。随后 SQ_7动合触点（31-27）接通，接触器 KM_2线圈得电动作，M_1反接制动。当主轴变速手柄继续向外拉至极限位置时，SQ_7不受凸轮控制而复位，M_1停转。接着把主轴变速手柄推向原来的位置，凸轮机构又压合 SQ_7，

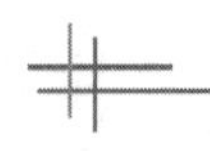

使动合触点接通，接触器 KM_2线圈得电，M_1反转一下，以利于变速后齿轮啮合，继续把主轴变速手柄推向原位，SQ_7复位，M_1停转，操作结束。

2）进给电动机的控制

工作台的进给控制包括上下进给运动、前后进给运动及左右进给运动的控制，是依靠电动机 M_2的正、反转实现的，而正、反转接触器 KM_3、KM_4是由两个机械手柄控制的。

（1）工作台左右纵向进给运动控制。工作台左右纵向进给运动由工作台纵向控制手柄来控制，此手柄有三个位置：向左、零位、向右。当手柄扳到“向右”或“向左”位置时，通过联动机构将纵向进给离合器挂上，同时压下行程开关 SQ_1或 SQ_2，使接触器 KM_4或 KM_3动作，控制进给电动机 M_2的正、反转。工作台左右行程的长短可通过调节安装在工作台两端的挡铁来控制，当工作台纵向运动到极限位置时，挡铁撞动纵向控制手柄，使它回到零位，工作台便停止运动，从而实现了终端保护。

① 工作台向左进给运动的控制。将手柄扳到“向左”位置，其联动机构压下行程开关 SQ_2，使 SQ_{2-2}（13-141）断开，SQ_{2-1}（15-21）闭合，KM_3得电，电动机 M_2反转，拖动工作台向左运动。

② 工作台向右进给运动的控制。将手柄扳到“向右”位置，其联动机构压下行程开关 SQ_1，使 SQ_{1-2}（12-141）断开，SQ_{1-1}（15-16）闭合，KM_4得电，电动机 M_2正转，拖动工作台向右运动。

工作台左右纵向进给行程开关说明如表 3.2 所示。

表 3.2 工作台左右纵向进给行程开关说明

触点		位置		
		向左	停止	向右
SQ_{1-1}	15-16	—	—	+
SQ_{1-2}	12-141	+	+	—
SQ_{2-1}	15-21	+	—	—
SQ_{2-2}	13-141	—	+	+

（2）工作台前后横向进给和上下升降进给运动控制。工作台横向进给和升降进给运动由十字复式手柄控制。手柄的联动机构与行程开关 SQ_3、SQ_4相连接，在操作手柄的同时完成机械挂挡并压合 SQ_3、SQ_4，使正、反转接触器接通，进给电动机运行，拖动工作台向预定方向运动。操作手柄有五个位置，分别是上、下、前、后四个工作位置和一个不工作位置，五个位置是联锁的。工作台上下及横向限位终端保护，是利用工作台座上的挡铁撞动十字复式手柄使其回到中间位置实现的。工作台进给控制电路只有在主轴电动机启动后才能接通。

① 工作台向上运动的控制。主轴电动机启动后，将手柄扳到“向上”位置时其机械离合器挂上，为垂直传动做准备；同时压合行程开关 SQ_4，使 SQ_{4-2}（9-19）断开，SQ_{4-1}（15-21）闭合，接触器 KM_3线圈得电，M_2正转，拖动工作台向上运动。当需要停止时，将手柄扳回中间位置，垂直进给离合器脱开，同时 SQ_4不再受压，SQ_{4-1}（15-21）断开，电动机 M_2停转，工作台停止运动。

② 工作台向下运动的控制。将手柄扳到“向下”位置时，其联动机构使垂直离合器挂上，为垂直传动做准备；同时压合行程开关 SQ_3，使 SQ_{3-2}（12-19）断开，SQ_{3-1}（15-16）

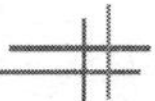

闭合，接触器 KM_4线圈得电，M_2反转，拖动工作台向下运动。

③ 工作台向前、向后横向运动的控制。将手柄扳到“向前”或“向后”位置时，垂直进给离合器脱开，而横向进给离合器接通传动机构，使工作台向前或向后横向运动。

工作台横向及升降进给行程开关说明如表 3.3 所示。

表 3.3　工作台横向及升降进给行程开关说明

触　点		位　置		
		向前、向下	停　止	向后、向上
SQ_{3-1}	15−16	+	−	−
SQ_{3-2}	12−19	−	+	+
SQ_{4-1}	15−21	−	−	+
SQ_{4-2}	9−19	+	+	−

（3）工作台快速移动控制。工作台在纵向、横向、垂直的六个方向上都可以快速移动。工作台快速移动是由进给电动机 M_2驱动的，其动作过程如下：当工作台按照选定的速度和方向进行工作时，按下快速移动按钮 SB_5或 SB_6，使接触器 KM_5线圈得电，接通牵引电磁铁 YA，经杠杆使进给传动链上的摩擦离合器合上，减少中间传动装置，使工作台按原方向快速移动。当松开快速移动按钮时，牵引电磁铁 YA、KM_5相继断电，摩擦离合器断开，快速移动停止，工作台按原进给速度、方向继续移动。

工作台也可以在主轴电动机不转的情况下进行快速移动，此时应将主轴转换开关 SA_5扳到“停止”位置，然后按下 SB_1或 SB_2，使接触器 KM_1线圈得电并自锁，操纵工作台手柄选定方向，使进给电动机 M_2启动，再按下快速移动按钮 SB_5或 SB_6，工作台便可以快速移动了。

3）*圆工作台运动控制*

为了扩大机床的加工能力，可在工作台上安装圆工作台。圆工作台工作时先将转换开关 SA_1扳到接通位置，这时 SA_{1-2}（13−16）闭合，SA_{1-1}（12−15）和 SA_{1-3}（5−13）断开，然后将工作台纵向控制手柄及十字复式手柄置于中间位置，此时四个行程开关 SQ_1～SQ_4的触点都处于复位状态。这时按下主轴启动按钮 SB_1或 SB_2，主轴电动机 M_1启动，进给电动机 M_2也因接触器 KM_4线圈得电而启动，并经传动机构使圆工作台回转。圆工作台只能沿一个方向做回转运动。另外，圆工作台控制电路是经过行程开关 SQ_1～SQ_4的四对动断触点形成回路的，若扳动任一进给手柄，都将使圆工作台停止工作，这就实现了工作台进给与圆工作台运动的联锁关系。圆工作台转换开关 SA_1的说明如表 3.4 所示。圆工作台要停止工作时，只要按下主轴停止按钮 SB_3或 SB_4即可。

表 3.4　圆工作台转换开关 SA_1 说明

触　点		圆工作台	
		接　通	断　开
SA_{1-1}	12−15	−	+
SA_{1-2}	13−16	+	−
SA_{1-3}	5−13	−	+

3. 辅助电路

冷却泵电动机 M_3的启停由转换开关 SA_3控制，当将 SA_3 扳至“接通”位置时，触点 SA_3(31-10) 闭合，接触器 KM_6线圈得电，冷却泵电动机 M_3启动，送出冷却液。

机床的局部照明由变压器 T_1供给 36V 安全电压，由开关 SA_4控制照明灯 EL。

3.4.4 卧式万能铣床控制线路的故障与处理

X62W 型卧式万能铣床的常见故障与处理方法如表 3.5 所示。

表 3.5 X62W 型卧式万能铣床的常见故障与处理方法

故障现象	原　因	处理方法
主轴停车时没有制动作用或产生短时反向旋转	速度继电器 KS 的动合触点不能按旋转方向正常闭合，如推动触点的胶木摆杆断裂损坏，轴身圆锥销扭弯、磨损，弹性连接元件损坏，螺钉、销钉松动或打滑等	检查速度继电器 KS 的动合触点，更换胶木摆杆、圆锥销、螺钉、销钉等，并修复或更换速度继电器
	速度继电器 KS 触点弹簧调得过紧，使反接制动电路过早地切断，制动效果不明显	调整速度继电器 KS 触点弹簧，直到制动效果明显为止
	速度继电器 KS 永久磁铁的磁性消失，使制动效果不明显	检查速度继电器 KS 永久磁铁，并予以修复或更换
	当速度继电器 KS 触点弹簧调得过松时，触点分断将延迟，在反接制动的惯性作用下，电动机停止后仍有短时反转现象	调整速度继电器 KS 触点弹簧，使故障排除
工作台各个方向都不能进给	电动机 M_2不能启动，电动机接线脱落或电动机绕组断线	检查电动机 M_2是否完好，并予以修复
	接触器 KM_1不吸合	检查接触器 KM_1、控制变压器一次绕组和二次绕组，检查电源电压是否正常、熔断器熔丝是否熔断，并予以修复
	接触器 KM_1主触点接触不良或脱落	检查接触器 KM_1的主触点，并予以修复
	经常扳动操作手柄，开关受到冲击，行程开关 SQ_1、SQ_2、SQ_3、SQ_4 的位置发生变化或损坏	调整行程开关的位置或予以更换
	进给变速点动开关 SQ_6在复位时不能接通或接触不良	调整进给变速点动开关 SQ_6的位置，检查触点接触情况，并予以修复
主轴电动机不能转动	启动按钮损坏，接线松动或脱落，接触器线圈导线断线	更换按钮，紧固导线，检查与修复线圈
	主轴变速点动开关 SQ_7的触点（31-1）接触不良，开关位置移动或撞坏	检查主轴变速点动开关 SQ_7的触点，调整开关位置，并予以修复
主轴电动机不能点动（瞬时转动）	主轴变速点动开关 SQ_7经常受到冲击，使开关位置改变、开关底座被撞碎或接触不良	修理或更换主轴变速点动开关 SQ_7，调整开关的动作行程

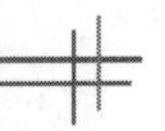

续表

故障现象	原　因	处理方法
进给电动机不能点动（瞬时转动）	SQ_{6-1}经常受到冲击，使开关位置改变、开关底座被撞碎或接触不良	修理或更换开关，调整开关的动作行程
工作台能向左、向右进给，但不能向前、向后、向上、向下进给	SQ_1、SQ_2经常被压合，使螺钉松动、开关位移、触点接触不良、开关机构卡住及线路断开	检查SQ_1或SQ_2，予以修复或更换
	SQ_{3-2}或SQ_{4-2}被压开，使进给接触器KM_3、KM_4的通电回路均被断开	检查SQ_{3-2}或SQ_{4-2}是否复位，并予以修复
工作台不能快速移动	牵引电磁铁 YA 由于冲击力大，操作频繁，经常造成铜制衬垫磨损严重，产生毛刺，划伤线圈绝缘层，引起匝间短路烧毁线圈	如果铜制衬垫磨损严重，则更换牵引电磁铁YA；如果线圈烧毁，则重新绕制或更换线圈
	线圈受震动造成接线松脱	紧固线圈接线
	控制回路电源故障或KM_3线圈断路	检查控制回路电源及KM_5线圈情况，并予以修复或更换
	按钮SB_5或SB_6接线松动或脱落	检查SB_5或SB_6的接线，并予以紧固

3.5　钻床的电气控制

钻床是一种孔加工机床，可用来进行钻孔、扩孔、铰孔、攻螺纹及修刮端面等多种形式的加工。

钻床的结构形式很多，有立式钻床、卧式钻床、深孔钻床及多轴钻床等。在各种专用机床中，摇臂钻床操作方便、灵活，适用范围广，具有典型性。摇臂钻床是一种立式钻床，它适用于单件或批量生产中带有多孔大型零件的孔加工，是一般机械加工车间及维修车间常用的机床。下面以 Z3040 型摇臂钻床为例对其电气控制系统进行分析。

3.5.1　摇臂钻床的结构及工作要求

微课：摇臂钻床的结构及工作要求

Z3040 型摇臂钻床主要由底座、内外立柱、摇臂、主轴箱、工作台等组成，其结构如图 3.7 所示。内立柱固定在底座上，在它外面空套着外立柱，外立柱可绕着不动的内立柱回转一周。摇臂一端的套筒部分与外立柱滑动配合，借助丝杆可沿外立柱上下移动，但两者不能做相对转动，因此，摇臂只与外立柱一起相对内立柱回转。主轴箱是一个复合部件，它由主轴电动机、主轴和主轴传动机构、进给和进给变速机构及机床的操作机构等部分组成。主轴箱安装在摇臂水平导轨上，它可借助手轮操作使其在水平导轨上沿摇臂做径向运动。当进行加工时，由特殊的夹紧装置将主轴箱紧固在摇臂导轨上，外立柱紧固在内立柱上，摇臂紧固在外立柱上，然后进行钻削加工。当进行钻削加工时，钻头一边进行旋转切削，一边进行纵向进给。

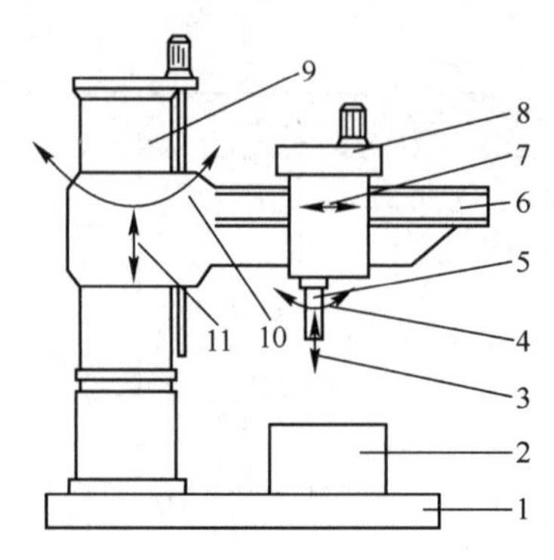

1—底座；2—工作台；3—主轴纵向进给；4—主轴旋转主运动；5—主轴；6—摇臂；7—主轴箱沿摇臂径向运动；8—主轴箱；9—内外立柱；10—摇臂回转运动；11—摇臂垂直移动

图 3.7 Z3040 型摇臂钻床的结构

由此可知，摇臂钻床的主运动为主轴带着钻头的旋转运动；辅助运动有摇臂连同外立柱围绕着内立柱的回转运动，摇臂在外立柱上的上升、下降运动，主轴箱在摇臂上的左右运动等；而主轴的前进移动是机床的进给运动。

3.5.2 摇臂钻床的电力拖动和控制要求

由于摇臂钻床的运动部件较多，为简化传动装置，常采用多电动机拖动。通常装有主轴电动机、摇臂升降电动机、夹紧与放松电动机及冷却泵电动机等。

主轴变速机构和进给变速机构都装在主轴箱里，所以主运动与进给运动由一台交流异步电动机拖动。

摇臂钻床加工螺纹时，主轴需要正、反转，摇臂钻床主轴的正、反转一般用机械方法变换，主轴电动机只做单方向旋转。

为适应不同形式的加工，钻床的主运动与进给运动要有较大的调速范围。以 Z3040×16 型摇臂钻床为例，其主轴的最低转速为 40r/min，最高转速为 2 000r/min，调速范围达 50 倍。其控制电路的特点主要有以下几个方面。

(1) 控制电路装有总启动按钮和总停止按钮，便于操作和紧急停车。

(2) 采用 4 台电动机拖动，分别是主轴电动机、摇臂升降电动机、液压泵电动机及冷却泵电动机。液压泵电动机拖动液压泵提供压力油，经液压传动系统实现立柱与主轴箱的放松与夹紧及摇臂的放松与夹紧，并与电气系统配合实现摇臂升降与夹紧、放松的自动控制。由于这 4 台电动机容量较小，故均采用直接启动控制。

(3) 摇臂的移动严格按照摇臂松开→移动→摇臂夹紧的程序进行。为此，要求夹紧与放松作用的液压泵电动机与摇臂升降电动机按一定的顺序启动工作，由摇臂松开行程开关与夹紧行程开关发出控制信号进行控制。

(4) 机床具有信号指示装置，对机床的每个主要动作进行显示，这样便于操作和维修。

(5) 对摇臂的夹紧、放松与摇臂升降进行自动控制，而立柱和主轴箱的夹紧与放松可以单独操作，也可以同时进行。

3.5.3　摇臂钻床的电气控制系统分析

微课：Z3040 型摇臂钻床电气控制系统分析

Z3040 型摇臂钻床的动作是通过机、电、液进行联合控制来实现的。如图 3.8 所示为 Z3040×16 型摇臂钻床电气控制线路图。

在图 3.8 中，M_1为主轴电动机，M_2为摇臂升降电动机，M_3为液压泵电动机，M_4为冷却泵电动机。SQ_2和 SQ_3为摇臂松开和夹紧行程开关。

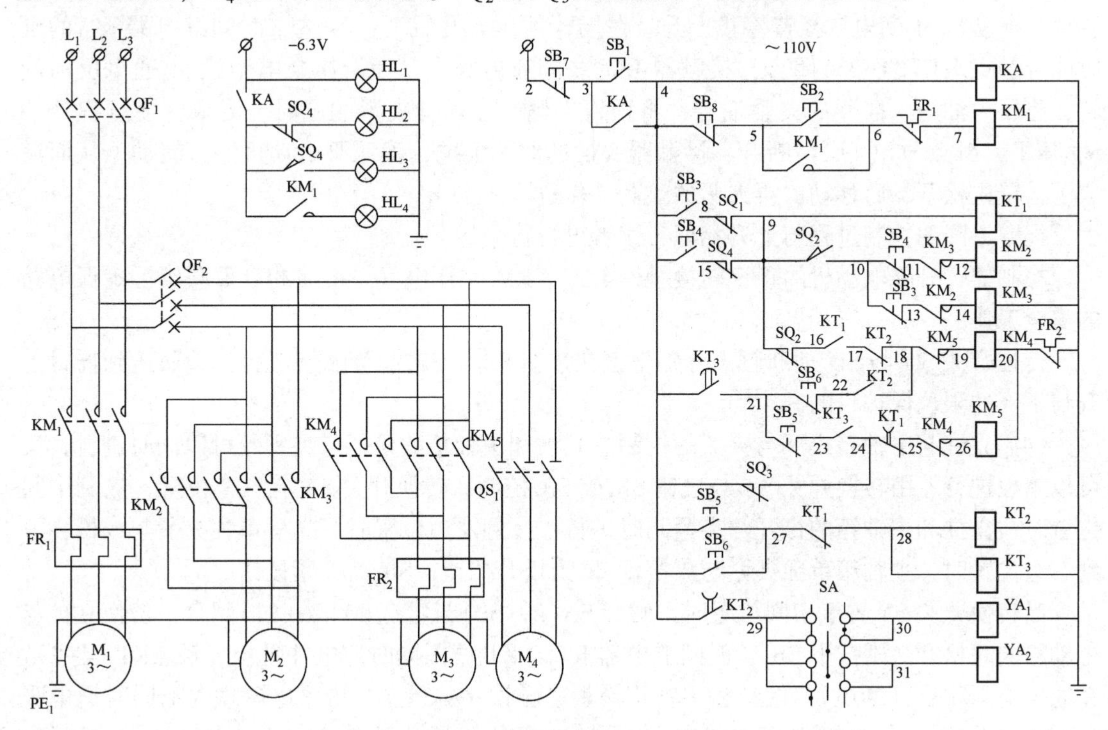

图 3.8　Z3040×16 型摇臂钻床电气控制线路图

（1）开车前的准备。首先将隔离开关接通，将电源引入开关 QF_1扳到“接通”位置，接通三相交流电源，此时总电源指示灯 HL_1亮（注意，图中变压器回路没有画出），表示机床电气电路已进入带电状态。按下总启动按钮 SB_1，中间继电器 KA 线圈通电吸合并自锁，为主轴电动机及其他电动机启动做准备，同时触点 KA（在指示回路中）闭合，为其他三个指示灯通电做准备。

（2）主轴电动机的控制。主轴电动机 M_1单方向旋转控制电路由启动按钮 SB_2、停止按钮 SB_8和接触器 KM_1构成。当按下启动按钮 SB_2时，KM_1线圈通电吸合，M_1启动旋转，主轴电动机启动指示灯 HL_4亮；当按下停止按钮 SB_8时，KM_1线圈失电恢复，M_1停止转动，指示灯 HL_4灭。

（3）摇臂升降控制。前面讲过，摇臂的升降必须与夹紧机构的液压系统相配合，摇臂的移动过程是先松开摇臂，再移动，到位后摇臂自动夹紧。因此，摇臂的移动过程是对液压泵电动机 M_3和摇臂升降电动机 M_2按一定顺序进行自动控制的过程。下面以摇臂上升为例进行说明。

按下摇臂上升按钮 SB_3（不松开），时间继电器 KT_1线圈通电吸合，触点 KT_1(16-17)闭合，使接触器 KM_4得电吸合，其主触点闭合，使液压泵电动机 M_3接通电源正向旋转，送出压力油，推动活塞移动，将摇臂松开。当摇臂完全松开后，活塞杆压动行程开关 SQ_2，使其动断触点 SQ_2(9-16)断开，KM_4线圈断电释放，液压泵电动机 M_3停止转动；同时，另一动合触点 SQ_2(9-10)闭合，使 KM_2线圈通电吸合，电动机 M_2正向启动旋转，带动摇臂上升移动。

当摇臂上升到所需位置时，松开按钮 SB_3，接触器 KM_2和时间继电器 KT_1线圈同时断电释放，电动机 M_2断电，摇臂停止上升。在摇臂停止上升后 1～3s 内，时间继电器 KT_1的延时闭合触点 KT_1(24-25)闭合，接触器 KM_5线圈通电吸合，使液压泵电动机 M_3通电反向旋转，将压力油送入摇臂的夹紧油腔，将摇臂夹紧。在摇臂夹紧的同时，活塞杆使行程开关 SQ_3压下，触点 SQ_3(4-24)断开，接触器 KM_5的线圈失电，液压泵电动机停止转动，从而完成了摇臂先松开、后移动、再夹紧的整套动作过程。

摇臂下降的控制过程与上升相似，读者可自行分析。

控制摇臂升降电动机的正反转接触器 KM_2、KM_3采用电气与机械的双重联锁，确保电路的安全工作。

行程开关 SQ_1与 SQ_4动断触点分别串接在按钮 SB_3、SB_4动合触点之后，从而达到摇臂上升与下降的限位保护目的。

（4）立柱与主轴箱松开与夹紧的控制。立柱和主轴箱的松开与夹紧既可以同时进行，又可以单独进行，由转换开关 SA 与按钮 SB_5或 SB_6控制。转换开关 SA 有三个位置，扳到中间位置时，立柱和主轴箱的松开与夹紧同时进行；扳到左边位置时，立柱单独夹紧与放松；扳到右边位置时，主轴箱单独夹紧与放松。SB_5为松开按钮，SB_6为夹紧按钮。

当转换开关 SA 置于中间位置时，触点 SA(29-30)与触点 SA(29-31)闭合，若使立柱与主轴箱同时松开，则按下 SB_5，时间继电器 KT_2、KT_3线圈同时通电并吸合。触点KT_2(4-29)在通电瞬间闭合（断电延时型），主轴箱松紧电磁铁 YA_1和立柱松紧电磁铁 YA_2同时通电吸合，为主轴箱与立柱同时松开做准备。而另一时间继电器的触点 KT_3(4-21)经1～3s后延时闭合（通电延时型），使接触器 KM_4线圈通电吸合，液压泵电动机 M_3通电正向旋转，压力油经分配阀进入立柱和主轴箱的液压油缸，推动活塞使立柱和主轴箱松开。同时，活塞杆使行程开关 SQ_4复位，触点闭合，立柱与主轴箱松开，指示灯 HL_2亮。

当立柱与主轴箱松开后，可手动使立柱回转或使主轴箱做径向移动。当调整到位后，可按下 SB_6夹紧按钮，主轴箱与立柱夹紧，电路工作情况与松开时相似，读者可自行分析。

对于另外两种情况，只要将转换开关 SA 扳到相应位置，再控制 SB_5与 SB_6即可实现。因为上述的放松与夹紧控制均系短时的调整工作，所以都采用点动控制。

3.6 镗床的电气控制

镗床是一种精密加工机床，主要用于加工精确的孔和对各孔间相互位置要求精确的零件。镗床除了镗孔，还可以钻孔、铰孔及加工端面；加装平旋盘刀架后，还可以加工大的孔径、端面和外圆；加装车螺纹附件后，还可以车削螺纹。镗床的工艺范围广，调速范围大，

运动形式多。由于镗床本身刚性好，其可动部分在导轨上的活动间隙很小，且具有附加支撑，因此加工精度高。下面以 T68 型卧式镗床为例对其电气控制系统进行分析。

3.6.1　卧式镗床的结构及工作要求

T68 型卧式镗床是镗床中使用较广的一种，其结构主要由床身、前立柱、镗头架、工作台、上溜板、下溜板、后立柱和尾架等部分组成，床身是一个整体的铸件，其结构如图 3.9 所示。

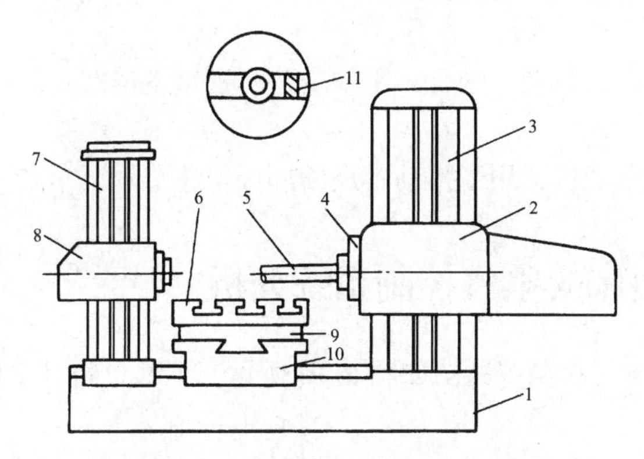

1—床身；2—镗头架；3—前立柱；4—平旋盘；5—镗轴；6—工作台；
7—后立柱；8—尾架；9—上溜板；10—下溜板；11—刀具溜板

图 3.9　T68 型卧式镗床的结构

在床身的一端固定有前立柱，在前立柱的垂直导轨上装有镗头架，镗头架可沿导轨垂直移动。镗头架上装有主轴变速箱、进给箱与操纵机构等部件。切削刀具固定在镗轴前端的锥形孔里，或装在平旋盘（花盘）上的刀具溜板上。在工作过程中，镗轴一面旋转，一面沿轴向做进给运动。平旋盘只能旋转，装在其上的刀具溜板做径向进给运动。平旋盘主轴为空心轴，镗轴穿过其中空部分，经由各自的传动链传动，因此镗轴与平旋盘可独自旋转，也可以不同转速同时旋转，但在一般情况下大都使用镗轴，只有在用车刀切削端面时才使用平旋盘。

床身的另一端装有后立柱，后立柱可沿床身导轨左右方向调整位置。在后立柱导轨上安放有尾架，用来支撑镗杆的末端，它随镗头架同时升降，保证两者的轴心在同一直线上。

工作台安放在床身中部的导轨上，它由下溜板、上溜板和可转动的工作台组成。下溜板可沿床身导轨做左右运动，上溜板可沿下溜板上的导轨做前后运动，工作台相对于上溜板可做平面旋转运动。

综上所述，镗床的主要运动是镗轴和平旋盘的旋转运动；进给运动是镗轴的轴向移动、平旋盘上刀具溜板的径向移动、工作台的横向（左右）移动、工作台的纵向（前后）移动和镗头架的垂直进给；辅助运动有工作台的旋转、尾架随同镗头架的升降和后立柱的水平移动。

3.6.2　卧式镗床的电力拖动和控制要求

镗床的主运动和进给运动用同一台电动机拖动。通常采用机械和电气联合调速方法，机械调速采用变速箱实现，电气调速采用交流双速电动机实现。主轴电动机可以正、反转，点动，双速运转和制动。

为了节约调整相对位置的时间，镗床各部分还可以用快速移动电动机进行拖动。根据镗床的工作特点，对电气线路的控制要求如下所述。

(1) 镗床的主轴运动和进给运动用同一台双速电动机来拖动，采用机械齿轮变速和电动机变极调速相结合的调速方式。

(2) 主轴电动机可以实现正、反转及点动控制，为实现快速、准确停车应有制动环节。

(3) 镗床运动部件较多，应有必要的联锁和保护措施，采用机械手柄与电气开关联动的控制方式。

(4) 为保证变速后齿轮的良好啮合，主轴变速和进给变速时主轴电动机应设有低速点动环节。

(5) 应有快速移动电动机，用于拖动各进给部分快速移动，节约工件加工时间。

3.6.3 卧式镗床的电气控制系统分析

T68 型卧式镗床的电气控制线路图如图 3.10 所示。下面分析其工作原理。

1. 主电路

在图 3.10 中，电动机 M_1为主轴电动机，用以实现镗床的主运动和进给运动，它的正、反转由接触器 KM_1和 KM_2的主触点控制。主轴电动机采用双速电动机。低速时将电动机定子绕组采用三角形连接，由接触器 KM_3的主触点完成；高速时将定子绕组连接成双星形，由接触器 KM_4、KM_5的主触点完成。高、低速的选择由手柄和与之关联的行程开关 SQ_1来实现。在三角形和双星形接法的电动工作状态，主轴断电制动型电磁铁 YB 线圈通电，松开抱闸，电动机运转；停转时，电动机 M_1断电，电磁铁 YB 线圈断电，电动机抱闸制动，迅速停机。主电路的热继电器 FR_1用作电动机 M_1的过载保护。

M_2是快速移动电动机，它由接触器 KM_6和 KM_7的主触点控制正、反转。由于 M_2只采用点动操作，运行时间较短，因此电路不需要设置过载保护。

2. 控制电路

(1) 主轴电动机的启动。主轴电动机可以正、反向高速启动，也可以正、反向低速启动和正、反向低速点动控制。高速启动时，为减小启动电流，先低速启动，然后切换到高速启动和运行。下面对正向运行的控制方式进行说明。

正向低速启动：将主轴电动机变速手柄置于低速位置，行程开关 SQ_1保持原状。按下启动按钮 SB_2，接触器 KM_1线圈通电自锁，接触器 KM_3线圈通电，断电制动型电磁铁 YB 线圈通电，电动机 M_1松闸做低速启动和运行。

正向高速启动：将变速手柄置于高速位置，压下行程开关 SQ_1。按下启动按钮 SB_2，接触器 KM_1线圈通电自锁，通电延时型时间继电器 KT 线圈通电，接触器 KM_3线圈通电，断电

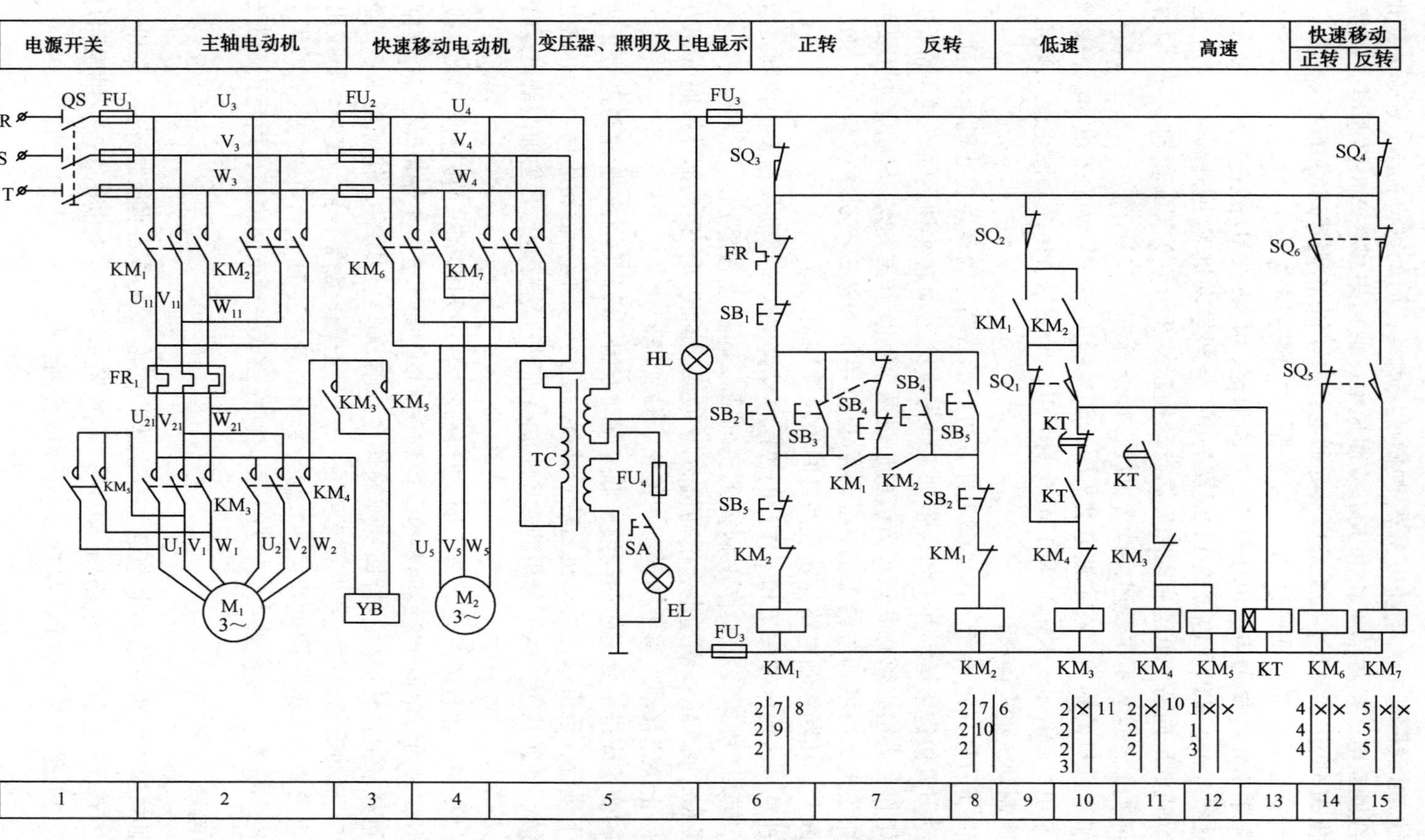

图 3.10　T68 型卧式镗床的电气控制线路图

制动型电磁铁 YB 线圈通电，电动机 M_1 松闸做低速启动；时间继电器 KT 延迟一定时间后，接触器 KM_3 线圈断电，接触器 KM_4 和 KM_5 线圈通电，此时电磁铁 YB 仍通电，保持松闸状态，将电动机 M_1 的定子绕组连接成双星形并通电，电动机 M_1 高速启动并运行。

正向点动：按下正向点动按钮 SB_3，接触器 KM_1 线圈通电（无自锁），位置开关 SQ_1 保持原状，接触器 KM_3 线圈通电，电磁铁 YB 线圈通电，电动机 M_1 松闸做低速点动。松开按钮 SB_3，接触器 KM_1、KM_3 和电磁铁 YB 线圈失电，主轴电动机 M_1 抱闸制动，停止工作。

主轴电动机的反向高、低速启动和反向点动控制按钮分别为 SB_5 和 SB_4，控制过程的分析方法与正向类似，这里不再赘述，读者可以自行分析。

（2）主轴电动机的制动。在主轴电动机的运转过程中，按下停止按钮 SB_1，接触器 KM_1 或 KM_2 线圈断电，KM_3（或 KM_4）和 KM_5 线圈断电，电磁铁 YB 线圈断电。主轴电动机 M_1 的电磁铁抱闸制动，迅速停机。

（3）主轴（刀具）进给和工作台（工件）进给的联锁。为避免引起机床和刀具的损坏，保证主轴带动刀具做进给运动和工作台带动工件做进给运动这两种运动形式不能同时进行，主轴进给和工作台进给必须有联锁环节，可通过两个行程开关 SQ_3、SQ_4 的动断触点并联后串接在电路中实现。当主轴进给手柄和工作台进给手柄均被扳至进给位置时，SQ_3、SQ_4 的动断触点都断开，切断控制电路，实现两者间的联锁控制。

（4）快速移动。镗床镗头架和工作台的快速移动都由快速移动操作手柄控制，由快速移动电动机 M_2 拖动。快速移动操作手柄扳到正向或反向快速位置时，压下行程开关 SQ_5 或 SQ_6，接触器 KM_6 或 KM_7 线圈通电，电动机 M_2 正向或反向转动，运动部件按照所选方向快速移动。若要停止快速移动，将手柄置于“停止”位置即可。

（5）主轴变速或进给变速时的连续、低速点动控制。镗床的主轴变速与进给变速既可以在停车状态下进行，也可以在电动机运转时进行。变速时为便于齿轮的啮合，主轴电动机一般运行在连续、低速状态。以下分析的镗床主轴变速和进给变速是在主轴电动机运转过程中进行的。

拉出主轴变速操作盘或进给变速手柄，行程开关 SQ_2 受压断开，接触器 KM_3（或 KM_4）、KM_5 线圈断电，时间继电器 KT 线圈断电，电磁铁 YB 线圈断电，主轴电动机 M_1 抱闸制动并停止转动。选择好主轴转速后，推回变速操作盘，则 SQ_2 复位闭合，接触器 KM_3 线圈通电，主轴电动机 M_1 自动低速启动。若齿轮未啮合好，变速操作盘推不上，此时只要拉出主轴变速操作盘或进给变速手柄，位置开关 SQ_2 就会受压断开，主轴电动机 M_1 停止转动，来回推拉，可以使电动机 M_1 产生变速点动，直至变速操作盘或手柄推回原位，齿轮正确啮合为止。

3. 辅助电路

T68 型卧式镗床电路中的辅助电路主要是照明电路。SA 是照明控制开关，熔断器 FU_4 起照明电路的短路保护作用。变压器 TC 将 380V 的交流电变至安全电压 36V，供照明灯 EL 使用。HL 是整个电路的电源指示信号灯，一旦 QS 合闸，信号灯就亮。

3.7 组合机床的电气控制

组合机床一般采用多轴、多刀具、多面、多工位同时加工，在组合机床上可以完成钻

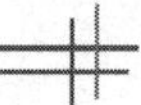

孔、车削、铣削、扩孔、镗孔、车螺纹等多种工序的机械加工，组合机床适用于产品的大批量生产，是高效率的自动化机械加工设备。

3.7.1　组合机床的结构及运动形式

组合机床是为某些特定的工件进行特定工序加工而设计的专用设备。组合机床由通用部件和少量专用部件组成，如图 3.11 所示。常用的通用部件有：动力部件（动力头和动力滑台)、支撑部件（滑座、床身、立柱等)、输送部件（回轮台、机械手传送自动线、出料装置)、控制部件（液压元件、控制板、按钮台、电气挡铁）等。

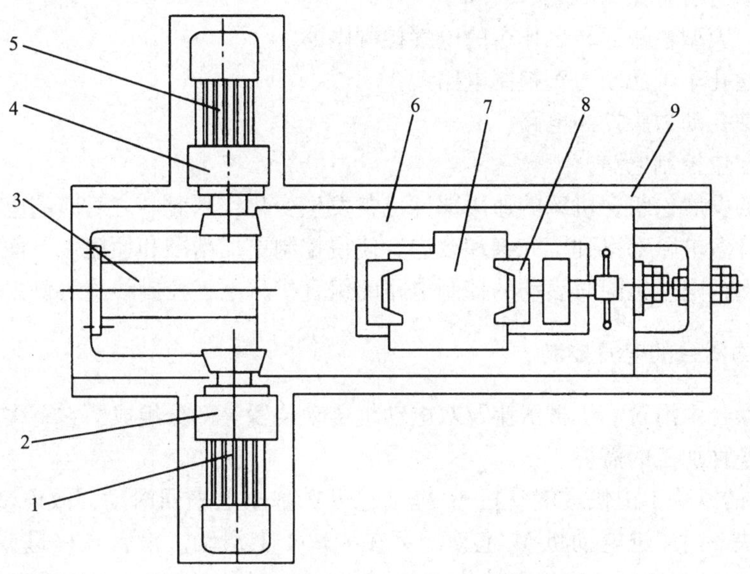

1—左电动机；2—左变速箱；3—油缸；4—右变速箱；5—右电动机；6—动力滑台；7—工件；8—夹具；9—底座

图 3.11　组合机床的结构

组合机床的结构可以随加工对象而改变，通用部件可以重新利用，组合成新的组合机床，便于进行产品更新。动力头和动力滑台是组合机床最基本的组成部件，用于完成组合机床的切削运动和进给运动。能同时完成组合机床的切削运动和进给运动的动力部件称为动力头；只能完成进给运动的动力部件称为动力滑台。

由动力滑台组成的组合机床比较灵活，可安装单轴或多轴及各种形式的切削头，用于完成钻、扩、铰、镗、铣等各种加工工序。动力滑台被广泛用来配置卧式和立式组合机床。常用的动力滑台分为机械动力滑台和液压动力滑台两种类型。

3.7.2　组合机床的电气控制系统分析

组合机床的动力部件是电气控制的主要对象，其控制系统多用机械、液压、气动和电气相结合的控制方式。它的电气控制系统大都由典型的基本控制环节组成，其中电气控制环节起着关键作用。

组合机床控制电路的基本控制环节一般包括以下部分。

(1) 多电动机同时启动的控制电路。

（2）主轴不转的引入和退出电路。
（3）两个动力头电动机启动及分别停止或同时停止的控制电路。
（4）在危险区能自动切断电动机的控制电路。
组合机床通用部件的电气控制环节一般包括以下部分。
（1）小型机械动力头的控制电路。
（2）箱体移动式机械动力头控制电路。
（3）机械动力滑台控制电路。
（4）自驱式液压动力头控制电路。
（5）液压动力滑台控制电路。
（6）小型、大型机械回转工作台的电气控制电路。
（7）液压镗孔车端面动力头控制电路。
（8）液压钻孔动力头控制电路。
（9）主轴定位控制电路。

由于科技的发展，组合机床的通用部件也常发生变化，因此与之对应的电气控制线路也在变化，上述许多电路都得到了完善和改进，使得控制更加精准和便捷。下面以采用一个机械动力滑台和多台电动机同时启动的控制电路的组合机床电气控制线路为例来加以分析。

1. 机械动力滑台的电气控制

机械动力滑台由滑台、机械滑座及双电动机传动装置等部分组成，它有多种自动循环工艺，可以满足各种加工的需要。

图 3.12 中的滑块 1 由快进电动机 M_2拖动，可在基座上来回滑动，故电动机 M_2要能够正、反转。滑块 2 由工进电动机 M_1拖动，可在滑块 1 上滑动。滑台在快进或快退过程中，工进电动机 M_1可以工作，也可以不工作。若两台电动机同时工作，则快进时的速度等于快进速度和工进速度之和，快退时的速度等于快进速度与工进速度之差。而工作进给时，只允许工进电动机单独工作，快速进给电动机应由电磁铁 YB（断电制动型）抱闸制动。如图 3.13 所示为机械动力滑台具有一次工进的电气控制线路图。其中，SQ_1、SQ_2和 SQ_3分别为原位、快进转为工进和终点行程开关，SQ_4为超行程保护行程开关。

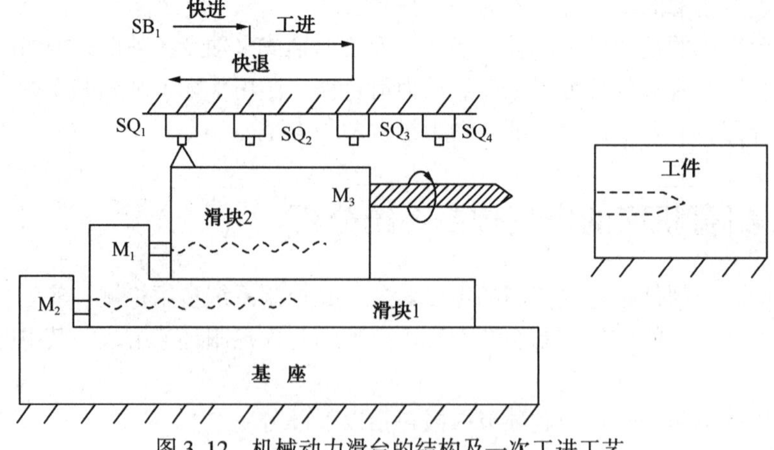

图 3.12 机械动力滑台的结构及一次工进工艺

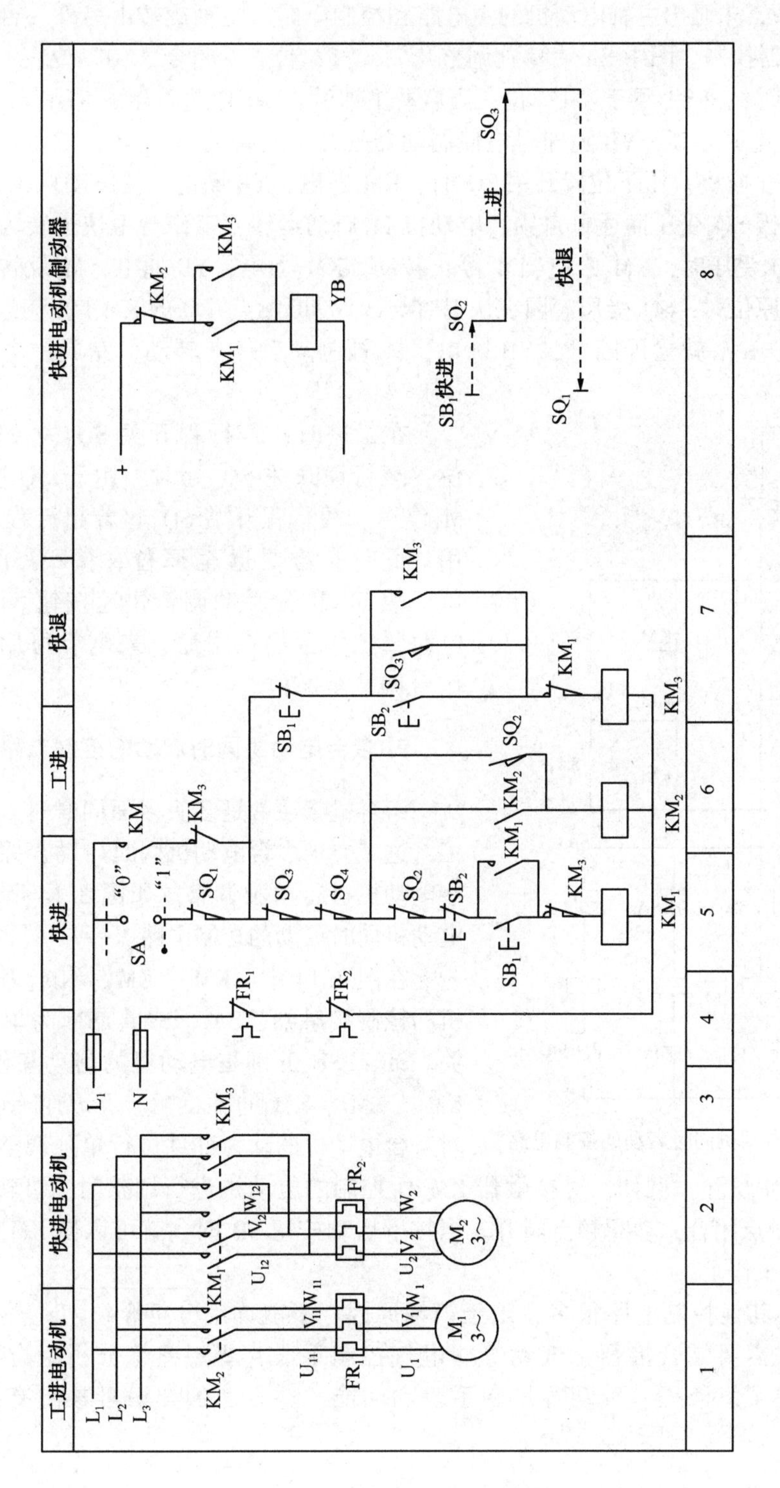

图 3.13　机械动力滑台具有一次工进的电气控制线路图

在图 3.13 中，未画出主轴电动机的主电路和控制电路。主轴旋转由另外一台电动机拖动，用 KM 接触器控制。图中 SA 为单独调整开关，“1”位表示闭合，“0”位表示断开。

在正常工作时，将 SA 置于“1”位，当启动主轴后，KM 辅助动合触点闭合，此时按下 SB_1按钮，KM_1通电并自锁，YB 随即得电使制动器松开，电动机 M_2正转，工作台快进。当工作台上的挡铁（撞块）压下位置开关 SQ_2时，KM_1断电，YB 断电，使电动机 M_2断电并迅速制动，而 KM_2因 SQ_2受压而通电自锁，电动机 M_1启动运转，工作台由快进转为工进。当终点行程开关 SQ_3受压时，KM_2断电，M_1停止转动，KM_3通电，YB 通电，M_2反转，工作台快退。当快退至原位时，SQ_1受压。因在快退时与 SQ_1动断触点并联的 KM_3动断触点已断开，故当 SQ_1受压后，KM_3就立即断开，YB 断电，M_2被制动后停止转动，完成一个自动加工循环。

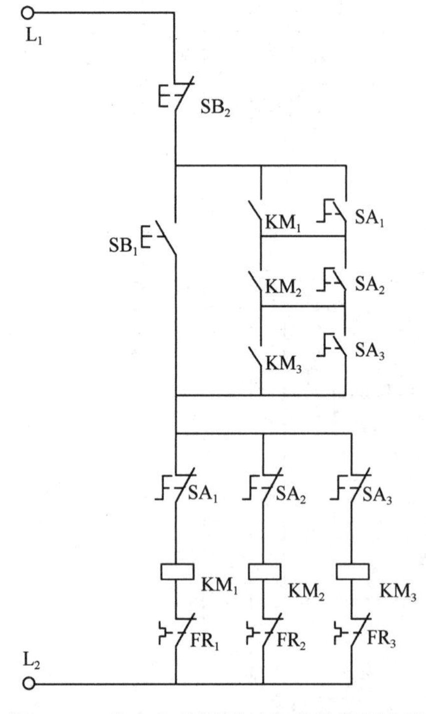

图 3.14　多台电动机同时启动的控制电路

在工进时，若行程开关 SQ_3失灵，就会越位，至行程开关 SQ_4处时，由于 SQ_4受压使得 M_1停车，故行程开关 SQ_4起着超行程保护的作用。此时，若要退至原位，按下 SB_2按钮即可，故 SB_2称为手动调整快速按钮。当随机停电时，工作台停在中途，来电后可用 SB_2将工作台调节至原位。

2. 多台电动机同时启动的控制电路

组合机床通常是多头多面同时对工件进行加工，这就要求多台电动机同时启动，并且能对这些电动机进行单独调整。如图 3.14 所示为多台电动机同时启动的控制电路。

在图 3.14 中，KM_1、KM_2、KM_3为各台电动机的控制接触器，SA_1、SA_2、SA_3为单独调整开关。SB_1、SB_2分别是电动机的启动和停止按钮，KM_1、KM_2、KM_3的辅助触点形成自锁。当需要对某台电动机的动力部件进行单独调整时，应将其他部件从系统中切除。例如，对接触器 KM_1所控制的电动机进行调整时，可转动 SA_2和 SA_3，使其动合触点闭合，动断触点断开。当按下启动按钮 SB_1时，就可以使 KM_1所控制的电动机进行单独工作了。

组合机床的其他控制电路很多，限于篇幅原因，不能详细分析介绍。此外，对组合机床的控制往往需要结合液压、气动等非电气控制手段，要想熟练分析组合机床的控制原理，一定要了解液压、气动等控制手段和功能，这方面的知识可参阅有关机床设计的相关书籍。

思考与练习 3

1. 判断题

（1）车床主要用来车削外圆、内圆、端面、螺纹和定型面，也可用钻头、铰刀等刀具进行钻孔、镗孔、倒角、割槽及切断等加工工作。（　　）

（2）铣床不仅可以加工平面、斜面、沟槽等，还可以加工齿轮和螺旋面。（　　）

（3）使用摇臂钻床时，摇臂的移动要严格按照摇臂松开→移动→摇臂夹紧的程序进行。（　　）

（4）磨床工作台安装电磁吸盘的主要原因是它比机械固定方式牢固。（　　）

2. 填空题

（1）车床是一种用途极广并且很普遍的（　　　　　　）机床。

（2）车削螺纹时，为避免乱扣，要反转退刀，因此要对电动机实行（　　　　　）控制。

（3）磨床中电磁吸盘的作用是（　　　　），它的退磁回路的作用是（　　　　）。

（4）磨床工作时，采取（　　　　　　）措施来保证在磨头下降过程中不允许工作台转动。

（5）铣床是用（　　　　）进行加工的机床，铣床加工一般有（　　）和（　　）两种。

（6）在机床控制线路中，对电动机进行快速制动的方法主要有（　　　　　　　）。

（7）铣床的工作台移动由（　）台进给电动机拖动，它的运动方向是通过（　　　　）来选择的。

（8）X62W 型铣床工作台在同一时间工作时只允许在一个方向上运动，各运动之间的方向联锁是通过（　　）和（　　）两种方法实现的。

3. 选择题

（1）M7130 型平面磨床控制线路中的欠电流继电器 KI 的作用是（　　）。

A. 防止事故　　B. 放电作用

C. 退磁作用　　D. 跳闸作用

（2）M7130 型平面磨床控制线路中与电磁吸盘线圈并联的电阻的作用是（　　）。

A. 减小电流　　B. 放电作用

C. 退磁作用　　D. 分压作用

（3）在机床中设置“点动”环节的主要作用是（　　）。

A. 保护电动机　　B. 有利于电动机调速

C. 快速启动电动机　　D. 加工特殊零件

4. 简答题

（1）M7130 型平面磨床为什么采用电磁吸盘来夹持工件？电磁吸盘线圈为何要采用直流供电而不采用交流供电？

（2）在 X62W 型万能铣床控制线路中设置变速点动环节的作用是什么？试说明其工作原理。

（3）在 Z3040 型摇臂钻床线路中，时间继电器 KT 与电磁阀 YA 在什么时候动作？YA 的动作时间比 KT 长还是短？YA 什么时候不动作？

（4）在 Z3040×16 型摇臂钻床线路中，时间继电器 KT_1、KT_2、KT_3的作用是什么？

（5）在 Z3040×16 型摇臂钻床的摇臂升降过程中，液压泵电动机 M_3和摇臂升降电动机 M_2应如何配合工作？试以摇臂上升为例叙述线路工作过程。

（6）在 Z3040×16 型摇臂钻床线路中，SQ_1、SQ_2、SQ_3、SQ_4、SQ_5各行程开关的作用是什么？试结合线路工作情况进行说明。

（7）试述 T68 型镗床主轴电动机 M_1高速启动控制的操作过程及线路的工作情况。

（8）试述 T68 型镗床快速进给的控制过程。

（9）T68 型镗床电路中行程开关 SQ_1～SQ_8有什么作用？安装在何处？它们分别由哪些操作手柄控制？

（10）在 T68 型镗床线路中，接触器 KM_3在主轴电动机 M_1处于什么状态时不工作？

（11）在 T68 型镗床线路中，时间继电器 KT 有何作用，其延时时间的长短对线路工作情况有何影响？

（12）为防止 T68 型镗床在两个方向同时进给而出现事故，应采取哪些措施？

（13）试分析组合机床滑台循环工作原理，并说明各行程开关的作用。

第4章

起重设备的电气控制

知识目标

(1) 掌握电动葫芦和桥式起重机的结构、运动过程及控制要求。
(2) 熟悉电动葫芦的电气控制特点。
(3) 掌握桥式起重机的电气控制特点。
(4) 了解桥式起重机的保护装置。
(5) 了解桥式起重机的供电方式。

技能目标

(1) 能识读电动葫芦和桥式起重机的电气控制系统图。
(2) 能分析桥式起重机电气控制线路的工作原理。
(3) 能查找桥式起重机电气控制线路的简单电气故障。

起重设备分为小型起重设备和大型起重设备，电动葫芦是常见的小型起重设备，而桥式起重机是具有起重吊钩或其他取物装置在空间内能够实现垂直升降和水平运移重物的大型起重设备。目前，起重设备在工矿、港口、建筑等领域获得了广泛应用。

微课：电动葫芦的电气控制

4.1 电动葫芦的电气控制

电动葫芦是将电动机、减速箱、卷筒、制动器和运行小车等紧凑地集合为一体的起重设备。它的起重量较小，结构简单，常用在工矿企业中进行修理与安装等工作。

CD 型钢丝绳电动葫芦的结构示意图如图 4.1 所示。它由升降机构和移动机构构成，升降机构由升降电动机拖动，移动机构由移动电动机拖动。工作时，升降机构带动吊钩上升和下降，移动机构在导轨上左右平移。

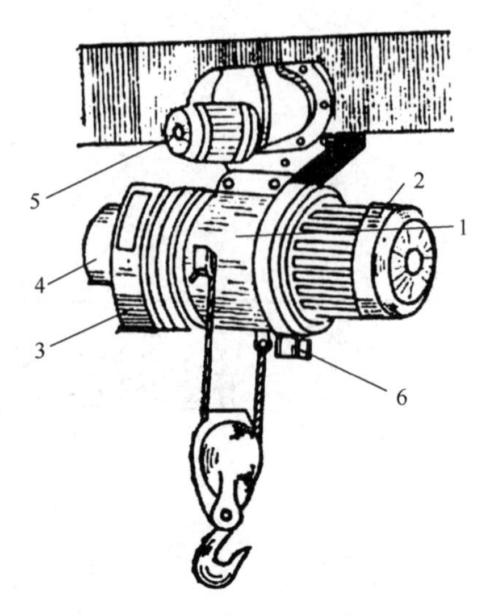

1—钢丝卷筒；2—升降电动机；3—减速箱；4—电磁制动器；5—移动电动机；6—行程开关

图 4.1 CD 型钢丝绳电动葫芦的结构示意图

4.1.1 TV 型电动葫芦

TV 型电动葫芦的起重量为 0.25 ～ 5t，提升高度为 6 ～ 30m，提升速度为 4.5～10m/min，共有 23 种规格，另外有 1t、4t、10t 非标准电动葫芦。

如图 4.2 所示为 TV 型电动葫芦提升机构的结构图。电磁盘式制动器直接装在电动机轴上，依靠压缩弹簧实现制动。当制动器的电磁铁线圈通电时，产生的电磁吸力将压紧弹簧，使制动片松脱，制动器松开，电动机自由转动。制动力矩的大小可通过调节调节螺钉来实现。起重量在 1t 以上的电动葫芦还装有一个载荷自制式制动器，它可以与电磁盘式制动器一起进行联合制动。

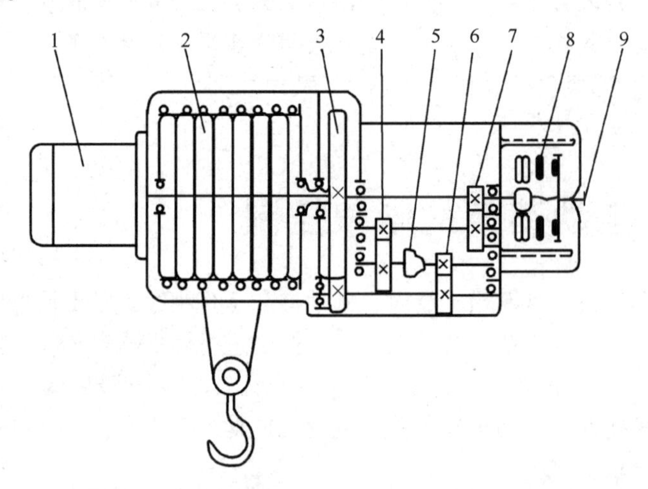

1—电动机；2—卷筒；3—第四级减速齿轮；4—第二级减速齿轮；5—载荷自制式制动器；6—第三级减速齿轮；7—第一级减速齿轮；8—电磁盘式制动器；9—调节螺钉

图 4.2 TV 型电动葫芦提升机构的结构图

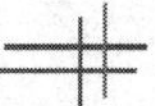

TV 型电动葫芦由移动电动机经减速齿轮拖动车轮运行，运行速度为20～30m/min。

TV 型电动葫芦结构简单，制造容易，检修方便，其电磁盘式制动器调整方便，互换性好，但体积大、自重大，启动运行欠稳定，与单梁桥式起重机配套使用时启动、制动不便。

4.1.2　CD 型电动葫芦

CD 型电动葫芦是我国自行设计的产品，具有自重轻、体积小、结构简单等优点。它有 8 种起重量、10 种结构形式，型号含义如下。

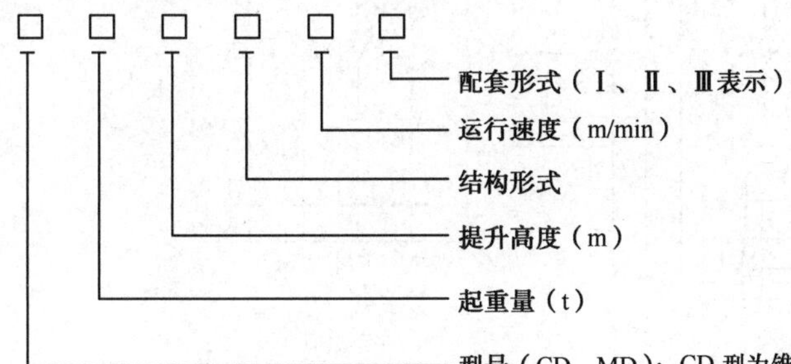

CD 型电动葫芦的升降机构由锥形转子电动机、制动器、卷筒、减速器等部件组成，常用的锥形转子电动机有 JZZ、ZD、ZDY 系列等。

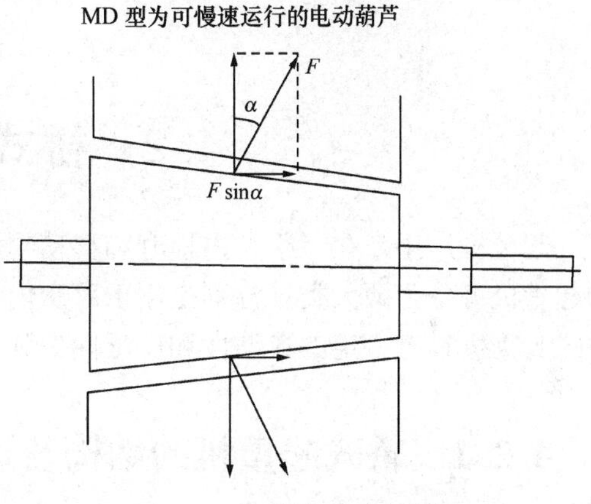

图 4.3　锥形转子受力分析

当电动机接通电源时，在电动机转子上作用一个电磁力 F，如图 4.3 所示。该力作用方向垂直于锥形转子表面，它在轴线方向的分力 $F\sin\alpha$ 使电动机转子沿电动机轴线往右移动，进而压缩弹簧，而与锥形转子同轴的风扇制动轮也随之右移，使风扇制动轮与电动机后端盖脱开，制动器处于松闸状态。制动时，依靠弹簧张力使风扇制动轮和后端盖刹紧，借助锥形制动圈的摩擦力实现制动。

4.1.3　电动葫芦的电气控制线路

常用的 CD 型电动葫芦也由升降机构和移动机构组成。它们都由各自的电动机拖动，电动葫芦的移动是借助导轮作用在工字梁上进行的，导轮则由另一台电动机经圆柱形减速箱驱动。

如图 4.4 所示为电动葫芦的电气控制线路图，其中 M_1 为升降电动机，M_2 为前后移动电动机，YB 为断电制动型电磁制动器。

电能由电网经刀开关 QS、滑线（或软电缆）供给主电路和控制电路。主电路分别通过接触器 KM_1、KM_2 和 KM_3、KM_4 控制电动机 M_1、M_2 的正反转，从而实现重物的升降和电动葫芦的前后移行。

该线路为典型的点动控制线路。为了防止 KM_1、KM_2或 KM_3、KM_4同时得电，采用接触器、按钮的双重联锁，4 个复式按钮 SB_1～SB_4安装在悬挂按钮站上，SQ 为上升限位开关。具体控制过程请读者自行分析。

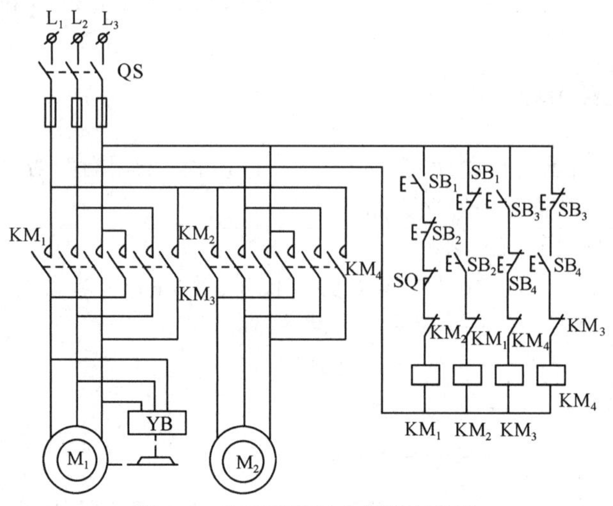

图 4.4　电动葫芦的电气控制线路

4.2　桥式起重机概述

起重机是用来在短距离内提升和移动物体的机械，俗称天车。起重机的类型很多，常用的起重机可分为两大类，分别是用于厂房内移行的桥式起重机和用于户外的旋转式起重机。桥式起重机具有一定的典型性和广泛性，其在冶金和机械制造企业中应用十分广泛。

4.2.1　桥式起重机的结构及运动情况

微课：桥式起重机的结构及主要技术参数

桥式起重机一般由桥架（又称大车）、大车移行机构、小车、装在小车上的提升机构、操纵室、小车导电装置（辅助滑线）、起重机总电源导电装置（主滑线）等部分组成。桥式起重机的结构如图 4.5 所示。

1. 桥架

桥架是桥式起重机的基本构件，它由主梁、端梁、走台等部分构成。主梁跨架在车间的上空，有箱型、桁架、腹板、圆管等结构形式。主梁两端有端梁，在两主梁外侧有走台，走台上设有安全栏杆。在操纵室一侧的走台上装有大车移行机构，在另一侧走台上装有给小车电气设备供电的装置，即辅助滑线。在主梁上方铺有导轨，供小车在其上移动。整个桥式起重机在大车移行机构拖动下沿车间长度方向的导轨移动。

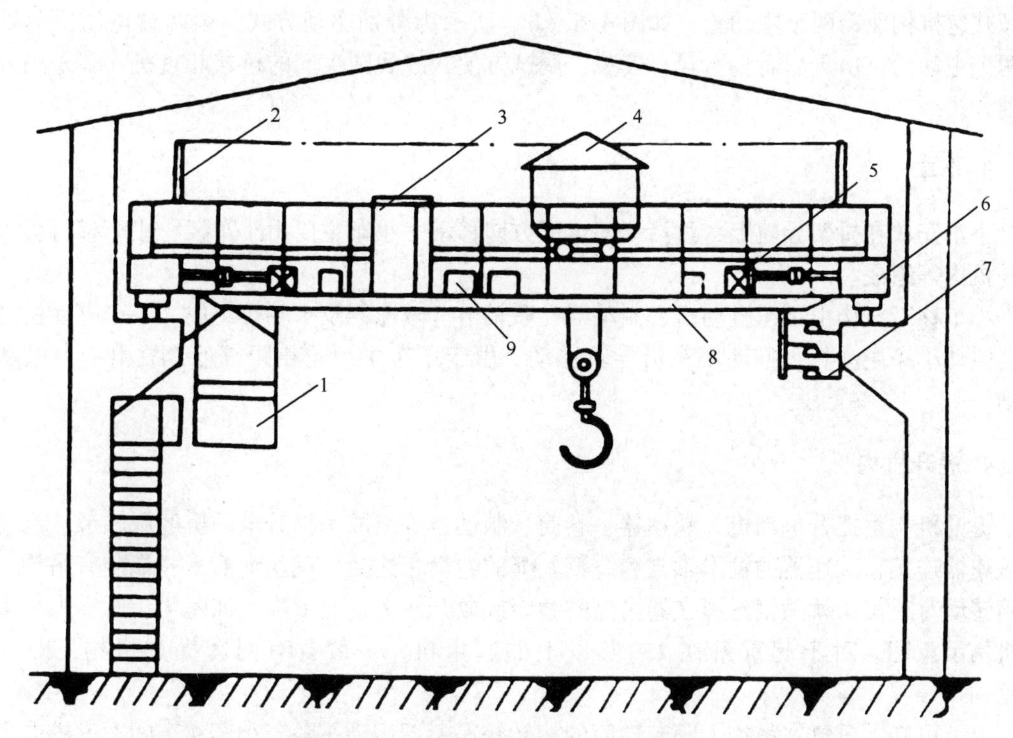

1—操纵室；2—辅助滑线架；3—交流磁力控制盘；4—起重小车；5—大车拖动电动机；
6—端梁；7—主滑线；8—主梁；9—电阻箱

图 4.5　桥式起重机的结构

2. 大车移行机构

大车移行机构由大车拖动电动机、传动轴、联轴节、减速器、车轮及制动器等部件构成。安装方式有集中驱动与分别驱动两种，如图 4.6（a）所示为集中驱动方式，由一台电动

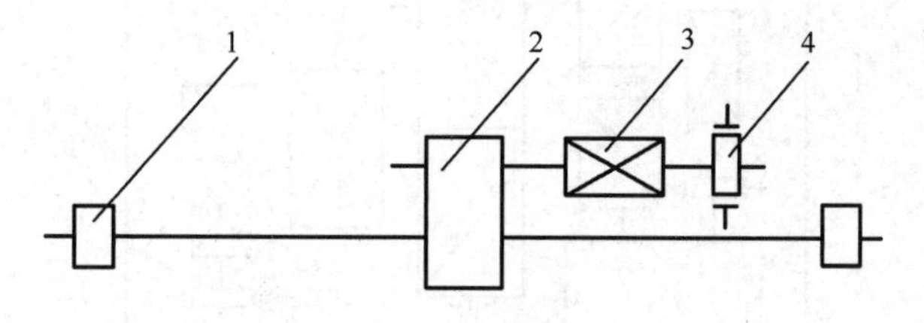

（a）集中驱动方式

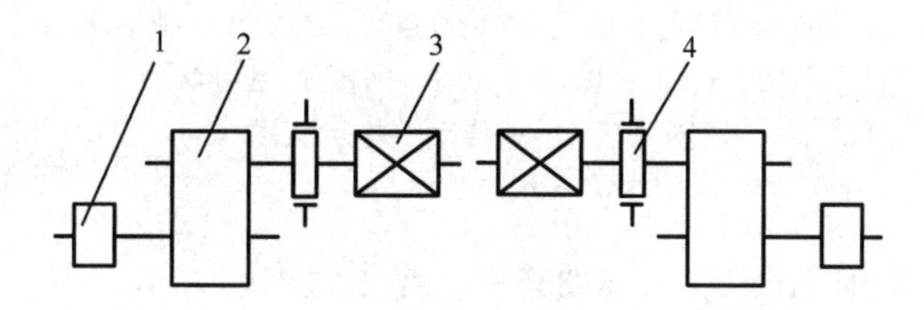

（b）分别驱动方式

1—主动轮；2—减速器；3—电动机；4—制动器

图 4.6　大车移行机构

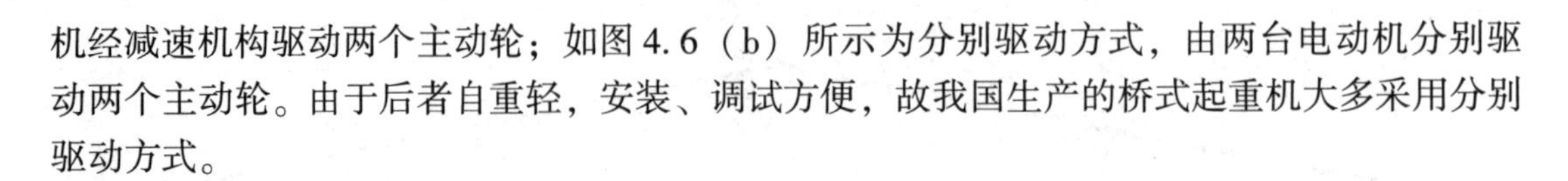

机经减速机构驱动两个主动轮；如图 4.6（b）所示为分别驱动方式，由两台电动机分别驱动两个主动轮。由于后者自重轻，安装、调试方便，故我国生产的桥式起重机大多采用分别驱动方式。

3. 小车

小车安放在桥架导轨上，可沿车间宽度方向移动。小车主要由小车架、小车移行机构和提升机构等组成。

小车移行机构由小车电动机、制动器、联轴节、减速器及车轮等组成。小车电动机经减速器驱动小车主动轮，拖动小车沿导轨移动。由于小车主动轮相距较近，故由一台电动机驱动。

4. 提升机构

提升机构由提升电动机、减速器、卷筒、制动器等组成。提升电动机经联轴节、制动轮与减速器连接，减速器的输出轴与缠绕钢丝绳的卷筒相连接，钢丝绳的另一端装有吊钩，当卷筒转动时，吊钩就随钢丝绳在卷筒上的缠绕或放开而上升或下降。如图 4.7 所示为小车传动机构示意图。对于起重量在 15t 及以上的起重机，一般备有两套提升机构，即主钩与副钩。

由上可知，重物在吊钩上随着卷筒的旋转获得上下运动；随着小车在车间宽度方向上的移动获得左右运动；并能随大车在车间长度方向上做前后运动。如此一来就可实现重物在垂直、横向、纵向三个方向上的运动，可以把重物移至车间任意位置，完成起重运输任务。

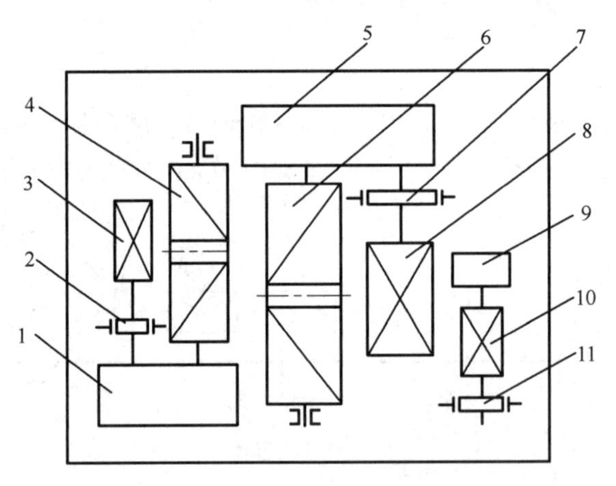

1、5、9—副钩、主钩、小车的减速器；2、7、11—制动器；
3、8、10—电动机；4、6—副卷筒、主卷筒

图 4.7　小车传动机构示意图

5. 操纵室

操纵室是操纵起重机的吊舱，又称驾驶室。操纵室内有大车、小车移行机构控制装置，提升机构控制装置及起重机的保护装置等。

操纵室一般固定在主梁的一端，也有装在小车下方随小车移动的。操纵室上方开有通向走台的舱口，供工作人员检修大车与小车机械与电气设备时使用。

4.2.2　桥式起重机的主要技术参数

桥式起重机的主要技术参数有额定起重量、跨度、提升高度、移行速度、提升速度、工作类型及负荷持续率等。

1. 额定起重量

额定起重量是指起重机实际允许吊起的最大负荷量，以吨（t）为单位。

我国生产的桥式起重机的起重量有 5t、10t、15/3t、20/5t、30/5t、50/10t、75/20t、100/20t、125/20t、150/30t、200/30t、250/30t 等多种。其中，用分数表示的分子为主钩起重量，分母为副钩起重量。

2. 跨度

起重机主梁两端车轮中心线间的距离，即大车轨道中心线间的距离称为跨度，以米（m）为单位。

我国生产的桥式起重机的跨度有 10.5m、13.5m、16.5m、19.5m、22.5m、25.5m、28.5m、31.5m 等规格。

3. 提升高度

吊具或抓物装置的上极限位置与下极限位置之间的距离，称为起重机的提升高度，以米（m）为单位。

常用的起重机的提升高度有 12m、16m、12/14m、12/18m、16/18m、19/21m、20/22m、21/23m、22/26m、24/26m 等。其中，用分数表示的分子为主钩提升高度，分母为副钩提升高度。

4. 移行速度

移行机构在拖动电动机以额定转速运行时的对应速度，以米每分（m/min）为单位。小车的移行速度一般为 40～60m/min，大车的移行速度一般为 100～135m/min。

5. 提升速度

提升机构在提升电动机以额定转速运行时取物装置上升的速度，以米每分（m/min）为单位。提升速度一般不超过 30m/min，依重物性质、质量、提升要求来决定。

6. 工作类型

起重机按载荷率和工作繁忙程度可分为轻级、中级、重级和特重级四种工作类型。

（1）轻级。工作速度低，使用次数少，满载机会小，负荷持续率为 15%，用于工作不繁重的场合，如在水电站、发电厂中用于安装检修的起重机。

（2）中级。经常在不同载荷下工作，速度中等，工作不太繁重，负荷持续率为 25%，如一般机械加工车间和装配车间用的起重机。

（3）重级。工作繁重，经常在重载荷下工作，负荷持续率为 40%，如冶金和铸造车间内使用的起重机。

（4）特重级。经常工作在额定负荷状态，工作特别繁忙，负荷持续率为 60%，如冶金专用的桥式起重机。

7. 负荷持续率

由于桥式起重机的工况大多为短时断续工作制，其工作的繁重程度用负荷持续率 ε 表示。负荷持续率为一个工作周期内工作时间占整个周期的百分比，其计算公式为

$$\varepsilon=\frac{t_g}{T}\times100\%=\frac{t_g}{t_g+t_0}\times100\% \tag{4.1}$$

式中，t_g——通电工作时间；T——工作周期；t_0——休息时间。

一个工作周期通常定为 10min。标准的负荷持续率规定为 15%、25%、40%、60%四种。

4.2.3 桥式起重机对电力拖动的要求

微课：桥式起重机对电力拖动的要求

桥式起重机的工作性质为重复、短时工作制，因此拖动电动机经常处于启动、制动、正反转状态；起重机的负载很不规律，时重时轻并经常承受过载和机械冲击。起重机的工作环境较为恶劣，所以对起重用电动机、提升机构及移行机构的电力拖动提出了下列要求。

1. 对起重用电动机的要求

（1）为满足起重机重复、短时工作制的要求，起重用电动机按相应的重复、短时工作制设计和制造，且用负荷持续率 ε 表示。

（2）为适应频繁的重载启动，要求电动机具有较大的启动转矩和过载能力。

（3）为适应频繁启动、制动，加快过渡过程和减小启动损耗，起重电动机的转动惯量应较小；在结构特征上，转子长度与直径的比值较大，转子制成细长形。

（4）为获得不同的运行速度，采用绕线型异步电动机转子串电阻的方式进行调速。

（5）为适应恶劣环境和机械冲击，电动机采用封闭式设计，选用较高绝缘等级的耐热材料，且具有坚固的机械结构。

现在我国生产的起重用电动机主要有 YZR 系列与 YZ 系列，前者采用绕线型异步电动机，后者采用笼型异步电动机。

起重用电动机铭牌上标注有基准负荷持续率及对应的额定功率。在实际使用时，电动机不一定工作在基准负荷持续率下，而当电动机工作在其他任意负荷持续率时，电动机的额定功率按下式近似计算：

$$P'\approx P_N\sqrt{\frac{\varepsilon_N}{\varepsilon'}} \tag{4.2}$$

式中，P'——任意负荷持续率下的功率，单位为 kW；P_N——基准负荷持续率下的电动机额定功率，单位为 kW；ε_N——基准负荷持续率；ε'——任意负荷持续率。

2. 对提升机构与移行机构电力拖动的要求

为提高起重机的生产效率与安全性，对提升机构电力拖动提出如下要求。

(1) 具有合适的升降速度，空钩能快速升降，以减少生产辅助时间；轻载时的提升速度大于重载时的提升速度。

(2) 具有一定的调速范围，普通起重机的调速范围为 3∶1，对要求较高的起重机，其调速范围可达（5～10）∶1。

(3) 具有适当的低速区。在开始提升重物或重物下降至预定位置之前，均需低速运行。因此，往往在 30%额定速度内将速度分成若干挡，以便灵活地进行选择。当由高速向低速过渡时应逐级减速，以保持运行稳定。

(4) 将提升的第一挡作为预备级，用于消除传动系统中的齿轮间隙，并将钢丝绳张紧，以避免产生过大的机械冲击。预备级的启动转矩一般限制在额定转矩的一半以下。

(5) 在下放负载时，根据负载的大小，电动机既可以工作在电动状态，也可以工作在倒拉反接制动状态或再生发电制动状态，以满足不同下降速度的要求。

(6) 为保证能够安全可靠地工作，不仅要具有机械制动，还应具有电气制动，以减轻机械抱闸的负担。

大车与小车移行机构对电力拖动的要求比较简单，要求有一定的调速范围，能实现准确停车。

由于桥式起重机应用广泛，起重机的电气设备均已系列化、标准化，可根据电动机的功率、工作频繁程度及对可靠性的要求等来选择。

4.2.4　桥式起重机电动机的工作状态

对于移行机构的拖动电动机，其负载转矩为摩擦力矩，它始终为反抗力矩，所以移行机构的拖动电动机工作在正反向电动状态。

对于提升机构，情况则比较复杂，除了较小的摩擦力矩，主要是重物和吊钩的重力矩。重力矩在提升时为阻力矩，在下降时为动力矩。所以，提升机构工作时，其拖动电动机的工作状态依负载情况的不同而不同。

1. 提升重物时电动机的工作状态

提升重物时，电动机承受两个阻力转矩，一个是重物自重产生的重力转矩 T_g；另一个是在提升过程中传动系统存在的摩擦转矩 T_f。当电动机的电磁转矩大于阻力转矩时，重物将被提升，电动机处于电动状态，以提升方向为正向旋转，电动机工作在正向电动状态，如图 4.8 所示。当 $T_e=T_g+T_f$时，电动机稳定运行在 n_a转速下。而在启动时，为获得较大的启动转矩，减小启动电流，往往在绕线型异步电动机转子电路中串接电阻，然后依次切除，使提升速度逐渐升高，最后达到预定提升速度。

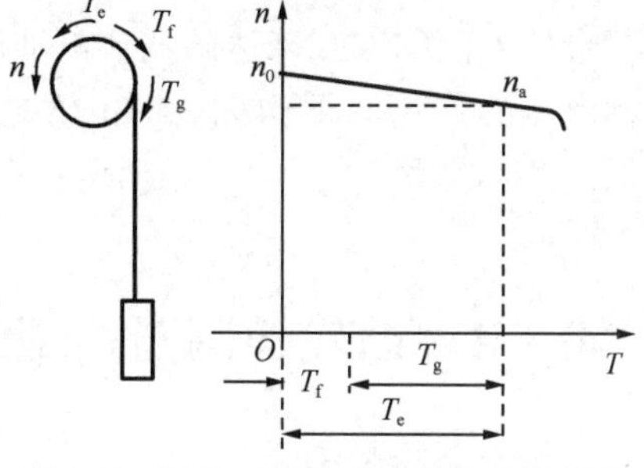

图 4.8　提升重物时电动机的工作状态

2. 下放重物时电动机的工作状态

(1) 反向电动状态。当空钩或轻载下放重物时，由于负载的重力转矩小于摩擦转矩，这时依靠重物自身重量不能下降，为此电动机必须向着重物下降方向产生电磁转矩，与重力转矩一起克服摩擦转矩，强迫空钩或轻载下放，如图 4.9（a）所示。此时 T_e与 T_g方向一致，当 $T_e+T_g=T_f$时，电动机稳定运行在$-n_a$转速下。此时电动机工作在反向电动状态，又称强力下放重物。

（2）再生发电制动状态。当重载下放时，若拖动电动机按反转相序接通电源，此时电磁转矩 T_e方向与重力转矩 T_g方向相同，这时电动机将在 T_e和 T_g共同作用下加速旋转，当$n=n_0$时，电磁转矩为零，但电动机在重力转矩作用下仍加速并超过电动机的同步转速。当 $T_e+T_g=T_f$时，电动机稳定运行在高于电动机同步转速的速度$-n_b$上，如图 4.9（b）所示，这时电动机工作在再生发电制动状态。

在再生发电制动状态下放重物是超同步转速状态下放，为使下放速度不致过高，应运行在较硬的机械特性上，最好运行在转子电阻全部被切除的特性上。

（3）倒拉反接制动状态。当负载较重时，为实现低速下降，可采用倒拉反接制动方式。此时电动机按正转接线，产生的电磁转矩 T_e与重力转矩 T_g方向相反，成为阻碍重物下放的制动转矩，以此来降低重物下放速度，如图 4.9（c）所示。当 $T_g=T_f+T_e$时，电动机以$-n_c$转速稳定运行下放重物。为实现低速下放重物，应在电动机转子中串接较大电阻。

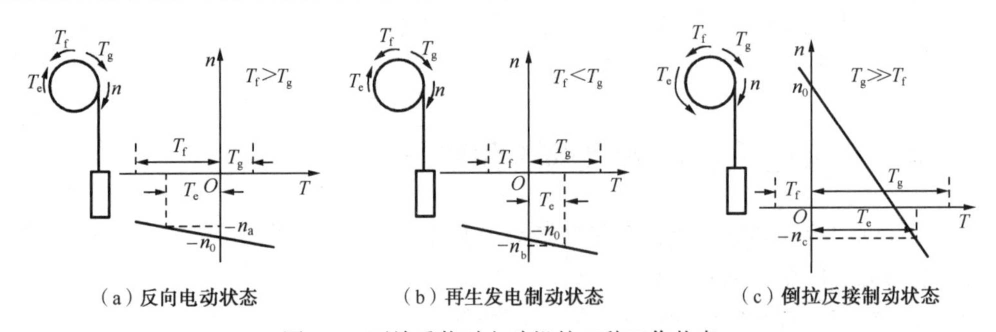

（a）反向电动状态　（b）再生发电制动状态　（c）倒拉反接制动状态

图 4.9　下放重物时电动机的三种工作状态

4.3　桥式起重机的控制电路

在桥式起重机控制电路中，一般选用绕线型异步电动机作为驱动部件，利用在其转子中串接可调电阻的方式来达到调节电动机输出转矩和转速的目的，同时还可以起到限制电动机启动电流的作用。下面以 15/3t 桥式起重机为例对桥式起重机各部分控制电路分别进行介绍。

4.3.1　凸轮控制器控制的小车移行机构控制电路

微课：凸轮控制器控制的小车移行机构控制电路

凸轮控制器是起重机械中控制电动机启动、调速、停止、正反转的专用装置，它通过凸轮的转动实现触点的闭合与打开，从而使电源接通或短接电阻，是起重机重要的电气操作设备之一。

如图 4.10 所示为 KT14-25J/1 型凸轮控制器控制的小车移行机构电气原理图。

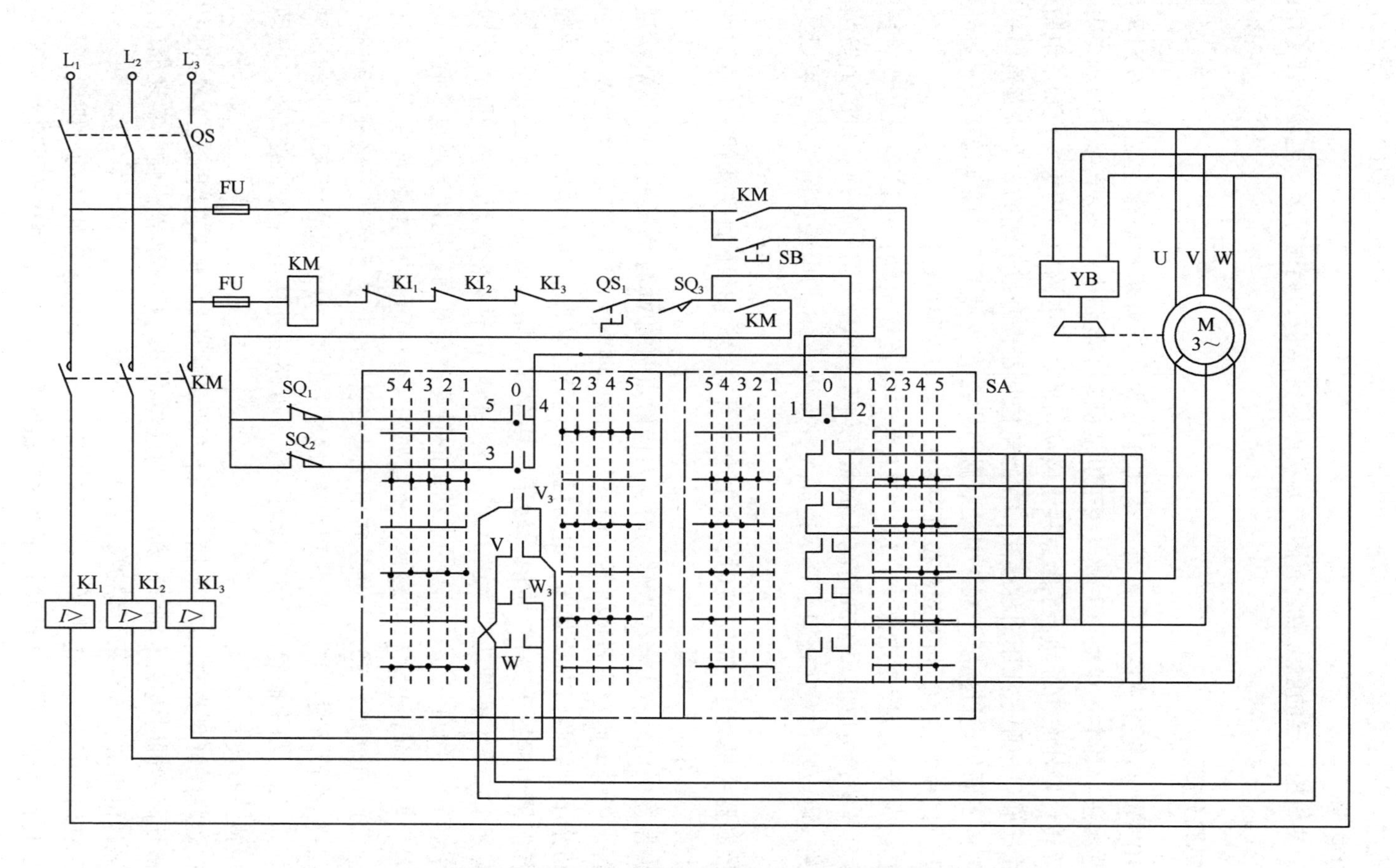

图 4.10　KT14−25J/1 型凸轮控制器控制的小车移行机构电气原理图

1. 控制电路的特点

（1）可逆对称电路。凸轮控制器的手柄处于正转和反转对应位置时，电动机的工作情况完全相同。通过凸轮控制器触点可换接电动机定子电源相序，实现电动机的正反转及改变电动机转子外接电阻。

（2）由于凸轮控制器的触点数量有限，为获得尽可能多的调速等级，电动机转子串接不对称电阻。

2. 控制电路分析

在图 4.10 中，凸轮控制器左右各有 5 个工作位置，共有 9 对动合主触点、3 对动断触点，采用对称接法。其中 4 对动合主触点接于电动机定子电路中用于进行换相控制，可以实现电动机正反转；另外的 5 对动合主触点接于电动机的转子电路中，用于实现转子电阻的接入和切除。由于转子电阻采用不对称接法，在凸轮控制器提升或下放的 5 个位置逐级切除转子电阻可以得到不同的运行速度。在 3 对动断触点中，有一对用于实现零位保护，另外两对动断触点与上升限位开关 SQ_1 和下降限位开关 SQ_2 一起实现限位保护。

此外，在凸轮控制器控制电路中，KI_1～KI_3 为过电流继电器，可以实现过载与短路保护；QS_1 为紧急开关，可以实现事故情况下的紧急停车；SQ_3 为驾驶室顶舱口门上安装的舱口门安全开关，可以防止人在桥架上开车造成人身事故；YB 为电磁抱闸线圈，可以实现准确停车。

当凸轮控制器手柄置于“0”位时，合上电源开关 QS，按下启动按钮 SB 后，接触器 KM 接通并自锁，做好启动准备。

当凸轮控制器手柄向右方各位置转动时，对应触点两端 W 与 V_3 接通，V 与 W_3 接通，电动机正转运行。当手柄向左方各位置转动时，对应触点两端 V 与 V_3 接通，W 与 W_3 接通，此时接到电动机定子上的两相电源对调，电动机反转运行，从而实现电动机正转与反转控制。

当凸轮控制器手柄置于“1”位时，转子外接全部电阻，电动机处于最低速运行，如图 4.11（a）所示。当手柄转动到“2”“3”“4”“5”位时，依次短接（切除）不对称电阻，如图 4.11（b）～4.11（e）所示，电动机的转速逐渐升高。因此，通过控制凸轮控制器手柄的位置，可以调节电动机的转速，获得如图 4.12 所示的机械特性曲线。取第一挡（“1”位置）的启动转矩 $0.75T_N$ 为切换转矩（满载启动时作为预备级，轻载启动时作为启动级）。凸轮控制器转动到“1”“2”“3”“4”“5”位时，分别对应图 4.12 中的机械特性曲线 1、2、3、4、5。当手柄置于“5”位时，转子电路的外接电阻全部被切除，电动机运行在固有机械特性曲线上。

在运行中若将限位开关 SQ_1 或 SQ_2 撞开，将切断接触器 KM 的控制电路，KM 线圈失电，电动机电源被切除，同时电磁抱闸 YB 断电，制动器将电动机制动轮抱住，实现准确停车，从而防止发生越位事故，起到限位保护的作用。

在正常工作时，若发生停电事故，接触器 KM 断电，电动机停止转动。即使恢复供电，电动机也不会自行启动。只有将凸轮控制器手柄扳回到“0”位，再次按下启动按钮 SB，再将手柄转动至所需位置，电动机才能再次启动工作，这可以有效防止电动机在转子电路外接电阻被切除的情况下自行启动，产生很大的冲击电流或发生事故，可以起到零位保护作用。

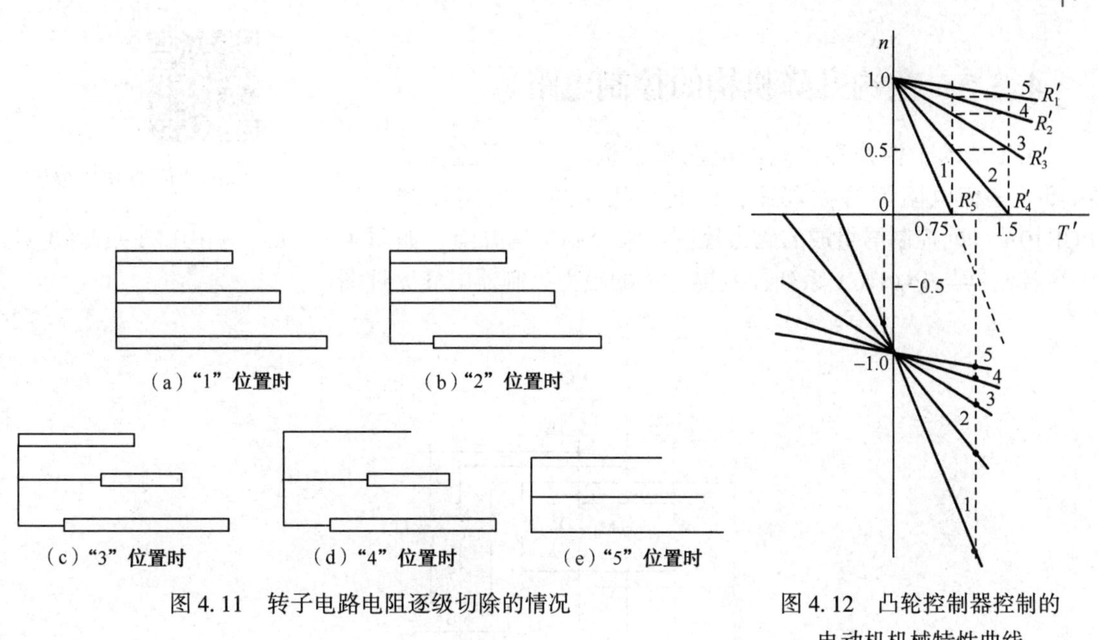

图 4.11　转子电路电阻逐级切除的情况

图 4.12　凸轮控制器控制的电动机机械特性曲线

4.3.2　凸轮控制器控制的大车移行机构和副钩控制电路

凸轮控制器控制大车移行机构的工作情况与小车的工作情况基本相似，但被控制的电动机容量和电阻器的规格有所区别。此外，控制大车的凸轮控制器要同时控制两台电动机，因此需要选择比小车凸轮控制器多 5 对触点的凸轮控制器，如 KT14-60/2，以切除第二台电动机的转子电阻。

在副钩上的凸轮控制器的工作情况与小车基本相似，但在提升与下放重物时，电动机处于不同的工作状态。

在提升重物时，控制器手柄的“1”位为预备级，用于张紧钢丝绳，在将手柄置于“2”“3”“4”“5”位时，提升速度逐渐升高。

在下放重物时，由于负载较大，电动机工作在发电制动状态，操作重物下降时应将控制手柄从“0”位迅速扳至“5”位，不允许在中间停留。往回操作时，也应从“5”位快速扳到“0”位，以免引起重物高速下落而造成事故。

对于轻载提升，手柄“1”位变为预备级，“2”“3”“4”“5”位的提升速度逐渐升高，但提升速度的大小变化不大。下降时，当所吊重物太轻而不足以克服摩擦转矩时，电动机工作在强力下降状态，即电磁转矩与重物重力矩方向一致，帮助重物下降。

由以上分析可知，凸轮控制器控制电路不能获得重载或轻载时的低速下降。为了获得下降时的准确定位，采用点动操作，即将控制器手柄在下降“1”位与“0”位之间来回操作，并配合电磁抱闸来实现。

在操作凸轮控制器时还应注意：当将凸轮控制器手柄从左向右扳动，或从右向左扳动时，中间经过“0”位时，应略停一下，以减小反向时的电流冲击，同时使转动机构得到较平稳的反向过程。

微课：主钩升降机构控制电路分析

4.3.3 主钩升降机构的控制电路

由于拖动主钩升降机构的电动机容量较大，不适合采用转子三相电阻不对称调速，因此采用由主令控制器和PQR10A系列控制屏组成的磁力控制器来控制主钩升降。如图4.13所示为由LK1-12/90型主令控制器与PQR10A系列控制屏组成的磁力控制器电气原理图。

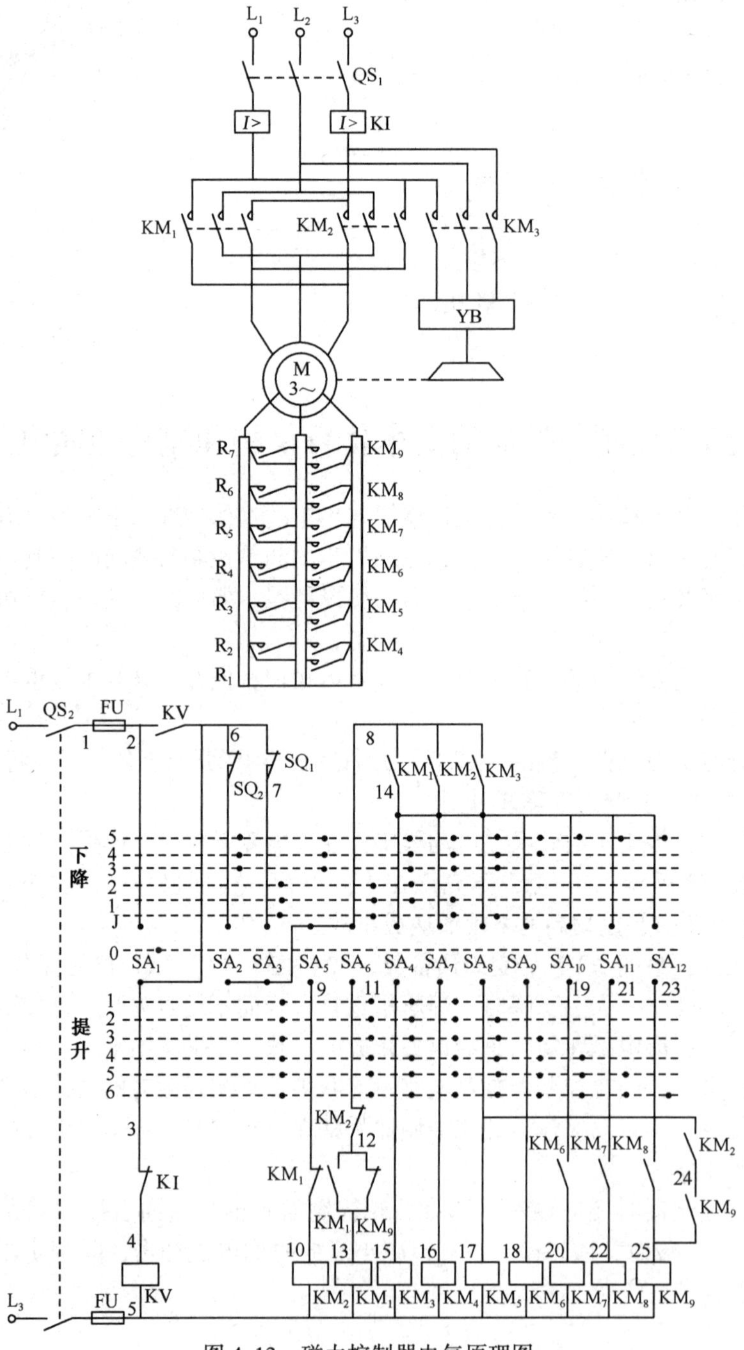

图4.13 磁力控制器电气原理图

在图 4.13 中，主令控制器 SA 有 12 对触点，“提升”与“下降”各有 6 个位置。通过主令控制器这 12 对触点的闭合与分断来控制电动机定子电路和转子电路的接触器，并通过这些接触器来控制电动机的工作状态，使电动机拖动主钩按不同的速度提升和下降。由于主令控制器为手动操作，所以电动机工作状态的变化由操作者掌握。

在图 4.13 中，KM_1、KM_2为电动机正反转接触器；KM_3为制动接触器；YB 为三相交流电磁制动器；KM_4、KM_5为反接制动接触器；KM_6～KM_9为启动加速接触器，用来控制电动机转子电阻的切除和串入；转子电路串有 7 段三相对称电阻，其中两段 R_1、R_2为反接制动限流电阻，R_3～R_6为启动加速电阻，转子中还有一段 R_7为常串电阻，用来软化机械特性。

当合上电源开关 QS_1和 QS_2，将主令控制器手柄置于“0”位时，零压继电器 KV 线圈通电并自锁，为电动机启动做好准备。

1. 提升重物时电路工作情况

在提升重物时，主令控制器的手柄有 6 个位置。

当主令控制器 SA 的手柄被扳到提升“1”位时，触点 SA_3、SA_4、SA_6、SA_7闭合。SA_3闭合，将提升限位开关 SQ_1串于提升控制电路中，实现提升极限限位保护。SA_4闭合，制动接触器 KM_3通电吸合，制动电磁铁 YB 通电，松开电磁抱闸。SA_6闭合，正转接触器 KM_1通电吸合，电动机定子接通正向电源。SA_7闭合，接触器 KM_4通电吸合，切除转子电阻 R_1。此时，电动机的运行如图 4.14 中的机械特性曲线 1 所示，由于这条机械特性曲线对应的启动转矩较小，一般吊不起重物，故只作为张紧钢丝绳、消除吊钩传动系统齿轮间隙的预备级。

当主令控制器 SA 的手柄被扳到提升“2”位时，除了“1”位已闭合的触点仍然闭合，SA_8闭合，接触器 KM_5通电吸合，切除转子电阻 R_2，转矩略有增加，电动机加速，运行在如图 4.14 所示的机械特性曲线 2 上。

同样，当主令控制器 SA 的手柄从提升“2”位被依次扳到“3”“4”“5”“6”位时，接触器 KM_6、KM_7、KM_8、KM_9依次通电吸合，逐级短接转子电阻，其通电顺序由上述各接触器线圈电路中的动合触点 KM_6、KM_7、KM_8决定，相对应的机械特性曲线为图 4.14 中的 3、4、5、6。由此可知，提升时电动机均工作在电动状态，可得到 5 种提升速度。

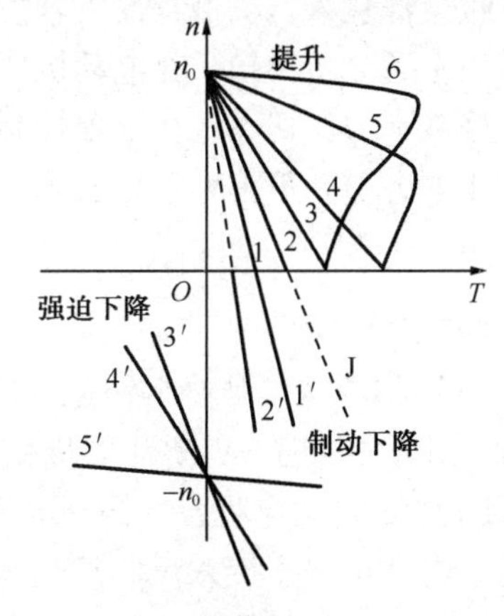

图 4.14　磁力控制器控制的主钩电动机机械特性曲线

2. 下降重物时电路工作情况

在下降重物时，主令控制器 SA 的手柄也有 6 个位置。根据重物的质量不同，可使电动机工作在不同的状态。若为重物下降，且要求低速运行，则电动机定子正向接电，同时在转子电路中串接大电阻，使电动机处于倒拉反接制动状态。这一过程可用图 4.14 中的曲线 J、1′、2′来表示，称为制动下降。若为空钩或轻载下降，当重力矩不足以克服传动机构的摩擦力矩时，可以使电动机定子反向接电，运行在反向电动状态，使电磁转矩和重力矩共同作用克服摩擦力矩。这一过程可用图 4.14 中的曲线 3′、4′、5′来表示，称为强迫下降。

1）制动下降

（1）当主令控制器 SA 的手柄被扳向“J”位时，触点 SA_4断开，KM_3断电释放，YB 断电释放，电磁抱闸将主钩电动机闸住，同时触点 SA_3、SA_6、SA_7、SA_8闭合。SA_3闭合，提升限位开关 SQ_1串接在控制电路中；SA_6闭合，正向接触器 KM_1通电吸合，电动机按正转提升相序接通电源；又由于 SA_7、SA_8闭合使 KM_4、KM_5通电吸合，短接转子回路中的电阻 R_1和 R_2，由此产生一个提升方向的电磁转矩，与向下方向的重力矩相平衡，配合电磁抱闸牢牢地将吊钩及重物闸住。因此，“J”位一般用于提升重物后稳定地停在空中或移行，同时，当重载工作时，主令控制器手柄由下降其他位扳回“0”位时，在通过“J”位时，既有电动机的倒拉反接制动，又有机械抱闸制动，在两者的作用下有效地防止溜钩，实现可靠停车。当手柄处于“J”位时，转子回路所串电阻与手柄处于提升“2”位时相同，机械特性为提升曲线 2 在第Ⅳ象限的延伸，由于转速为零，故为虚线，如图 4.14 所示。

（2）当主令控制器 SA 的手柄被扳到下降“1”位时，SA_3、SA_6、SA_7仍通电吸合，同时 SA_4闭合、SA_8断开。SA_4闭合使制动接触器 KM_3通电吸合，接通制动电磁铁 YB，松开电磁抱闸，电动机可以运转。SA_8断开，反接制动接触器 KM_5断电释放，电阻 R_2被重新串接于转子电路中，此时转子电阻与提升“1”位相同，电动机运行在提升曲线 1 在第Ⅳ象限的延伸部分上，如图 4.14 中的曲线 1′所示。

（3）当主令控制器 SA 的手柄被扳到下降“2”位时，SA_3、SA_4、SA_6仍闭合，而 SA_7断开，使反接制动接触器 KM_4断电释放，电阻 R_1被重新串接于转子电路中，此时转子电路的电阻被全部接入，机械特性更软，如图 4.14 中的曲线 2′所示。

由上述分析可知，在电动机倒拉反接制动状态下，可获得两级重载下放速度。但对于空钩或轻载下放，切不可将主令控制器 SA 的手柄停留在下降“1”或“2”位，因为这时电动机产生的电磁转矩将大于负载重力矩，使电动机不再处于倒拉反接下放状态，而处于电动提升状态。

2）强迫下降

（1）当主令控制器手柄被扳到下降“3”位时，触点 SA_2、SA_4、SA_5、SA_7、SA_8闭合。在 SA_2闭合的同时 SA_3断开，将提升限位开关 SQ_1从电路中切除，接入下降限位开关 SQ_2。SA_4闭合，KM_3通电吸合，松开电磁抱闸，允许电动机转动。SA_5闭合，反向接触器 KM_2通电吸合，电动机定子接入反相序电源，产生下降方向的电磁转矩。SA_7、SA_8闭合，反接接触器 KM_4、KM_5通电吸合，切除转子电阻 R_1和 R_2。此时，电动机所串转子电阻情况和提升“2”位时相同，电动机的运行状态如图 4.14 中的机械特性曲线 3′所示，为反转下降电动状态。若重物较重，则下降速度将超过电动机同步转速，进入发电制动状态，电动机的运行状态如图 4.14 中的机械特性曲线 3′的延长线所示，形成高速下降，这时应立即将手柄扳到下一位置。

（2）当主令控制器手柄被扳到下降“4”位时，在“3”位闭合的所有触点仍闭合，同时 SA_9触点闭合，接触器 KM_6通电吸合，切除转子电阻 R_3，此时电动机所串接转子电阻情况与提升“3”位时相同。电动机的运行状态如图 4.14 中的机械特性曲线 4′所示，为反转电动状态。若重物较重，则下降速度将超过电动机的同步转速，进入再生发电制动状态。电动机的运行状态如图 4.14 中的机械特性曲线 4′的延长线所示，形成高速下降，这时应立即将手柄扳到下一位置。

(3) 当主令控制器手柄被扳到下降“5”位时，在“4”位闭合的所有触点仍闭合，另外，SA_{10}、SA_{11}、SA_{12}触点闭合，接触器 KM_7、KM_8、KM_9按顺序相继通电吸合，转子电阻 R_4、R_5、R_6依次被切除，从而避免了过大的冲击电流，最后转子的各相电路中仅保留一段常接电阻 R_7。电动机的运行状态如图 4. 14 中的机械特性曲线 5′所示，为反转电动状态。若重物较重，则电动机变为再生发电制动，电动机的运行状态如图 4. 14 中的特性曲线 5′的延长线所示，下降速度超过同步转速，但比在“3”“4”位时的下降速度要小得多。

由上述分析可知：下降“J”位用于提起重物后稳定地停在空中或吊着移行，或用于重载时准确停车；下降“1”位与“2”位用于重载时低速下降；下降“3”“4”“5”位用于轻载或空钩时低速强迫下降。

3. 电路的保护与联锁

(1) 在下放较重重物时，为避免高速下降而造成事故，应将主令控制器的手柄放在下降的“1”位或“2”位上。若对货物的重量估计失误，将手柄扳到下降的“5”位上，则重物的下降速度将超过同步转速而进入再生发电制动状态。这时要获得较低的下降速度，手柄应从下降“5”位换到下降“2”“1”位。在手柄换位过程中，必须经过下降“4”“3”位，由以上分析可知，对应下降“4”“3”位的下降速度比“5”位要快得多。为了避免经过“4”“3”位置时造成更危险的超高速，线路中采用了将接触器 KM_9的动合触点（24-25）和接触器 KM_2的动合触点（17-24）串联后接于 SA_8与 KM_9线圈之间，这时当手柄置于下降“5”位时，KM_2、KM_5通电吸合，利用这两个触点自锁。当主令控制器的手柄从“5”位开始扳动，经过“4”位和“3”位时，由于 SA_8、SA_5始终是闭合的，KM_2始终通电，从而保证了 KM_9始终通电，转子电路只接入电阻 R_7，电动机始终运行在下降机械特性曲线 5′上，而不会使转速再升高，实现了由强迫下降过渡到制动下降时出现高速下降的保护。在 KM_9自锁电路中串接 KM_2动合触点（17-24），可以保证在电动机正转运行时 KM_2是断电的，此电路不起作用，从而不会影响提升时的调速。

(2) 保证在反接制动电阻串接的条件下才进入制动下降的联锁。主令控制器的手柄由下降“3”位转到下降“2”位时，触点 SA_5断开、SA_6闭合，反向接触器 KM_2断电释放，正向接触器 KM_1通电吸合，电动机处于反接制动状态。为防止在制动过程中产生过大的冲击电流，在 KM_2断电后应使 KM_9立即断电释放，待电动机转子电路串入全部电阻后，KM_1再通电吸合。因此，一方面在主令控制器触点闭合顺序上保证了 SA_8断开后 SA_6才闭合；另一方面还设计了用 KM_2（11-12）、KM_9（12-13）与 KM_1（9-10）构成联锁环节。这就保证了只有在 KM_9断电释放后 KM_1才能接通并自锁。此环节还可防止因 KM_9主触点熔焊转子在只剩下常串电阻 R_7时电动机正向直接启动的事故发生。

(3) 当主令控制器的手柄在下降“2”位与“3”位之间转换，控制正向接触器 KM_1与 KM_2进行换接时，由于二者之间采用了电气和机械联锁，必然存在一瞬间有一个已经释放而另一个尚未吸合的现象，电路中触点 KM_1（8-14）、KM_2（8-14）均断开，此时容易造成 KM_3断电，导致电动机在高速下进行机械制动，引起不允许的强烈震动。为此，引入 KM_3自锁触点（8-14）与 KM_1（8-14）、KM_2（8-14）并联，以确保在 KM_1与 KM_2换接瞬间 KM_3始终通电。

(4) 将加速接触器 KM_6～KM_8的动合触点串接到下一级加速接触器 KM_7～KM_9电路中，

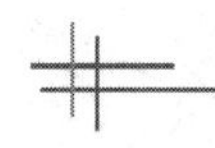

实现短接转子电阻的顺序联锁作用。

（5）该线路的零位保护是通过电压继电器 KV 与主令控制器 SA 实现的；该线路的过电流保护是通过电流继电器 KI 实现的；重物提升、下降的限位保护是通过限位开关 SQ_1、SQ_2 实现的。

4.3.4 起重机的保护

为了保证能够安全可靠的工作，起重机的电气控制一般都具有下列保护与联锁：电动机过载保护，短路保护，失压保护，控制器的零位联锁，终端保护，舱盖、端梁、栏杆门安全开关等保护。

1. 交流起重机保护箱

采用凸轮控制器、主令控制器控制的交流桥式起重机，广泛使用保护箱来实现过载、短路、失压等保护。保护箱由刀开关、接触器、过电流继电器、熔断器等组成。起重机上使用的标准保护箱为 XQB1 型保护箱。

1）XQB1 型保护箱控制电路

如图 4.15 所示为 XQB1 型保护箱的控制电路。

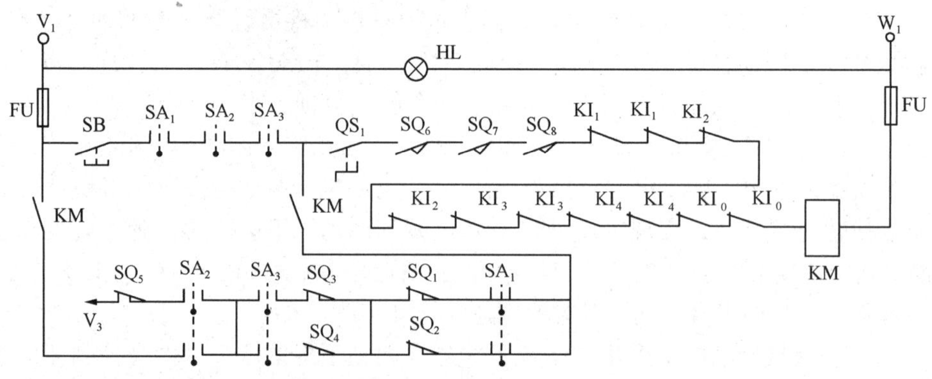

图 4.15 XQB1 型保护箱的控制电路

在图 4.15 中，HL 为电源信号灯，指示电源通断。QS_1 为紧急事故开关，在出现紧急情况时切断电源。SQ_6～SQ_8 为舱口门、横梁门安全开关，任何一个门打开时起重机都不能工作。KI_0～KI_4 为过电流继电器的触点，可以实现过载和短路保护。SA_1～SA_3 分别为大车、小车、副钩凸轮控制器零位闭合触点，每个凸轮控制器采用 3 个零位闭合触点。只在零位闭合的触点与按钮 SB 串联；用于自锁回路的两个触点，其中一个为零位和正向位置均闭合，另一个为零位和反向位置均闭合，它们和对应方向的行程开关串联后并联在一起，实现零位保护和自锁功能。SQ_1、SQ_2 为大车移行机构的行程开关，装在桥架上，挡铁装在轨道的两端；SQ_3、SQ_4 为小车移行机构的行程开关，装在桥架上小车轨道的两端，挡铁装在小车上；SQ_5 为副钩提升行程开关。这些行程开关用于实现各自的终端保护。KM 为线路接触器，KM 的闭合控制着主钩、副钩、大车、小车的供电。

当 3 个凸轮控制器都在零位，舱口门、横梁门均关上，SQ_6～SQ_8 均闭合，紧急开关 QS_1 闭合，无过电流，KI_0、KI_1～KI_4 均闭合时，按下启动按钮，线路接触器 KM 通电吸合且自

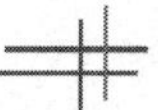

锁，其主触点接通主电路，给主钩、副钩及大车、小车供电。

当起重机工作时，线路接触器 KM 的自锁回路中，并联的两条支路只有一条是通的，如小车向前时，凸轮控制器 SA_2 与 SQ_4 串联的触点断开，向后行程开关 SQ_4 不起作用，而 SA_2 与 SQ_3 串联的触点仍是闭合的，向前行程开关 SQ_3 起限位作用。

当线路接触器 KM 断电切断总电源时，整机停止工作。若要重新工作，必须将全部凸轮控制器手柄置于零位，电源才能接通。

2）XQB1 型保护箱照明与信号电路

如图 4.16 所示为 XQB1 型保护箱照明与信号电路。

在图 4.16 中，QS_1 为操纵室照明开关，QS_3 为大车向下照明开关，QS_2 为操纵室照明灯 EL_1 开关，SB 为音响设备 HA 的按钮。EL_2、EL_3、EL_4 为大车向下照明灯，XS_1、XS_2、XS_3 为手提检修灯、电风扇插座。除了大车向下照明电压为 220V，其余均由安全电压 36V 供电。

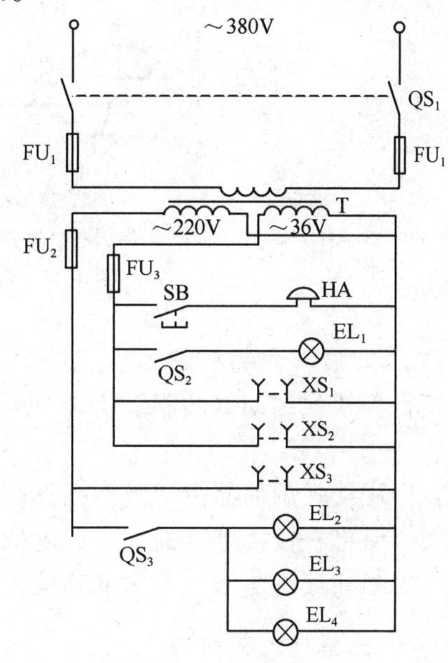

图 4.16　XQB1 型保护箱照明与信号电路

2. 制动器与制动电磁铁

桥式起重机是一种间歇工作的设备，经常处在启动和制动状态；另外，为了提高生产效率，缩短非生产的停车时间，以及准确停车和保证安全，常采用电磁抱闸。电磁抱闸由制动器和制动电磁铁组成，它既是工作装置又是安全装置，是桥式起重机的重要部件之一。平时制动器抱紧制动轮，当起重机工作电动机通电时才松开，因此在任何时候停电都会使制动器闸瓦抱紧制动轮，实现机械制动。

制动器是保证起重机安全、正常工作的重要部件，在桥式起重机上常用块式制动器，它是一种简单可靠的制动器。块式制动器又可分为短行程块式制动器、长行程块式制动器和液压推杆式制动器。

1）短行程块式制动器

如图 4.17 所示为短行程块式制动器结构简图。当起重机某一机构工作时，与该机构拖动电动机绕组并联的电磁铁线圈同时通电，静铁芯产生吸力，吸引动铁芯，于是推动顶杆 2，使左右两个制动臂在副弹簧 6 的作用下向外侧运动，松开制动轮。与此同时，主弹簧 4 被压缩。反之，当切断电源时，电磁铁失去吸力，主弹簧 4 伸张，带动制动臂向里侧运动，抱紧制动轮。

短行程块式制动器的优点是：松闸、上闸动作迅速；结构简单，自重轻，外形尺寸小；松闸器的行程小；制动块与制动臂之间是铰链连接，所以瓦块与制动轮的接触较好，磨损均匀。缺点是：合闸时由于动作迅速有冲击，所以声响较大；由于电磁铁尺寸的限制，制动力矩较小，一般应用在制动力矩较小及制动轮直径在 100～300mm 范围的机构中。

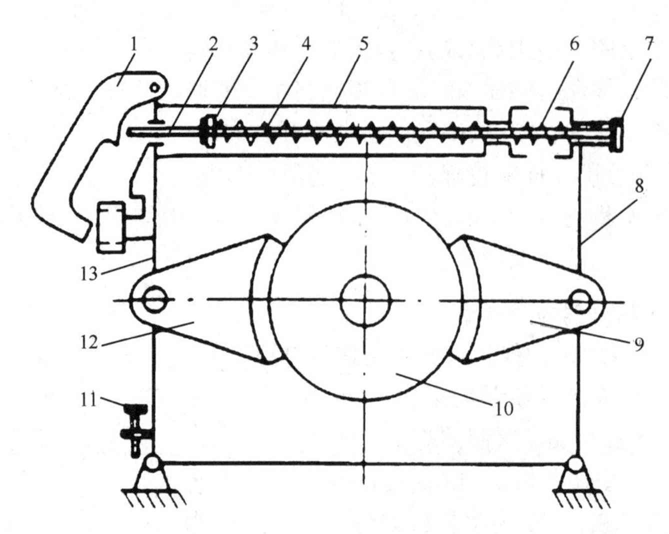

1—电磁铁；2—顶杆；3—锁紧螺母；4—主弹簧；5—框形拉板；6—副弹簧；7—调整螺母；
8—右制动臂；9—右制动瓦块；10—制动轮；11—调整螺钉；12—左制动瓦块；13—左制动臂

图 4. 17　短行程块式制动器结构简图

2）长行程块式制动器

短行程块式制动器的制动力矩较小，当要求制动力矩较大时，需要使用长行程块式制动器。

长行程块式制动器由于其杠杆具有较长的力臂，宜用于需要较大制动转矩的场合，但力矩过大会使杠杆铰接处磨损，造成机构变形，降低可靠性。同时，长行程块式制动器尺寸比较大，松闸与放闸缓慢，工作准确性较差，故只适用于要求较大制动力矩的提升机构。

3）液压推杆式制动器

为了克服电磁块制动器冲击大的缺点，可采用液压推杆式制动器。液压推杆式制动器依靠液压推动器中推杆的上下运动，再通过三角形杠杆牵动斜拉杆完成制动，是一种新型的长行程块式制动器。

液压推杆式制动器由驱动电动机和离心泵组成。通电时，电动机带动叶轮旋转，在活塞内产生压力，迫使活塞迅速上升，固定在活塞上的垂直推杆及三角板同时上升，克服主弹簧作用力，并经杠杆作用将制动瓦松开。断电时，叶轮减速并停止，活塞在主弹簧及自重作用下迅速下降，使液压油重新流入活塞上部，通过杠杆将制动瓦紧抱在制动轮上，实现制动。

液压推杆式制动器的优点是：工作平稳，无噪声；每小时允许通电次数可达 720 次，使用寿命长。缺点是：合闸较慢，容易漏油，适用于运行机构。

操作制动器的控制电器为交流电磁铁与液压推杆。其中，短行程块式制动器配用 MZD1 型交流电磁铁，长行程块式制动器配用 MZS1 型交流电磁铁。交流传动系统的运行机构在负荷持续率不大于 25%时，每小时通电次数不大于 300 次。在制动力矩小时，可采用单相短行程电磁铁，但对于提升机构则应采用三相长行程电磁铁。

3. 其他安全装置

1）缓冲器

缓冲器用来吸收大车或小车运行到终点与轨端挡铁相撞的能量，达到减缓冲击的目的。

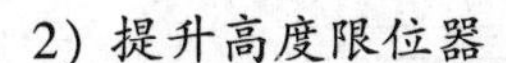

提升高度限位器用来防止由于司机操作失误或其他原因引起的吊钩过卷扬，从而可能造成拉断提升钢丝绳、钢丝绳固定端板开裂脱落或挤碎滑轮等导致吊钩与重物一起下落的重大事故。起重机必须安装提升高度限位器，使得当吊钩提升到一定高度时能自动切断电动机电源而停止提升。常用的提升高度限位器有压绳式限位器、螺杆式限位器与重锤式限位器。

3）载荷限制器及称量装置

载荷限制器是控制起重机起吊极限载荷的一种安全装置。称量装置是用来显示起重机起吊物品重量数字的装置，简称电子秤，目前在桥式起重机中应用越来越广泛。

4.3.5　起重机的供电

桥式起重机的大车与厂房之间、小车与大车之间都存在着相对运动，因此其电源不能像一般固定的电气设备一样采用固定连接，而必须适应其经常移动工作的特点。对于小型起重机，供电方式采用软电缆供电，随着大车和小车的移动，供电电缆随之伸长和叠卷；对于大中型起重机，常用滑线和电刷供电。三相交流电源接到沿车间长度架设的三根主滑线上，再通过大车上的电刷引入到操纵室中保护箱的总电源刀开关 QS 上，由保护箱经穿管导线送至大车电动机、大车电磁抱闸、交流控制站及大车一侧的辅助滑线。主钩、副钩、小车上的电动机和电磁抱闸、提升高度限位器的供电均由架设在大车一侧的辅助滑线与电刷来实现。

4.3.6　总体控制电路

如图 4.18 所示为 15/3t 桥式起重机的总体控制电路。它有两个吊钩，主钩为 15t，副钩为 3t。

15/3t 桥式起重机共配置 5 台电动机 M_1～M_5。大车移行机构由 2 台电动机 M_1、M_2同速拖动，用凸轮控制器 SA_1控制；小车运行机构由 1 台电动机 M_3拖动，用凸轮控制器 SA_2控制；副钩升降机构由 1 台电动机 M_4拖动，用凸轮控制器 SA_3控制；这 4 台电动机由 XQBl-150-4F 型交流保护箱进行保护。主钩升降机构由 1 台电动机 M_5拖动，用主令控制器 SA_5控制。上述控制原理在前面均已讨论过，在此不再重复。

SQ 为主钩提升限位开关，SQ_5为副钩提升限位开关，SQ_3、SQ_4为小车两个方向的限位开关，SQ_1、SQ_2为大车两个方向的限位开关。

将凸轮控制器 SA_1、SA_2、SA_3和主令控制器 SA_5，交流保护箱，紧急开关等安装在操纵室中。电动机各转子电阻 R_1～R_5，大车电动机 M_1、M_2，大车制动器 YB_1、YB_2，大车限位开关 SQ_1、SQ_2，交流控制屏安放在大车的一侧。在大车的另一侧，装设了 21 根辅助滑线及小车限位开关 SQ_3、SQ_4。小车上装设有小车电动机 M_3、主钩电动机 M_5、副钩电动机 M_4及它们各自的制动器 YB_3～YB_6、主钩提升限位开关 SQ 与副钩提升限位开关 SQ_5。

为了便于识图，表 4.1～表 4.3 给出了主令控制器和各凸轮控制器触点闭合表。表中标有“+”的位置表示该触点在这个位置是闭合的，而标有“-”的位置则表示该触点在这个位置是断开的。

根据此表请读者自行分析起重机的控制原理。

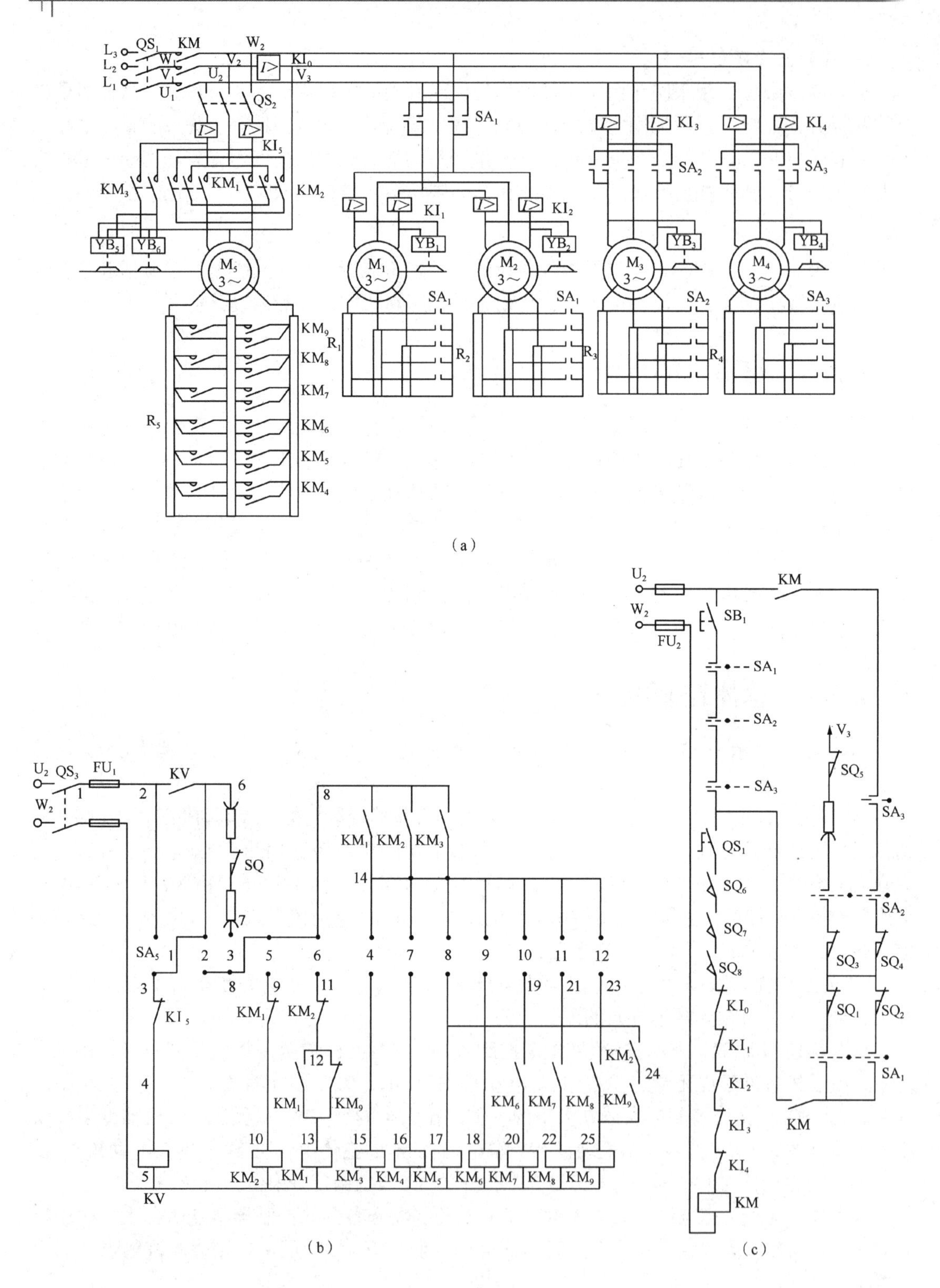

图 4.18 15/3t 桥式起重机的总体控制电路

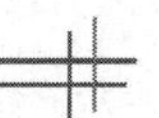

表 4.1　主令控制器触点闭合表

触点	符号	下降						零位	提升					
		强力			制动									
		5	4	3	2	1	J	0	1	2	3	4	5	6
SA_1		−	−	−	−	−	−	+	−	−	−	−	−	−
SA_2		+	+	+	−	−	−	−	−	−	−	−	−	−
SA_3		−	−	−	+	+	+	−	+	+	+	+	+	+
SA_4	KM_3	+	+	+	+	+	−	−	+	+	+	+	+	+
SA_5	KM_2	+	+	+	−	−	−	−	−	−	−	−	−	−
SA_6	KM_1	−	−	−	+	+	+	−	+	+	+	+	+	+
SA_7	KM_4	+	+	+	−	+	+	−	+	+	+	+	+	+
SA_8	KM_5	+	+	+	−	−	+	−	−	+	+	+	+	+
SA_9	KM_6	+	+	−	−	−	−	−	−	−	+	+	+	+
SA_{10}	KM_7	+	−	−	−	−	−	−	−	−	−	+	+	+
SA_{11}	KM_8	+	−	−	−	−	−	−	−	−	−	−	+	+
SA_{12}	KM_9	+	−	−	−	−	−	−	−	−	−	−	−	+

表 4.2　大车凸轮控制器 SA_1 触点闭合表

向　左	零　位	向　右	向　左	零　位	向　右
5 4 3 2 1	0	1 2 3 4 5	5 4 3 2 1	0	1 2 3 4 5

表 4.3　小车、副钩凸轮控制器 SA_2、SA_3 触点闭合表

下　降	零　位	提　升	下　降	零　位	提　升
5 4 3 2 1	0	1 2 3 4 5	5 4 3 2 1	0	1 2 3 4 5

思考与练习 4

1. 判断题

（1）整个桥式起重机在大车移行机构拖动下沿车间长度方向的导轨移动。（ ）

（2）起重机标准的负荷持续率规定为 15%、40%、60% 3 种。（ ）

（3）重物下放时，根据负载大小，提升电动机既可以工作在电动状态，也可以工作在倒拉反接制动状态或再生发电制动状态。（ ）

（4）电磁抱闸是起重机常用的电气制动方法。（ ）

（5）在 LK1-12/90 型主令控制器控制电路中，当控制手柄在下降“1”位时，低速下放重物。（ ）

（6）缓冲器用来吸收大车或小车运行到终点与轨端挡铁相撞的能量，达到减缓冲击的目的。（ ）

2. 选择题

（1）空钩或轻载下放时，电动机处于（ ）状态。

A. 反转电动　　B. 再生制动　　C. 倒拉反接制动　　D. 正向电动

（2）在 LK1-12/90 型主令控制器控制电路中，专为重载低速下放而设置的是（ ）。

A. 下降“1”位　　B. 下降“2”位

C. 下降“3”位　　D. 下降“4”位

3. 简答题

（1）桥式起重机由哪几部分构成？它们的主要作用是什么？

（2）桥式起重机对电力拖动有哪些要求？

（3）简要分析桥式起重机主钩电动机在下放重物时的各种运行状态。

（4）凸轮控制器的控制电路有哪些保护环节？

（5）LK1-12/90 型主令控制器控制电路有何特点？操作时应该注意什么？

（6）LK1-12/90 型主令控制器控制电路设有哪些联锁环节？它们是如何实现的？

（7）桥式起重机升降机构的电动机有一段常串电阻，有何作用？

（8）桥式起重机具有哪些保护环节？它们是如何实现的？

第5章

继电—接触器控制系统的设计与调试

知识目标

(1) 熟悉继电—接触器控制系统设计的基本原则。
(2) 掌握继电—接触器控制系统电气图设计的步骤和方法。
(3) 熟悉继电—接触器控制系统设计中的注意事项。
(4) 掌握继电—接触器控制系统的安装与调试。

技能目标

(1) 能根据要求确定电力拖动方案。
(2) 能根据要求正确选择电动机。
(3) 能根据要求设计简单的继电—接触器控制系统。
(4) 能安装和调试简单的继电—接触器控制系统。

目前，常用的生产机械仍广泛采用继电—接触器控制系统。在设计控制线路时，必须了解执行机构的动作方式和生产机械所需的保护环节，掌握生产机械的工艺要求、工作程序、每一程序的工作情况和运动变化规律，总之要清楚生产机械对电力拖动系统的要求。本章主要论述电气控制系统设计的一般规律和设计方法。

5.1　继电—接触器控制系统的设计

根据生产性质和生产工艺的不同，生产机械的种类很多，对其进行控制的电气设备也不尽相同，但电气控制系统的设计原则和设计方法基本相同。设计工作的首要任务是树立正确的设计思想，保证设计的产品经济、实用、可靠、先进，使用和维修方便。

5.1.1　继电—接触器控制系统设计的基本内容

设计继电—接触器控制系统时应考虑两个方面：电气控制原理设计和工艺设计。电气控制系统设计的基本内容是根据电气控制要求设计和编制出设备制造、使用、维护中需要的所有图纸和资料。电气图纸设计主要包括电气原理图设计、电气元件布置图设计、电气安装接线图设计等；主要资料包括元器件清单及用途表，设备操作使用说明书，设备原理及结构、维修说明书等。

下面以电力拖动控制设备为例，介绍电气控制系统设计需要完成的设计项目。

1. 原理设计要完成的主要内容

（1）拟定电气设计任务书。它是电气控制系统设计和竣工验收的依据，主要根据生产工艺要求和机械设备的性质等提出控制方式和实施方案以及总体的技术性指标与经济性指标等。

（2）电力拖动方案的选择。根据机械设备驱动力矩或功率的要求，合理选择电动机的类型和参数。电力拖动方案要考虑电动机启动、制动及换向方法、调速方式等内容。

（3）控制方式的选择。目前电气控制手段非常多，可供选择的方案也比较多。有些控制方法已有制成的专门设备，选用专门设备后可以减少设计的工作量。对于一般的常规机械设备（含通用和专用），其工作程序是固定不变的，多选用传统的继电—接触器控制方式。对于复杂的控制系统，可采用先进的控制手段，如可编程控制系统、工业控制计算机系统等。本章主要介绍传统逻辑型继电—接触器控制方式。

（4）设备选型。包括电动机的容量、转速和类型等，可通过电动机手册选择具体型号。

（5）设计电气原理图。电气原理图由主电路、控制电路和辅助电路组成，要确定各部分之间的关系，最好利用前面讲过的一些基本控制电路或在已有成熟的设计上进行修改。

（6）选择元器件。应根据电气原理图计算主要参数，选择具体元器件的型号，确定使用数量，并将每张原理图中元器件的名称、型号、数量等相关内容填写在每张原理图的标题栏上部的材料表中，最后还要编制一张整个设计所用到的元器件的目录清单。

（7）编写设计说明书。

2. 工艺设计要完成的主要内容

（1）根据电气原理图，设计并绘制电气设备总装图和电气安装互连图，图中应反映电动机、执行器、电气控制柜各组件及控制台的布置情况，以及电源、检测元件的分布和各部分之间的接线关系与连接方式。

（2）绘制电气安装接线图及元器件装配图。按照电气原理图对元器件进行编号，并根据编号统计进出线号，设计出接线图和装配图，图中应反映部件之间的安装方式和接线方式。

（3）电气控制柜图。电气控制元件一般都安装在电气控制柜中，这部分图纸应反映控制柜的结构和尺寸、柜内元器件的安装位置、控制面板上的元器件的安装位置、各组件的连接方式及通风散热和开门形式。电气控制柜一般分标准和非标准两种，除非有特殊控制功能要求，一般可选用标准柜。

（4）根据电气原理图、元器件装配图等图纸资料，汇总列出外购件清单、标准件清单及主要消耗材料定额。这些都是组织生产（如采购、调度、配料等）和成本核算必需的技术资料。

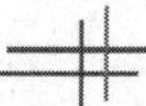

（5）编写使用说明书和维修说明书。

工艺设计的主要目的是根据设计的电气原理图组织电气控制装置的制造，实现原理设计要求的各项技术指标，为设备的调试、维护、使用提供必需的图纸资料。

5.1.2　继电—接触器控制系统设计的一般流程

继电—接触器控制系统的设计流程因具体的生产工艺不同而有所区别，但一般包括以下几个步骤。

（1）拟定设计任务书。

（2）根据生产工艺选择控制方式。

（3）选择控制设备、执行元件等。

（4）设计电气原理图，合理选用元器件，编制元器件目录清单。

（5）根据电气原理图进行工艺设计，即设计电气设备制造、安装、调试所必需的各种施工图纸，并依此编制出各种材料定额清单。

（6）编写说明书。

5.1.3　继电—接触器控制系统设计的一般原则

在电气控制系统设计中，通常遵循以下原则。

（1）设计方案和控制方式应符合设计任务书提出的控制要求和技术性与经济性指标，应最大限度地满足机械设备的生产工艺要求。

（2）充分考虑设计的实用性、安全性和经济性，不盲目追求自动化和高技术指标，做到与国情和企业实力相适应。

（3）电气控制方式应与设备的通用化和专业化程度相适应，既要考虑控制系统的先进性，也要从工艺要求、制造成本、结构复杂性、便于使用与维护等方面综合考虑。

（4）正确合理地选择元器件，保证元器件工作的可靠性。

（5）控制设备及内部元器件的安装、接线都要符合电气施工要求，做到布线清晰合理、外形和结构美观、操作与维修方便。

5.1.4　继电—接触器控制系统设计中应注意的问题

继电—接触器控制是最传统的电气控制方式，在长期的实践过程中，使用和维修人员总结出许多经验，使设计线路简单、安全、可靠、结构合理、使用和维修方便。在继电—接触器控制系统设计中通常应注意以下问题。

（1）注意借鉴前人的设计成果。尽量选用典型环节或经过实践检验过的控制线路。

（2）注意设计的简洁和实用，尽量做到连接导线的根数最少、长度最小。例如，如图 5.1 所示的两地控制电路原理图，虽然都正确，但图 5.1（b）所示电路两地间的连线较少，更为合理。因为图 5.1（a）中电气柜及一组控制按钮安装在一起（一地），距另一地的控制按钮有一定距离，所以两地间的连线较多，电路结构不合理。

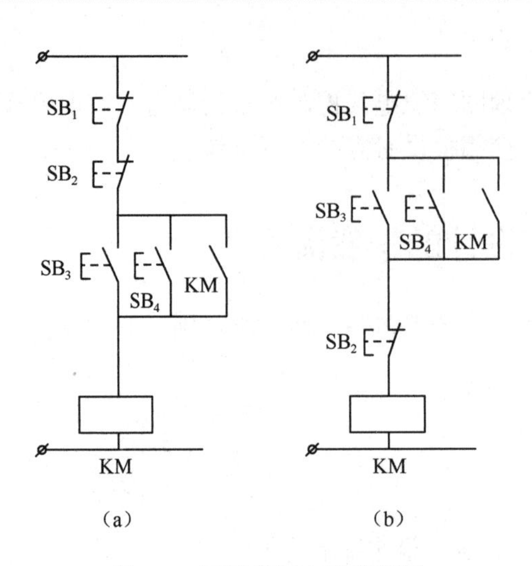

图 5.1 两地控制电路原理图

（3）尽量减少元器件的品种、规格与数量。在设计过程中应注意同一用途的元器件应尽可能选用相同型号。在正常的工作过程中，尽可能减少通电电器的数量，以利于节能，延长元器件的寿命，减少故障。在图 5.2（a）中，时间继电器 KT 和接触器 KM_1在电动机全电压运行下线圈始终有电，不仅消耗电能，而且影响电器的使用寿命。如图 5.2（b）所示线路在电动机全电压运行下只有 KM_2线圈通电，比图 5.2（a）要好很多。

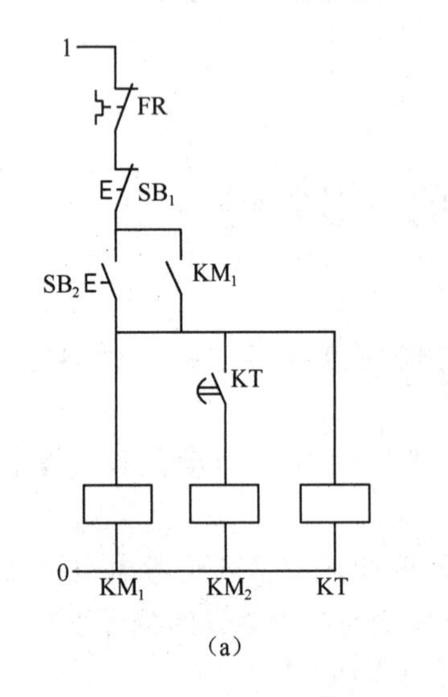

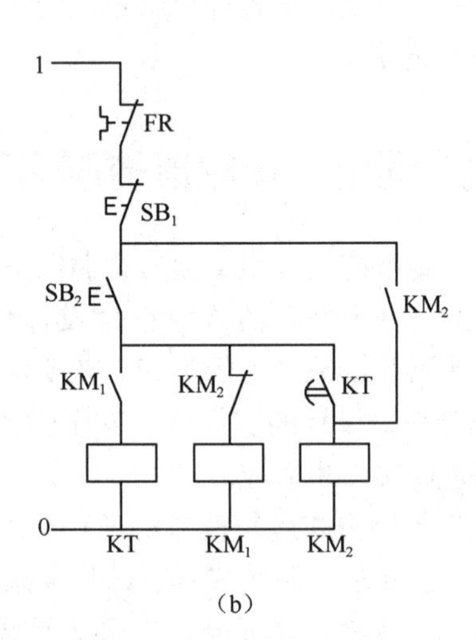

图 5.2 定子串电阻降压启动线路

（4）合理使用电器的触点。在复杂的继电—接触器控制系统中，各类接触器、继电器数量较多，使用的触点也多。在设计线路时应注意：第一，主、辅触点的使用量不能超过限定对数，因为各类接触器、继电器的主、辅触点数量是一定的。设计时应尽可能减少触点使用数量，因控制需要导致触点数量不够时，可以采用逻辑设计简化方法，改变触点的组合方式以减少触点的使用数量，或通过增加中间继电器来解决。在如图 5.3（a）所示的顺序控制电路中，KA_3线圈的通电电流要经过 KA、KA_1、KA_2的三对触点，若改为如图 5.3（b）所示的电路，则每个继电器的接通只需经过一对触点，其工作更为可靠。第二，要计算触点的断流容量是否满足被控负载的要求，以保证触点的工作寿命与可靠性。触点容量过小，会出现触点因熔化而黏结或释放不了甚至烧坏的事故。

（5）正确连接电磁线圈。电磁式电器的电磁线圈分为电压线圈和电流线圈两种类型。为保证电磁机构能够可靠地工作，电流线圈同时工作时只能串联，不能并联，如图 5.4（a）所示；电压线圈同时工作时只能并联连接，如图 5.4（b）所示。

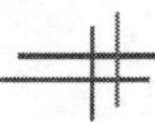

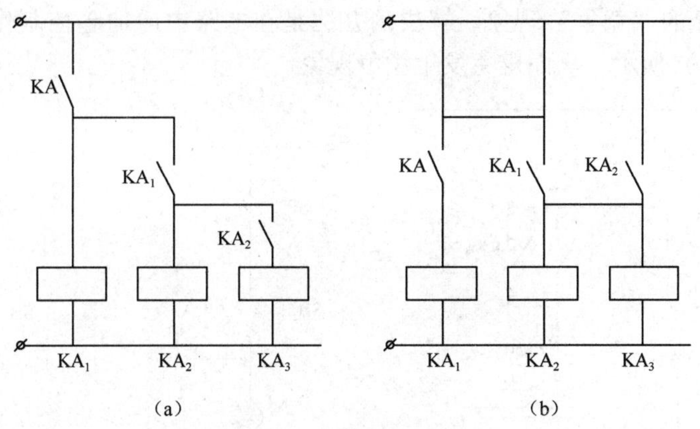

图 5.3　顺序控制电路

对于电感较大的电磁线圈，如电磁阀、电磁铁或直流电动机励磁线圈等，不宜与相同电压等级的接触器或中间继电器直接并联工作，否则在接通或断开电源时会造成后者的误动作。

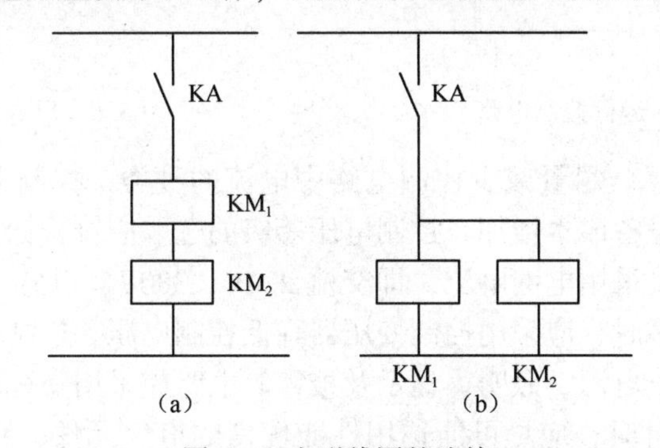

图 5.4　电磁线圈的连接

（6）避免出现寄生回路。在控制电路动作过程中出现的不是由于误操作而产生的意外接通的电路，称为"寄生回路"。如图 5.5 所示为电动机可逆运行控制电路，FR 为热继电器保护触点，为了节省触点，显示电动机工作状态的指示灯 HL_R 和 HL_L 采用图中所示的接法。此线路在电动机正常工作情况下能完成启动、正反转及停止操作，但如果电动机在正转过程中发生过载，FR 触点断开时，会出现图中虚线所示的一个寄生回路。由于 HL_R 冷态电阻较小，并且接触器在吸合状态下的释放电压较低，寄生回路的电流有可能使 KM_R 无法释放，这使得电动机在过载时会因得不到保护而被烧毁。如果将 FR 触点的位置移至电源进线端，则可以避免产生寄生回路。

（7）防止出现"竞争"与"冒险"现象。我们通常都在静态状态下分析控制回路的电气元件动作及触点的接通和断开，没有考虑其动作时间。但如果电气元件的动作时间配合不好，则会导致控制失灵。在复杂的控制电路中，当电路在某一控制信号的作用下从一个稳定状态转换到另一个稳定状态时，常有几个电器的状态发生变化，考虑到电气元件均有一定的动作时间，对时序电路来说，就会得到几种不同的输出状态，这种现象称为电路的"竞争"。另外，对于开关电路来说，由于电气元件的释放延时作用，也会出现开关元件不按要求的逻辑功能输出的可能性，这种现象称为"冒险"。如图5.6（a）所示为由时间继电器组成的反身关闭电路。电路的工作原理是：时间继电器延时时间到后，动断触点断开，线圈断电自动复位，为下一次通电延时做准备。但是，依赖继电器自身所带的动断触点来切断电路

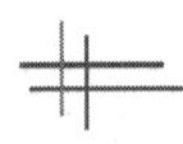

可能会产生不可靠的“竞争”现象。解决的办法是在电路中增加起控制作用的中间继电器 KA，如图 5.6（b）所示，从而避免发生竞争现象。

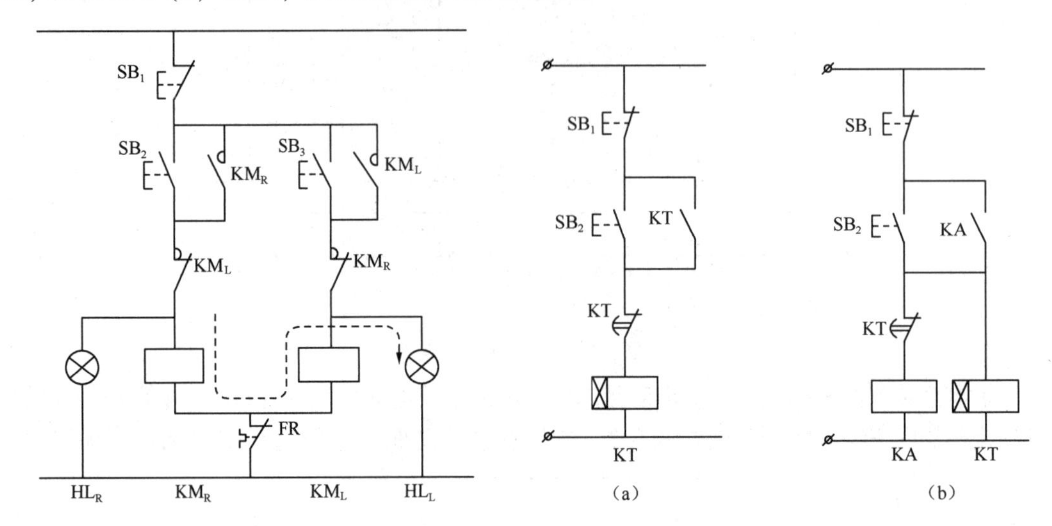

图 5.5 电动机可逆运行控制电路

图 5.6 反身关闭电路

（8）控制电源的选择。尽量减少控制电路中电流的种类、控制电源的数量，否则会使设计复杂、维护不便、设备成本增加。控制电压等级的选取应符合标准等级。在控制电路比较简单的情况下，可直接采用电网电压，即交流 220V、380V，以省去控制变压器。当控制系统所用电器数量比较多时，应采用控制变压器降低控制电压。控制电路也可以采用直流电器，此时应采用直流低压电源。照明、显示及报警等电路应采用安全电压。

（9）在选用电气元件时，应尽可能选用性能优良的电气元件，同时也要关心新技术的发展，使控制线路在技术指标、稳定性、可靠性等方面得到进一步提高。

5.2 电力拖动方案的确定和电动机的选择

5.2.1 电力拖动方案的确定

确定电力拖动方案是电气设计的主要内容之一，也是后续设计的基础。应根据生产工艺对机械设备的要求确定电动机的类型、数量及传动方式，并且拟定电动机启动、运行、调速、转向、制动等控制要求。同时，要使电动机的调速性能与生产机械的负载特性相适应，以使电动机得到充分合理的利用。确定电力拖动方案这步工作非常重要，要事先做好调查与分析工作，列出几种备选方案，然后根据实际条件和工艺要求进行比较，最后分析确定最终方案。

5.2.2 电动机的选择

在确定电力拖动方案后，接下来就是选择电动机了。电动机的选择主要包括：类型、数

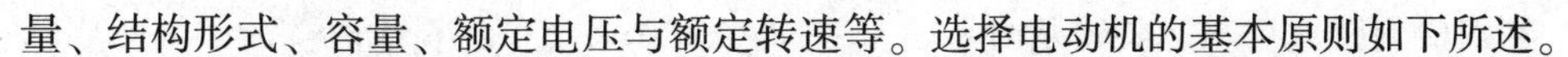

量、结构形式、容量、额定电压与额定转速等。选择电动机的基本原则如下所述。

（1）除非有特殊调速要求，否则尽量选用三相交流异步电动机。三相交流异步电动机结构简单、价格便宜、易于维护。随着电力电子技术的发展，交流调速技术不断成熟，成本逐步下降，其应用也越来越广。在需要补偿电网功率因数及稳定的工作速度时，可以考虑使用同步电动机。

（2）电动机的机械特性要与生产机械所带负载的特性相适应，以保证在生产过程中运行稳定并具有一定的调速范围与良好的启动、制动性能。如双速电动机，当定子绕组由三角形连接改为星形连接时，转速增加一倍，而功率都增加很少，因此它适用于恒功率传动。当星形连接的双速电动机改成双星形连接时，其转速和功率都增加一倍，但电动机的输出转矩保持不变，所以它适用于恒转矩传动。

（3）正确合理地选择电动机的容量。在生产过程中尽量做到使电动机的容量能得到充分利用，即温升尽可能达到或接近额定温升。

（4）根据工作环境选择电动机的结构形式。在有粉尘的场所宜选用封闭式电动机；在潮湿环境中应选用湿热带电动机；在有爆炸危险和腐蚀性气体的场所，应选择防爆型及防腐型电动机；在露天场所可选择户外型电动机；一般情况下选用防护式电动机。

5.3　电气原理图设计的步骤和方法

电气原理图的设计有经验设计法和逻辑设计法两种。经验设计法是指根据继电—接触器控制线路的基本规律，参照同类型设备的控制线路，结合电气技术人员已有设计经验，将一些典型电路环节加以组合，并经补充和修改，综合成满足控制要求的完整电路；逻辑设计法是指从生产机械工艺资料出发，根据控制电路的逻辑关系并经过逻辑函数式的化简，设计得出符合要求的电路图。

5.3.1　经验设计法

经验设计法也称分析法，它没有固定的设计程序，设计方法简单。对于具有一定工作经验的电气技术人员来说，采用这种方法可以较快地完成设计任务，但是设计出来的方案不一定是最佳方案，还需反复审核与推敲，甚至需要进行模拟试验，直至保证电路动作准确无误为止。

下面以立式车床横梁升降电气原理图的设计为例来说明经验设计法的设计过程。

1. 横梁升降机构的工艺要求

（1）为适应不同高度工件的加工需要，要求安装有左、右立刀架的横梁能通过丝杠传动快速地做上升、下降的调整运动。

（2）为保证零件的加工精度，当横梁移动到需要的高度时应立即通过夹紧机构将横梁夹紧在立柱上。由于每次移动（上升、下降）前都要先放松夹紧装置，故需要使用两台电动机，一台用于横梁升降，另一台用于拖动夹紧、放松机构。在夹紧、放松机构中设置两个行程开关，分别检测已放松与已夹紧信号。

（3）横梁升降控制要求采用短时工作的点动控制。

（4）横梁上升控制动作过程：按下上升按钮→横梁放松（夹紧电动机反转）→压下放松位置开关→停止放松，横梁自动上升（升/降电动机正转）→到位后放开上升按钮→横梁停止上升，横梁自动夹紧（夹紧电动机正转）→已压下放松位置开关被松开，夹紧位置开关被压下并夹紧至一定紧度→上升过程结束。

（5）横梁下降控制动作过程：按下下降按钮→横梁放松→压下放松位置开关→停止放松，横梁自动下降→到位后放开下降按钮→横梁停止下降并自动短时回升（升/降电动机短时正转）→横梁自动夹紧→已压下放松位置开关被松开，夹紧位置开关被压下并夹紧至一定紧度→下降过程结束。

横梁下降时，为防止横梁歪斜造成加工误差及消除横梁丝杆与移动螺母的间隙，下降控制过程比上升控制过程多了一个自动短时回升动作。

（6）横梁升降动作应设置上、下极限位置保护。

2. 控制电路设计过程

（1）根据工艺要求设计主电路。主电路应包含两台电动机：电动机 M_1 用于升、降控制；电动机 M_2 用于夹紧、放松控制，且都能够实现正、反转。由于横梁升降为调整运动，因此电动机 M_1 采用点动控制。这部分电路参考典型电路环节即可完成设计。

考虑到横梁夹紧时有一定的紧度要求，故在 M_2 正转（KM_3 动作）时，在其中一相串接过电流继电器 KI，用于检测电流信号，当 M_2 处于堵转状态，电流增大至动作值时，过电流继电器 KI 动作，使夹紧动作结束，以保证每次夹紧动作结束后的紧度相同。综上，可设计出如图 5.7（a）所示的主电路草图。

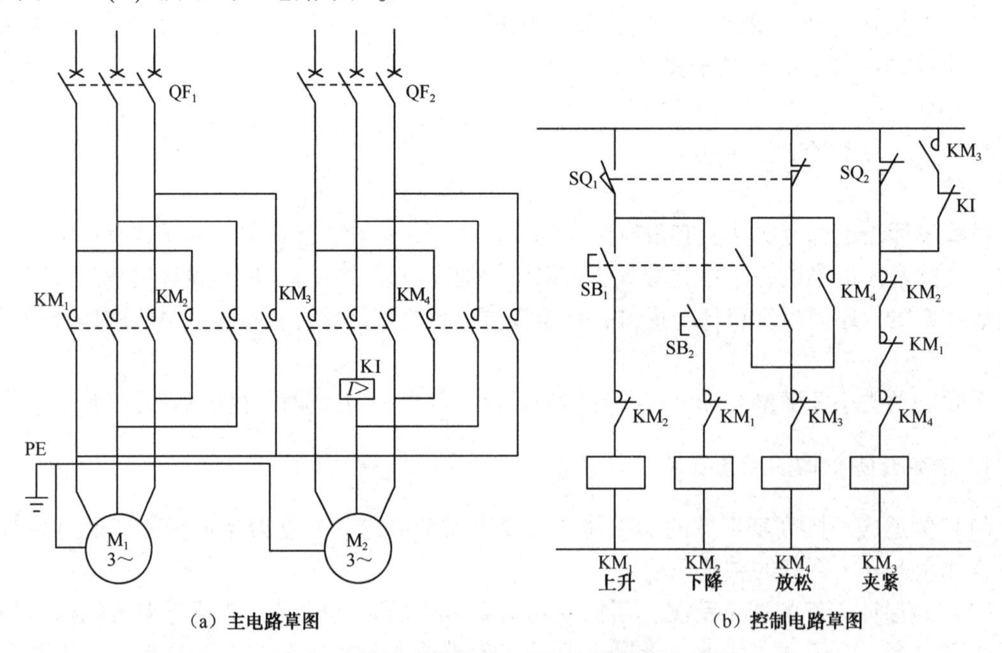

（a）主电路草图　　（b）控制电路草图

图 5.7　横梁升降控制主电路和控制电路草图

(2) 控制电路设计。根据工艺要求，横梁的升降、放松与夹紧控制都是通过电动机的正、反转来实现的，所以电动机正、反转控制的典型电路完全可以借鉴采用。如图 5.7 (b) 所示为暂不考虑横梁下降控制短时回升动作时的控制电路草图。图中，上升与下降控制过程完全相同，初始（平时）状态时，横梁总是处于夹紧状态，行程开关 SQ_1（检测已放松信号）不受压，SQ_2处于受压状态（检测已夹紧信号），将 SQ_1动合触点串接在横梁升降控制回路中，将 SQ_1 动断触点串接于放松控制回路中（SQ_2动合触点串接在立车工作台转动控制回路中形成联锁控制）。当发出“上升”（按下 SB_1）或“下降”（按下 SB_2）指令时，首先是夹紧、放松电动机 M_2反转（KM_4吸合），使夹紧机构放松，此时 SQ_2立即复位，夹紧解除，当放松动作完成后，SQ_1受压，KM_4释放，KM_1（或 KM_2）自动吸合实现横梁自动上升（或下降）调整。调整到位后，松开 SB_1（或 SB_2）停止上升（或下降）运动，由于此时 SQ_1受压、SQ_2不受压，所以 KM_3 自动吸合，夹紧动作自动发出，直到 SQ_2被压下，再通过 KI 动断触点与 KM_3动合触点串联的自锁回路继续夹紧至过电流继电器动作（达到一定的夹紧度），控制过程自动结束。

(3) 控制电路设计的完善。图 5.7 (b) 所示控制电路并未考虑下降过程的短时回升动作，这样做的目的是简化设计，保证重要功能的实现，因为当条件太多时往往不容易设计。下降到位的短时自动回升是在满足一定条件下发生的，此条件与上升指令是“或”的逻辑关系，因此它应与 SB_1并联，并且发生在下降动作结束，即由 KM_2动断触点与一个短时延时断开的时间继电器 KT 触点串联组成，回升时间由时间继电器控制。于是便可设计出如图 5.8 所示的带短时回升动作的设计草图。

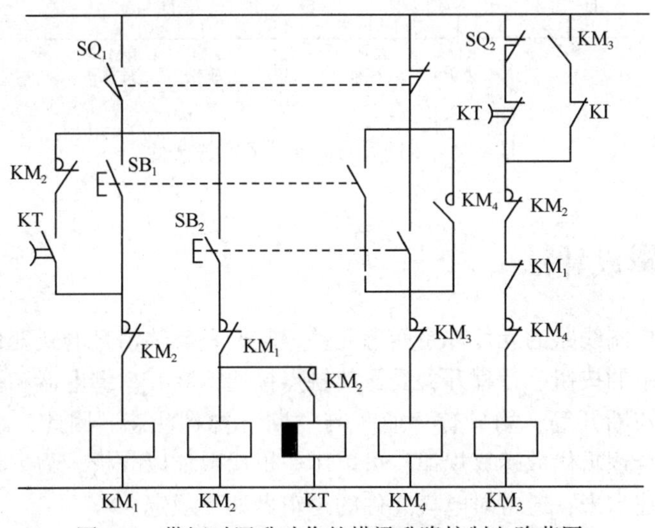

图 5.8　带短时回升动作的横梁升降控制电路草图

(4) 优化、改进设计草图。实际上，图 5.8 所示的设计草图在控制功能上已经达到了工艺要求，但在图 5.8 中为了设计方便使用了具有两对动合触点的按钮，而这种按钮并不常用，应该考虑使用带一对动合触点和一对动断触点的按钮；并且，接触器 KM_2的辅助触点使用量已超出接触器本身拥有数量，解决的办法可以采用一个中间继电器 KA 来优化设计；同时应考虑电路的各种保护与联锁，进一步完善与优化电路。为此，在图 5.8 的基础上加入横梁升、降极限位置保护功能，采用限位开关 SQ_3（上限位）与 SQ_4（下限位），将它们的动断触点串接在上升与下降控制回路中；为了防止工作台与横梁同时运动发生碰撞危险，在接触器 KM_4（放松控制）线圈回路中分别串接控制工作台电动机 M 左右移动接触器的两个动断触点 L-M 和 R-M，起到联锁保护作用，使工作台运动时横梁不得放松；同时将行程开关 SQ_2的动合触点串联在工作台控制线路中（此控制线路略），当横梁处于放松状态时 SQ_2未受压，SQ_2动合触点断开，使工作台电动机 M 不能工作。如图 5.9所示是包含了上述设计思想的比较完整的控制电路。

（5）总体校核。控制电路设计完毕，必须经过总体校核。根据设计电路注意事项，检查其是否满足生产工艺要求，电路是否合理，有无进一步简化的可能，是否有寄生电路，电路是否安全可靠等。

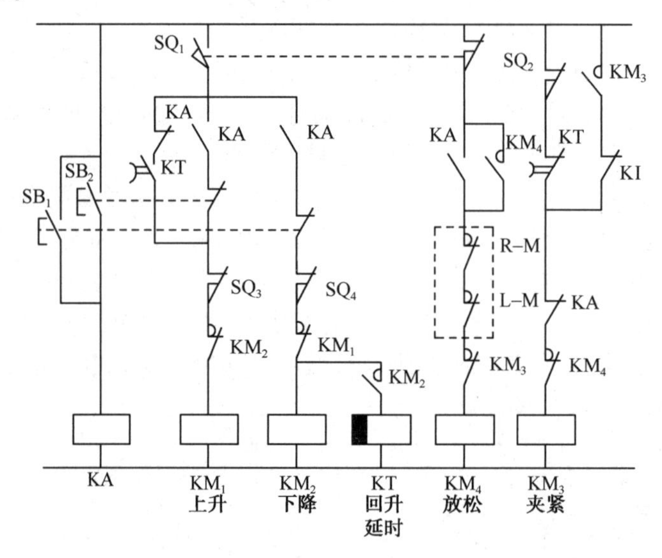

图 5.9 改进后的横梁升降控制电路

5.3.2 逻辑设计法

继电—接触器控制线路的元件都是两态元件，它们只反映信号的跃变量，而不反映连续变化量。主令电器中的按钮、行程开关受压使触点接通或断开，继电器和接触器线圈因通电或断电使触点接通与断开等，均只有“通”与“断”两种状态。因此，继电—接触器控制线路的基本规律符合逻辑代数运算规律，可以用逻辑代数加以分析。为了将电路状态与逻辑代数之间的关系描述出来，通常对电气元件的逻辑做如下规定。

（1）线圈状态：$KA=1$ 表示线圈处于通电状态；$KA=0$ 表示线圈处于断电状态。

（2）触点状态：KA 表示继电器处于动合触点状态；$\overline{KA}$表示继电器处于动断触点状态。

SB 表示按钮处于动合触点状态；$\overline{SB}$表示按钮处于动断触点状态。

电路状态的逻辑表示是：电路中的触点串联用逻辑“与”关系表达；触点并联用逻辑“或”关系表达；同一电器的动合触点与动断触点关系就是逻辑“非”的关系。

由于继电—接触器控制线路符合逻辑规律，所以当把执行元件作为输出逻辑变量，把检测信号及中间元件作为输入逻辑变量时，可以写出控制线路的逻辑函数表达式。如图 5.10

所示是继电—接触器控制线路中的典型基本控制环节启动控制电路。其逻辑函数表达式可写为

$$f(KM)=\overline{SB_1}\cdot(SB_2+KM)$$

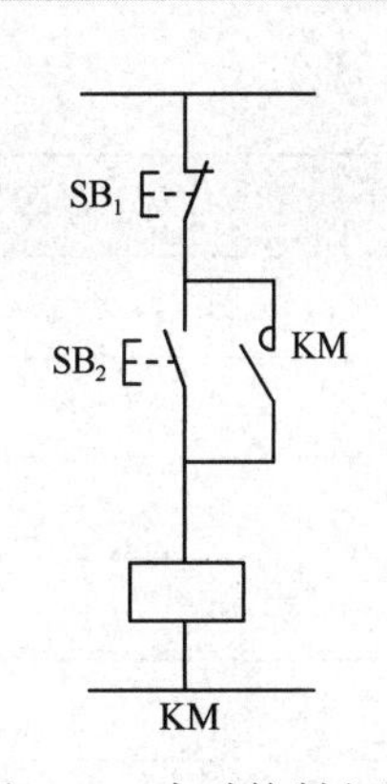

图 5.10　启动控制电路

用逻辑函数表达的电路可用逻辑代数的基本定律和运算法则进行化简，使之成为需要的最简“与、或”关系式，再根据最简式画出相应的电路结构图。例如，图 5.11（a）所示电路的逻辑式为

$$f(KM)=KA_1\cdot KA_2+\overline{KA_1}\cdot KA_3+KA_2\cdot KA_3$$

上式可简化为

$$\begin{aligned}f(KM)&=KA_1\cdot KA_2+\overline{KA_1}\cdot KA_3+KA_2\cdot KA_3\\&=KA_1\cdot KA_2+\overline{KA_1}\cdot KA_3+KA_2\cdot KA_3\cdot(KA_1+\overline{KA_1})\\&=KA_1\cdot KA_2+\overline{KA_1}\cdot KA_3+KA_2\cdot KA_3\cdot KA_1+KA_2\cdot KA_3\cdot\overline{KA_1}\\&=KA_1\cdot KA_2\cdot(1+KA_3)+\overline{KA_1}\cdot KA_3\cdot(1+KA_2)\\&=KA_1\cdot KA_2+\overline{KA_1}\cdot KA_3\end{aligned}$$

如图 5.11（b）所示是根据简化后的逻辑关系得到的电路图，它与图 5.11（a）在功能上是一样的。可以看出，图 5.11（b）所示电路比较简单，使用的触点数较少，是经过优化的电路。

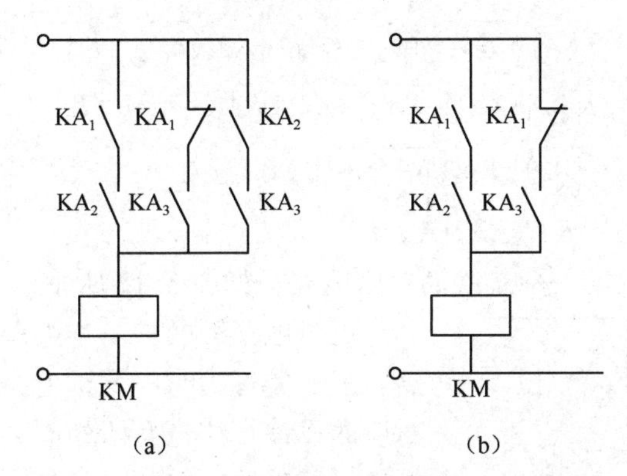

图 5.11　逻辑设计法简化前及简化后的电路图

下面举例说明逻辑设计法的设计过程。

1. 设计要求

某电动机只有在继电器 KA_1、KA_2、KA_3 中任何一个或两个动作时才能运转，而在其他条件下都不运转，试设计其控制线路。

2. 设计步骤

（1）列出控制元件与执行元件的动作状态表，如表 5.1 所示。

表 5.1 控制元件与执行元件的动作状态表

KA_1	KA_2	KA_3	KM
0	0	0	0
0	0	1	1
0	1	0	1
0	1	1	1
1	0	0	1
1	0	1	1
1	1	0	1
1	1	1	0

（2）根据表 5.1 写出 KM 的逻辑代数式。

$$f(KM)=\overline{KA_1}\cdot\overline{KA_2}\cdot KA_3+\overline{KA_1}\cdot KA_2\cdot KA_3+KA_1\cdot\overline{KA_2}\cdot KA_3+KA_1\cdot\overline{KA_2}\cdot\overline{KA_3}$$
$$+KA_1\cdot KA_2\cdot\overline{KA_3}+\overline{KA_1}\cdot KA_2\cdot\overline{KA_3}$$

（3）利用逻辑代数基本公式对上式进行简化。

$$\begin{aligned}f(KM)&=\overline{KA_1}(\overline{KA_2}\cdot KA_3+KA_2\cdot\overline{KA_3}+KA_2\cdot KA_3)+KA_1(\overline{KA_2}\cdot\overline{KA_3}+\overline{KA_2}\cdot KA_3+KA_2\cdot\overline{KA_3})\\&=\overline{KA_1}[KA_3(\overline{KA_2}+KA_2)+KA_2\cdot\overline{KA_3}]+KA_1[\overline{KA_3}\cdot(\overline{KA_2}+KA_2)+\overline{KA_2}\cdot KA_3]\\&=\overline{KA_1}(KA_3+KA_2\cdot\overline{KA_3})+KA_1(\overline{KA_3}+\overline{KA_2}\cdot KA_3)\\&=\overline{KA_1}(KA_2+KA_3)+KA_1(KA_3+KA_2)\end{aligned}$$

（4）根据简化后的逻辑关系式绘制控制电路，如图 5.12 所示。

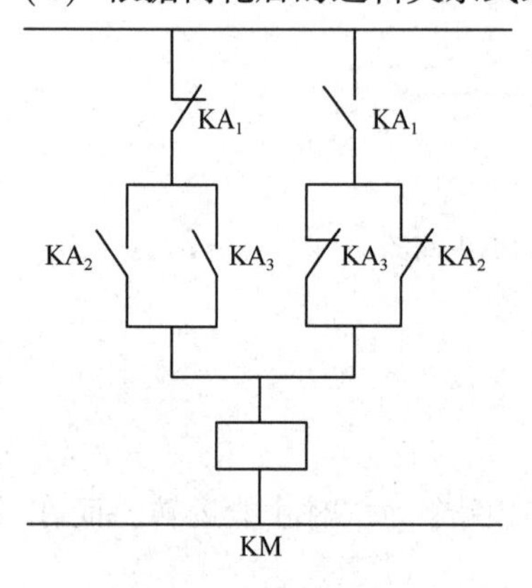

图 5.12 控制电路

逻辑电路有两种基本类型，一类称为组合逻辑电路，另一类称为时序逻辑电路。它们的特点不同，其对应的设计方法也有所相同。所谓组合逻辑电路，是指执行元件的输出状态只与同一时刻控制元件的状态相关，输入与输出呈单方向关系，即输出量对输入量无影响。这类电路的设计方法比较简单，可以作为经验设计法的辅助和补充，用于简单控制电路的设计或对某些局部电路进行简化，进一步节省并合理使用电气元件与触点。上面举的例子即是这种情况。所谓时序逻辑电路，其特点是输出状态不仅与同一时刻的输入状态有关，而且还与输出量的原有状态及其组合顺序有关，即输出量通过反馈对输入状态产生影响。这种特点的逻辑电路设计过程比较复杂，在这里不再赘述，如有需要可参考继电—接触器控制系统设计有关的书籍。

5.4 电气元件布置图及电气安装接线图的设计

5.4.1 电气元件布置图的设计

电气控制线路中的电气元件一般要被整合到电气控制柜中。电气元件布置图主要用来表示电气原理图中所有电气元件在电气控制柜中的实际位置，为电气设备的制造、安装提供必要的资料。电气元件布置图的设计应遵循以下几点原则。

（1）体积大和较重的电气元件应安装在配电盘底板的下面，而发热元件应安装在配电盘底板的上面。

（2）强、弱电线路应尽量分开布置，弱电线路注意屏蔽保护，防止强电和外界干扰。

（3）电气元件之间的距离要考虑操作、检修和安全等因素。为便于操作和维修，电气元件不宜过高或过低；为安全起见，要保证电气元件之间的电气距离（包括漏电距离、电气距离和飞弧距离），具体数据要求可从有关的电气标准中查阅。

（4）电气元件的布置应考虑整齐、美观、对称。外形、尺寸与结构类似的电气元件应安放在一起，以利于加工、安装和配线。

（5）电气元件的布置不宜过密，要留有一定的间距，以利于布线和维护。

在确定各电气元件的位置后，便可绘制电气元件布置图了。绘制电气元件布置图时，应根据电气元件的外形绘制并标出各元件之间的间距尺寸。每个电气元件的安装尺寸及其公差范围应严格按照产品手册标准标注，作为底板加工的依据，以保证各电气元件的顺利安装。

在电气元件布置图的设计过程中，还要根据部件进出线的数量（由电气原理图统计出来）和采用的导线规格选择进出线方式，并选用适当的接线端子板或接插件，按一定的顺序标注进出线的接线号。

5.4.2 电气安装接线图的设计

电气安装接线图简称电气接线图。电气安装接线图的特点是将同一元件的所有电气符号画在同一方框内，该方框的位置与电气元件布置图中的对应位置一致，但方框的大小不受限定。电气接线图是为安装电气设备、对电气元件配线或设备检修服务的。绘制电气安装接线图的方法主要有以下几种。

（1）线束法。如图5.13所示，在这张图上画出了设备、元件、端子板之间的相互位置。它们之间的连接导线不是每一根都画出来，而是把走向相同的导线合并成一根线。对于走向不完全相同、仅在某一段上走向相同的导线，这根线在这一段上也代表了那一根导线，而在其走向发生变化时，再逐条分离出去。线束法中的线条有从中途会合进来的，也有从中途分离出去的，最后各自到达终点连接元件的接线端子。这种方法在元器件较多的情况下线束较多，图面较乱，会显得不够清晰。

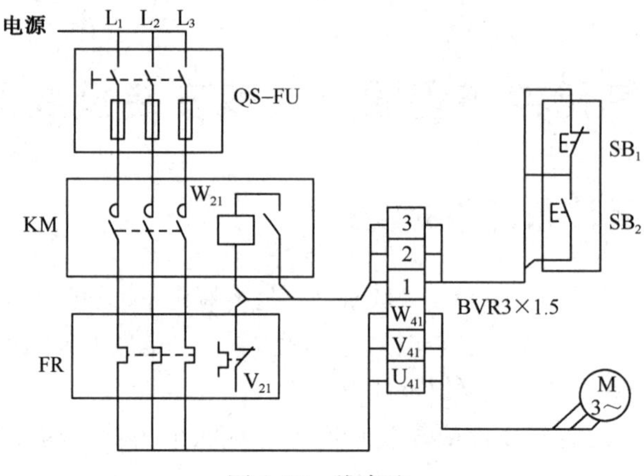

图 5. 13 线束法

(2) 散线法。它是相对于线束法而言的，采用散线法时，元器件之间的连线将按照导线的走向一根一根地分别画出来。散线法表示的安装接线图最接近实际接线，在元器件较少的情况下，表达直观，适用于不是很复杂的线路设计。例如，图 5. 13 用散线法可以表示成图 5. 14。

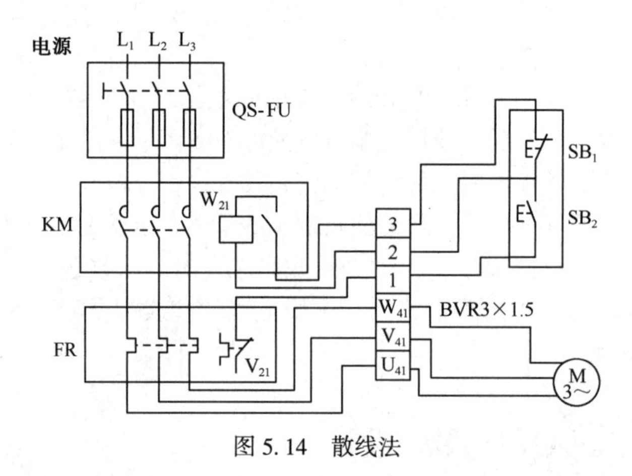

图 5. 14 散线法

(3) 导线二维标注法。采用导线二维标注法时，在元器件接线端用数字标明导线线号和元器件编号，用来指示导线的编号和去向，从而省去了元器件间的连接导线束，使得电气安装接线图的接线关系更加简单明了，图面更加整洁。有关这部分内容将在第 5. 6 节电气控制系统设计举例中详细介绍。

电气安装接线图的绘制必须以电气原理图为基础，根据元器件的物理结构及安装尺寸，在电气安装底板上排列出元器件的具体安装位置，绘制出元器件布置图及安装底板图，再根据元器件布置图中各个元器件的相对位置绘制出电气安装互连图。电气安装接线图的绘制需要注意以下几个问题。

(1) 电气安装接线图中所有电气元件的位置应与实际安装位置一致，依照左右对称、上下对称的原则绘制。同一电器的所有部件的电气符号均应集中在一个方框内，该方框以细实线画出，并在其中标出与电气原理图一致的图形符号。

(2) 在电气原理图上标注接线标号（简称线号）时，主电路线号通常采用字母加数字的方法标注，控制电路线号采用数字标注。控制电路线号标注的方法是：在继电器、接触器线圈上方或左方的导线标注奇数线号，在线圈下方或右方的导线标注偶数线号；也可以按照从上到下、从左到右的顺序标注线号。线号标注的原则是每经过一个电气元件，变换一次线号（不含接线端子）。

（3）为便于表示各元器件之间的连接关系，各个元器件也要编号。元器件的编号采用多位数字，通常元器件编号连同电气符号标注在元器件方框的斜上方（左上或右上角）。

（4）接线关系的表示方法可以采用线束法和导线二维标注法。

（5）配电盘底板与控制面板及外设（如电源引线、电动机接线等）之间一般用接线端子连接，接线端子也应按照元器件的类别进行编号，并在上面注明线号和去向（元器件编号）。但导线经过接线端子时，其编号不变。在电气安装接线图中，各元件的出线应用箭头注明。

（6）连接导线应注明导线规范，即型号、规格、颜色、数量和截面积等。

（7）穿管或成束导线应注明所有穿线管的种类、内径、长度及考虑备用导线后的导线根数。

（8）注明有关接线安装的技术条件等。

5.5　继电—接触器控制系统的安装与调试

当电气控制系统比较简单时，控制电器可以附装在生产机械内部，而当电气控制系统比较复杂或生产环境及操作有特殊需要时，通常都须带有单独的电气控制柜，以利于制造、使用和维护。

5.5.1　电气控制柜的安装与配线

（1）电气控制柜内的配线要采用 0.75mm^2 以上的塑料线，电线应具有 500V 额定电压的绝缘性能。弱电除外。

（2）不同电路采用的电线在颜色上要有所区分。一般的要求是：交流或直流动力电路用黑色线；交流辅助电路用红色线；直流辅助电路用蓝色线；地线用黄绿双色线；与地线连接的电路导线或中线用白色线；备用线与备用对象电路用线一致。

（3）有相对运动的电气安装板或元器件之间的连线要留有余量，并使用软线配线。必要时，用软管进行保护。

（4）配线方式一般采用板前配线、板后交叉配线和行线槽配线。配线要整齐美观，便于维修，散线要用尼龙扎头紧固。

（5）电气控制柜中各元器件之间的接线关系必须与电气安装接线图完全一致，这样才利于维修和故障检查。

5.5.2　电气控制柜的调试

在电气控制柜安装完成后，为确保系统能够安全可靠地工作，在投入运行前必须进行检查、试验与调整。具体步骤如下所述。

（1）检查电气安装接线图。此项工作应在未配线之前进行，要结合电气原理图仔细检查接线图是否准确，其重点是检查线路标号与接线端子板编号。

（2）检查电气元器件。按照电气元器件明细表逐个检查设备上所装电气元器件的型号、规格是否相符，特别注意线圈额定电压是否与工作电压一致，产品是否合格及完好无损。

（3）检查接线的正确性。利用检测工具结合接线图进行仔细检查，在检查时一定要断开电源，注意安全。

（4）做绝缘强度试验。为了保证电气控制柜的绝缘性能可靠，必须进行绝缘强度试验。与主电路相连的辅助电路应为 2 500V 电压通电 1min 不击穿；不与主电路相连的辅助电路应能承受 2 倍额定电压，加 1 000V 电压通电 1min 不击穿。试验时，要将电容器、线圈等短接后再接入试验电压，隔离变压器二次侧应短接后接地。

（5）检查、调整线路动作的正确性。在做完上述检查后，确定没有错误时就可以通电检查线路动作情况了。检查时可按控制功能一个环节一个环节地检查，注意观察电气元器件的动作顺序、各部件的联锁关系和指示装置是否正确。同时，可能要对一些元器件进行调整或参数整定，直至全部符合工艺和设计要求，控制系统的设计与安装才算全部完成。

5.6 电气控制系统设计举例

现以一台小型电动机启动与停止控制线路设计为例，详细介绍电气控制系统设计的实际过程。其重点是电气原理图和电气安装接线图的设计，以及导线二维标注法在电气安装接线图中的应用。

1. 拟定电气设计任务书

就本例而言，本部分要求讲述清楚电气控制系统的设计目的，简要说明控制系统的用途、工艺过程、动作要求、工作条件、保护要求及相关参数要求等。

2. 选择电力拖动方案和控制方式

所谓电力拖动方案就是根据工艺要求、生产机械的结构、运动要求、负载性质、调速要求及资金等情况去选择电动机的类型、数量、传动方式，以及拟定电动机的启动、运行、调速、转向、制动等控制要求，作为电气原理图设计及元器件选择的依据。综合考虑各方面的因素，列出几种可能的方案，进行比较后做出选择。本例比较简单，只要正确选择电动机的类型和通断控制方式即可。

3. 电气原理图设计

根据设计要求，本设计的主要目的是设计一个电动机启动与停止控制线路，因为没有其他特殊控制要求，因此可以选择基本控制线路。其电气原理图如图 5.15 所示，注意控制线路的截面积按设计规范选择大于 $0.75mm^2$ 的塑料导线即可；主电路电流大，电流导线的截面积要根据电动机的工作电流计算（计算过程省略）。为便于设计电气安装接线图和安装施工，电气原理图中依据线号标注原则标出了各导线标号，同时要标注元器件情况，编制元器件清单，如表 5.2 所示。

表 5.2　元器件清单

序号	符号	电气设备名称	型号与规格	单位	数量	备注
1	M	三相异步电动机	Y80　1.5kW，380V，1440r/min	台	1	（××制造）
2	QF	低压断路器	3 级，380V，32A	台	1	
3	KM	交流接触器	380V，10A，线圈电压 220V	台	1	
4	SB	控制按钮	LAY3 红、绿	个	2	
5	SA	旋转子开关	KN-3N　220V	个	1	
6	HL	信号指示灯	ND16　380V，5A	个	2	
7	EL	照明灯	220V，40 W	个	1	
8	FU	熔断器	RT18 250V，4A	个	2	

在本设计中，电动机采用三相交流电动机，控制方式采用电动机直接启动和停止并且带有自锁功能。选择的低压断路器带有过载保护功能；控制电路选择两个熔断器作为短路保护。控制电压选择的是 220V 电压，并带有照明电路、电源指示及工作指示回路。

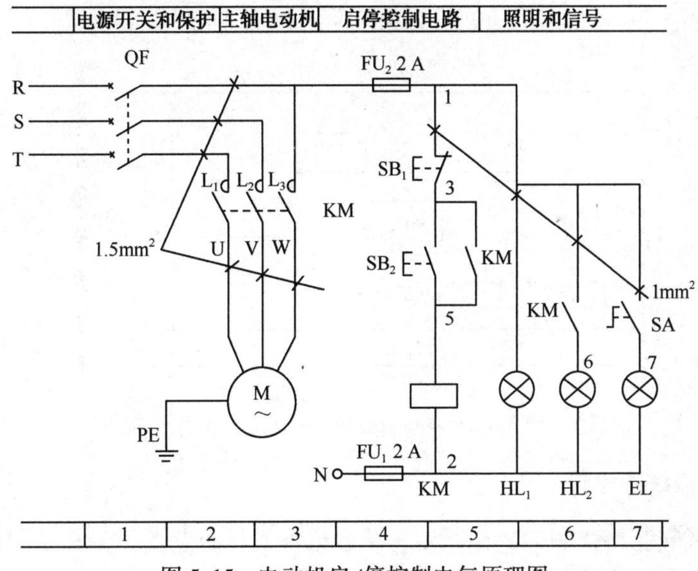

图 5.15　电动机启/停控制电气原理图

4. 电气元件布置图设计

电气元件布置图为电气设备的制造、安装提供必要的资料，同时也是电气安装接线图设计的依据。

本设计的电气元件布置图包括两部分：控制面板的安装位置图和电器安装底板（主配电盘）的安装位置图。设计这部分图纸时，一定事先将元器件的尺寸从设备样本或相关手册中查出来，根据具体尺寸和前面讲过的布置图设计要求进行设计。控制面板设计在电气控制柜柜门上，上面安装各种主令电器（按钮）和状态指示灯、仪表等器件。电器安装底板设计在电气控制柜中，用来安装低压断路器、接触器、熔断器、接线端子板等其他电气元器件。控制面板与主配电盘间的连接导线采用接线端子连接。接线端子板安装在靠近主配电盘接线端子的位置处。电器安装底板与控制面板相连接的接线端子，一般布置在靠近控制面板的上方或柜门轴侧，控制面板与电源或电动机等外围设备相连接的接线端子，一般布置在主配电盘的下方靠近穿线孔的位置处。根据布置图设计要求和以上分析，设计的主配电盘电气元件布置图如图 5. 16 所示，控制面板的电气元件布置图如图 5. 17 所示。图中具体安装尺寸省略。

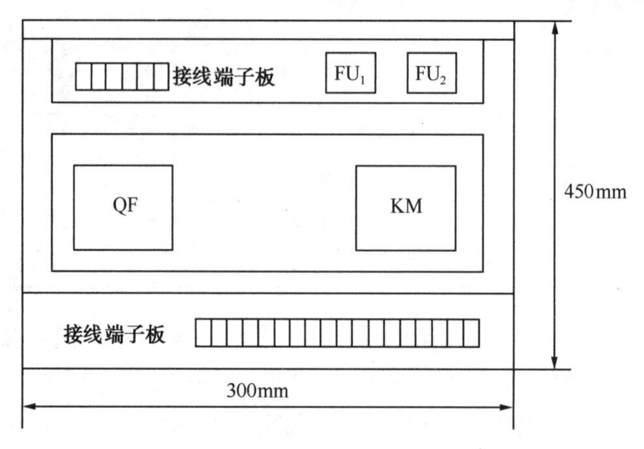

图 5. 16　主配电盘的电气元件布置图

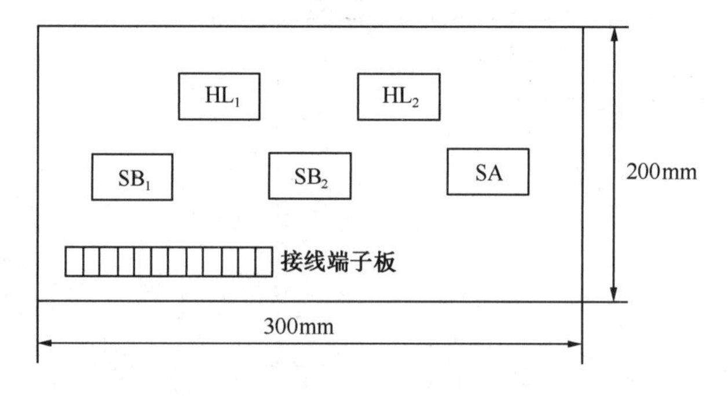

图 5. 17　控制面板的电气元件布置图

5. 电气安装接线图设计

根据绘制电气安装接线图的具体原则，结合电气元件布置图，分别绘制出控制面板电气安装接线图和电器安装底板的电气安装接线图。

（1）电器安装底板（主配电盘）的电气安装接线图如图 5. 18 所示。图中，所有元件的电气符号均集中在本元件框的方框内，各个元件的编号连同电气元件文字符号标注在元件方框右上方的圆圈内，以分数形式标注，分子一般标注该电气元件文字符号，分母标注该电气元件在图中的编号。电气安装接线图采用二维标注法表示导线的连接关系，线侧数字表示线号（线号标在电气原理图中）；线端数字 20～25 表示元件编号，即 20 代表接线端子 DE_2，21 代表熔断器 FU_1，22 代表熔断器 FU_2，23 代表低压断路器 QF，24 代表接触器 KM，25 代表接线端子 DE_3，用于指示导线去向；具体布线路径可由电气安装人员根据柜体和元件布置情况自行决定。

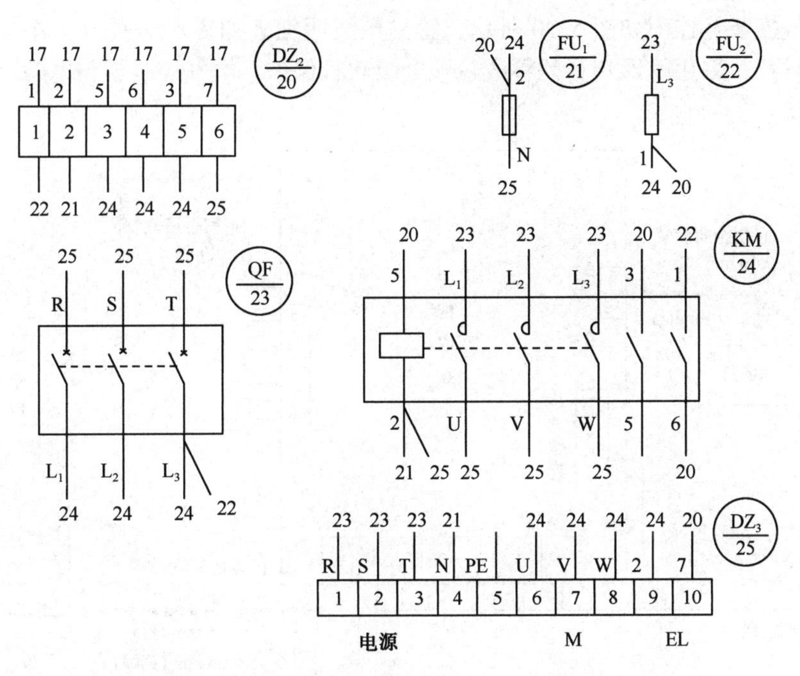

图 5.18　主配电盘的电气安装接线图

（2）控制面板的电气安装接线图如图 5.19 所示。线侧和线上数字 1～7 表示电气原理图中的线号；线端数字 10～25 表示所连元件的编号，用于指示导线走向。元件右上方的圆圈内仍然标注元件的编号和该元件的电气文字符号。控制面板与主配电盘间的连接导线必须通过接线端子连接，并采用塑料蛇形套管防护。

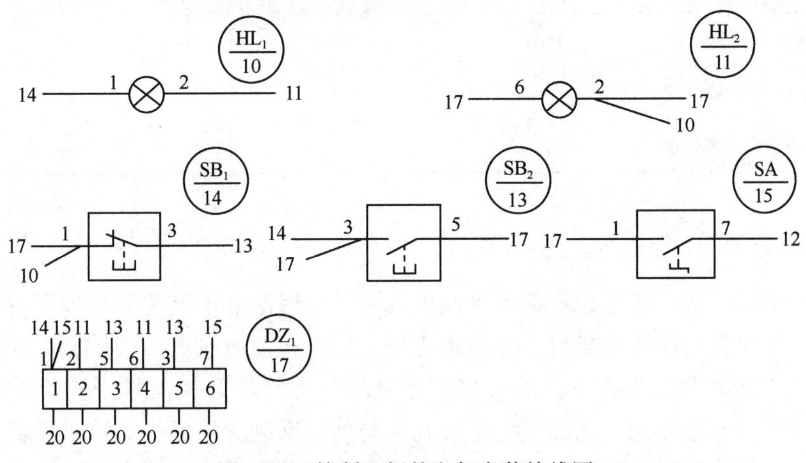

图 5.19　控制面板的电气安装接线图

6. 电气安装互连图设计

设计电气安装互连图的目的是表示电气控制柜和外部设备及控制面板之间的接线关系。电气安装互连图不仅反映导线的连接关系（用线束表示），而且反映导线的规格（颜色、数量、长度和截面积等）、敷设方式（穿管、直埋等）及备用导线根数等，这些信息在电气安装接线图中是没有的。为了便于采购和进行成本核算，要统计耗材并列出材料明细表。就本例而言，电气安装互连图如图 5.20 所示，管内敷线明细表如表 5.3 所示。连接主配电盘和控制面板的导线，采用蛇形塑料软管或包塑金属软管保护。电气控制柜与电源、电动机之间采用电缆连接。

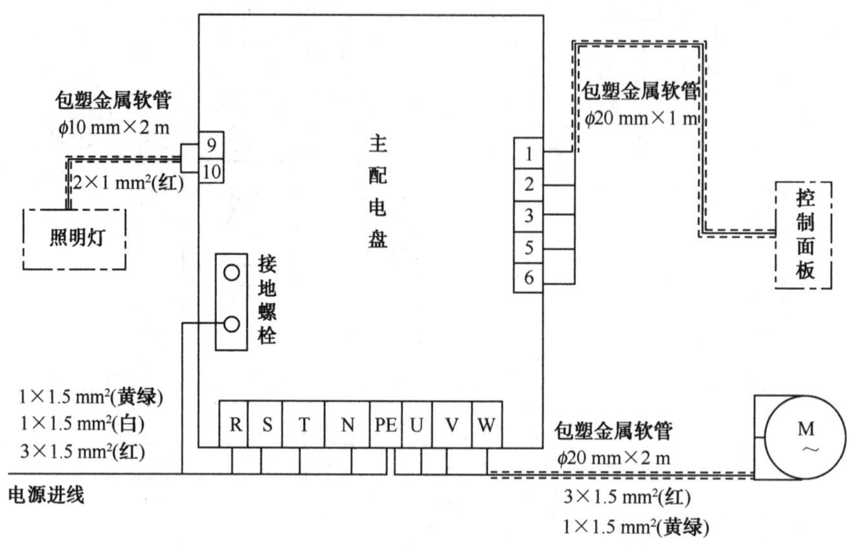

图 5.20 电气安装互连图

表 5.3 管内敷线明细表

序 号	保护管类型	电线或电缆		连 接 线 号	备 注
		规格型号	长度（m）		
1	φ10 包塑金属软管	$1mm^2$	2×2.5	7、2	
2	φ 20 包塑金属软管	$0.75mm^2$	6×1.5	1、2、3、5、6、7	
3	φ 20 包塑金属软管	$1.5mm^2$	4×2.5	U、V、W、PE	

7. 安装与调试

在上述工作完成后，就可以根据设计的电气安装接线图和电气安装互连图进行电气控制柜的安装了。在安装与接线完成后，经检查无误，可进行通电试验。根据调试原则，首先在空载状态下（不接电动机等负荷）通过操作相应的开关给出开关信号，检验控制回路各电气元件动作及指示的正确性。在确认各电气元件的动作准确无误后，方可进行负载试验。负载试验通过后，可根据相应的工作原理、使用注意事项编制操作说明文件，供用户参考。

以上通过一个简单的实例对电气控制系统的设计内容、设计方法进行了较为完整的介绍，可以帮助读者对低压电气控制柜的设计有一个较为全面的了解。实际上，不管多么复杂的电气控制系统，其设计步骤和设计过程基本上是相同的，读者可以通过多看多练不断提高工程设计能力。

思考与练习 5

1. 判断题

（1）在继电—接触器控制系统设计中，逻辑法最常用。　　　　（　　）

（2）工艺设计的主要内容是：电气设备总装图、电气安装互连图、各主要部件布置图和电气安装接线图、控制柜设计及生产准备所必需的各种清单和目录。　　　　（　　）

（3）电气原理图设计完成后的一项重要工作是正确、合理地选择电气元件，因为它是电气线路安全可靠工作的保证，并直接影响电气设备的性能和经济效益。　　　　（　　）

（4）在选择电动机时，若无较高调整性能要求，一般选择直流电动机。　　　　（　　）

（5）两个同型号的电压线圈可以串联后接在 2 倍线圈额定电压的交流电源上。　　　　（　　）

（6）寄生电路可以使电气控制线路意外断电。　　　　（　　）

（7）发热元件安装在控制柜下方。　　　　（　　）

2. 填空题

（1）采用导线二维标注法进行电气安装接线图设计时，线侧的数字代表（　　　），线端的数字代表（　　　）。

（2）电气控制系统设计中出现“寄生回路”的原因是（　　　　　　　）。

（3）电气控制系统设计中的“冒险”现象是指（　　　　　），“竞争”现象是指（　　　　）。

（4）在电气安装接线图中，地线一般使用（　　）颜色的线，交流或直流动力电路使用（　　）颜色的线来区别。

（5）在线路布置时，强调强、弱电路分开布置的理由是（　　　　　　　）。

（6）在（　　　　　　）情况下，控制电路使用控制变压器比较适宜。

（7）在有粉尘的工作场合，电动机选型时应选用（　　　　）电动机。

（8）在机床控制电路的设计中，照明、显示及报警电路的电压等级是（　　　　）。

3. 选择题

（1）电气元件布置图反映了所有电气设备和电气元件在电气控制柜中的（　　）。

A. 相对位置　　B. 实际位置　　C. 连接情况　　D. 运行原理

（2）电路图水平布置时，电源线（　　）画。

A. 水平　　B. 垂直　　C. 交叉　　D. 随便

（3）“竞争”与“冒险”现象都将造成控制电路不能按要求动作，引起控制失灵。主要原因是（　　）。

A. 没考虑元件自身动作时间　　B. 考虑元件自身动作时间

C. 元器件质量原因　　D. 设计思想不正确

（4）接触器辅助触点不够用时，最佳的办法是（　　）。

A. 增加接触器个数　　B. 换接触器

C. 增加中间继电器　　D. 改变设计思路

（5）体积大或较重的电气元件安装在控制柜的（　　）。

A. 中间位置　　B. 下方位置　　C. 上方位置　　D. 后面位置

（6）电气控制柜中的配线方式有（　　）种。

A. 2　　　　B. 4　　　　C. 3　　　　D. 1

4. 简答题

（1）设计电气控制系统时应遵循的原则是什么？设计内容主要包括哪些方面？

（2）电气原理图设计的主要内容有哪些？电气原理图设计的主要任务是什么？

（3）电气原理图的设计方法有几种？绘制电气原理图的要求有哪些？

（4）如何绘制电气安装接线图？

（5）试设计一个三相异步电动机三角形—星形启动电路。要求绘制电气原理图、电气元件布置图和电气安装接线图。选择元器件参数，列出元器件清单及材料表。电动机的参数为：额定功率10.5kW，额定电压380V，功率因数0.8，额定转速1 460r/min。

（6）设计一个符合下列条件的照明电路。房间进门口有开关A，室内两张独立床头前有开关B和开关C，当进入房间时按下开关A，照明灯亮，在床头前按下开关B或开关C，照明灯都熄灭，以后按下A、B、C中任何一个开关照明灯都亮。

第6章

电气控制系统故障分析与检查

知识目标

（1）了解并掌握电气控制系统常见故障的原因。
（2）掌握电气控制系统故障的分析方法。
（3）掌握电气控制系统故障的检查方法。

技能目标

（1）能检查出电气控制系统的故障原因。
（2）能正确判断电气控制系统的故障。
（3）能妥善处理电气控制系统的故障。

在实际生产中，电气控制系统在工作过程中难免会出现故障，主要是由于电路工作参数不能达到正常工作要求，或元件、设备的性能发生变化而引起的。正确分析和妥善处理机床设备电气控制线路中出现的故障，首先要检查产生故障的部位并判断故障原因。本章将简要介绍电气控制系统故障分析与检查的一般方法。

6.1 概　　述

机械设备在日常使用过程中经常会发生电气故障，造成故障的原因有很多，要想准确判断出故障原因，除了要掌握继电—接触器基本控制线路的安装和维修方法，还要学会分析机床电气控制线路的方法和步骤，加深对典型控制线路环节的理解，了解机床的机械、液压、电气三者的关系，并在实践中不断地总结经验。

6.1.1 电气控制系统的正常工作条件

1. 额定电压

在规定条件下，保证电气控制系统正常工作的电压称为额定电压，单位为V。过电压或

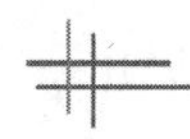

欠电压都有可能使电气控制系统工作异常。

2. 额定电流

在规定条件下，保证电气控制系统正常工作的电流称为额定电流，单位为 A。过电流或欠电流都有可能使电气控制系统出现工作故障。

3. 额定功率和额定容量

功率和容量可以表征电气控制系统在正常工作时所具有的做功能力。由于交流设备存在着无功功率，所以常用视在功率来表示其做功能力，用额定容量表示。有功功率的单位是 W，视在功率的单位是 V・A。

4. 额定频率

频率是表征交流电在单位时间内周期性变化次数的参量，单位为 Hz。在我国，交流电的频率为 50Hz。

5. 额定温升

额定温升是指在 40℃的环境中，电气设备在额定状态下运行时达到稳态温度时的温升。电气控制系统的温升是检验电气设备工作是否正常的一个重要指标。温升过高，会引起绝缘老化加快，严重时甚至会烧坏绝缘，造成设备损坏。

6. 额定工作制

（1）连续工作制。电气设备在规定的额定值下能够长期连续运行。

（2）短时工作制。电气设备的工作时间很短，停歇时间很长。

（3）断续周期工作制。电气设备的工作时间和工作周期（工作时间和停歇时间之和）大致成一个固定的比值。

在不同工作制下电气设备的发热和温升是不同的，如果不按工作制正确选择和使用电气设备，就会出现故障。例如，短时工作制设备长期连续运行必然会因发热过度而烧坏。

6.1.2 电气控制系统的常见故障原因

1. 发热

当电气设备导体上流过电流、铁磁物质通以交变的磁通时都会产生热量。对于各种电气装置，由于使用的材料及工作方式不同，所允许的极限温度和极限温升也不同。

表 6.1 和表 6.2 分别列出了部分绝缘材料的允许温度和允许温升及温升对电气控制系统的影响。

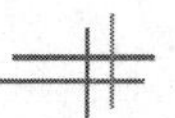

表6.1　部分绝缘材料的允许温度和允许温升

等　级	允许温度/℃	允许温升/℃	材料举例
Y	90	50	未浸渍过的棉纱、丝、绝缘纸板等
A	105	69	浸渍过的棉纱、丝、绝缘纸板等，Q型漆包线
E	120	80	合成有机薄膜、磁漆等材料，QQ、QA、QH型漆包线
B	130	90	以树脂黏合或浸渍、涂覆后的云母、玻璃纤维、石棉等，QZY型漆包线
F	155	110	以高于155℃的树脂黏合或浸渍、涂覆后的云母、玻璃纤维、石棉等，QZY型漆包线
H	180	140	以硅、有机树脂黏合的云母、玻璃纤维、石棉等
C	>180	>140	涂覆后的云母、玻璃纤维，以及未经浸渍处理的云母、陶瓷、石英等无机材料和聚四氟乙烯、聚酰亚胺薄膜等，QY、QXY型漆包线

表6.2　温升对电气控制系统的影响

序　号	影响方面	不利影响
Y	对金属材料的影响	温度升高，金属材料软化，机械强度明显下降
A	对电接触的影响	温度过高，电接触导体表面会剧烈氧化，接触电阻明显增加，造成导体温度升高，严重时发生熔焊现象，对于由弹簧压紧的触点，温度升高时会造成弹簧压力降低，电接触稳定性变差，从而引起电气故障
H	对绝缘材料的影响	温度过高，有机绝缘材料将变脆老化，绝缘性能下降，甚至被击穿，缩短绝缘材料的使用寿命
C	对电子元件的影响	温度过高，可使半导体元件内电子激发程度加剧而形成热击穿，反向漏电流变大，性能参数发生漂移，甚至造成不可逆转的损坏

2. 电磁力

处于磁场中的通电导体将受到电磁力的作用。

（1）电磁力可能使导体变形。两根或两根以上的平行导体在短路电流的作用下将受到电磁力的作用，当这种力超过某一程度时，就会使导体变形、接头松脱、支撑固定件损坏。

（2）电磁力可能使开关误动作。开关及其引线通常会构成一个U形回路，例如，当有电流流过刀开关时，刀开关的动触片将受到一个向外的力，当电流足够大时，刀开关动触片有可能被打开，造成误动作。

（3）触点接触处的收缩电动力可能使触点烧损。触点接触处的接触面一般比较小，因此具有“束流”效应，会使触点接触紧密程度变差。

3. 电弧

电弧是一种高温电子流，可烧毁电气设备，也可造成短路故障。

4. 电源

电源电压的波动可能造成系统故障。

(1) 对电磁式控制元件。电压过高容易烧毁线圈；电压过低会造成电磁吸力变小，有可能使衔铁抖动甚至不能吸合。若衔铁不能吸合，则由于空气间隙较大，电抗值较小，有可能烧毁线圈。

(2) 对异步电动机。电压过高或过低都会使电动机工作异常，其中电压过低对异步电动机影响较大。在启动过程中，电压过低，启动转矩变小，电动机可能无法启动；在运行过程中，电压下降而负载转矩不变，电流将增大，电动机绕组可能因发热而烧毁。

(3) 对电阻性负载。当电压升高时，负载功率将大大增加，这将缩短电气设备的寿命，严重时会烧毁设备。

电源频率的波动也可能造成系统故障。

(1) 对电磁式控制元件。频率升高会使电磁吸力大大减小，有可能使衔铁无法吸合；频率降低会使流过线圈的电流增加，造成线圈烧毁。

(2) 对异步电动机。当频率升高时，电动机的空载转速将成比例地上升，而空载电流减小，由于漏抗的增大，异步电动机的临界转差率将升高，最大转矩将变小，导致特性变软。

(3) 对 LC 电路。在利用电容、电感谐振原理工作的电路中，当外加电源频率发生变化时，谐振条件发生了变化，会使电路不能正常工作。

此外，环境因素（如温度、湿度、气压、空气密度、霉菌、外加磁场、冲击等）、电路自身的设计、操作过程、时序配合、设备自身的质量、安装质量等，也是引起电气设备和电气控制线路出现故障的重要因素，在查找故障时应一并考虑。

6.2 电源部分的故障分析

电源的作用是为电气设备及控制线路提供电能。一般情况下，电源故障约占全部故障的20%左右。

6.2.1 电源故障的一般特点

1. 电源故障是电气控制系统中的整体性故障

无论是控制线路故障，还是电气元件损坏，就其故障范围而言，都属于局部故障，而电源故障则会引起整个系统的故障。当电气控制系统发生整体性故障时，应该首先检查电源。

2. 电源故障规律性明显

当故障具有一定的规律性时，应该首先检查电源。如当天气变冷时，电热设备用电量增加；当天气变热时，制冷设备用电量增加。负荷的增加有可能使电源的参数发生变化。

6.2.2　电源故障的一般现象

1. 系统没有反应，各种指示全无

这是一种比较明显的故障，出现这种现象的概率较高。

2. 系统部分电路工作正常，其他部分不正常

例如，指示部分正常，但控制部分不动作；或控制部分正常，但执行部分不正常。这种故障一般发生在三相电源供电或多电源供电的线路中。

6.2.3　电源故障的一般原因

1. 相线和零线接反

当采用单相电源供电时，若相线和零线接反，则一般不会引起太大的故障，只有部分电气产品在相线和零线接反时，外壳具有与相线相同的电位。

当采用三相电源供电时，若相线和零线接反，则可能使三相负载电压发生较大的波动，严重时会烧坏负载或导致设备完全不能工作。

检修时，只需按说明和设备标志测量零线对地电压即可判断。当没有地时，可采用验电笔进行测量，如果验电笔发光，则说明零线接反。

2. 电源电压升高

电源电压升高主要发生在单相 220V 电路中，最常见的原因是三相四线制电源断线，造成三相电压随负荷的波动而波动。作为极端情况，220V 的电压可能升至 380V，也可能降至 0V，一般在 220V 附近波动。另一种可能的原因是零线搭接在火线上，造成电压由 220V 升至 380V。

检修时，可以通过测量线电压和每相对地电压进行判断。

3. 电源缺相

缺相是比较常见的故障，最常见的是三相缺一相。由于控制电路使用的电源一般为单相，所以有时控制电路工作完全正常，但电动机不启动，或控制电路不工作，但电源指示正常。缺相故障的表现是不明显的，但对电动机的危害很大，特别是对自动启动电路，由于电动机热继电器反复动作而最终导致电气元件损坏或电动机损坏，故对此类故障应予以重视，必要时在电路设计时使电路具有缺相保护功能。

缺相的另一种形式是外电源正常，经过控制线路后，主回路的一根相线不通，造成断相。断相与缺相的后果是相同的。

检修时，应测量三根相线之间的电压，电压必须平衡且为 380V，才能视为正常。

6.3 电气控制线路故障分析与检查

电气控制线路故障在全部故障中占有一定的比例。线路故障会引起元件故障和设备故障，有时也会引起电源故障。

6.3.1 电气控制线路故障的种类和原因

微课：电气控制线路故障分析与检查

1. 断路和接触不良

断路和接触不良的产生原因主要包括以下几个方面。

（1）电接触点故障。开关触点和接触器、继电器触点是多发故障点，这些触点由于受到电弧的高温氧化作用、各种腐蚀气体的腐蚀作用及油污或者灰尘的污染，其表面会形成一层不导电的薄膜，极易导致断路或接触不良。

（2）导线的连接方式。导线连接的方式有铰接、压接、焊接及螺栓连接等。在外力、腐蚀气体及污物的作用下，连接点容易发生断路及接触不良的故障。

（3）铜、铝导线连接点。铜和铝相接触的部分（如铜母线和铝母线的连接点、铝导线和设备铜接线端子之间的连接点等）是导线断路故障的多发点。这是由于这两种金属相连接时，在空气中水分和其他杂质的作用下，会产生电化学腐蚀，较活泼的金属铝腐蚀加快，进而造成接触不良。

（4）导线受力点和活动点。导线受力时，总是从其机械强度最差的地方断裂。导线在外力的作用下反复弯折时，容易造成金属疲劳，也易使导线断裂，形成断路故障。

（5）焊接点。焊接点虚焊或被酸性助焊剂腐蚀等，也会造成断路和接触不良故障。

2. 短路

短路故障的产生原因主要包括以下几个方面。

（1）绝缘被破坏。导线的外部有一层绝缘层，该绝缘层被破坏后，不同电位的导体就会相接触，引起短路故障。绝缘被破坏的常见原因有：外力损伤，温度过高造成的绝缘材料变性，电场过强造成的绝缘材料变性，湿度过高造成的绝缘能力降低，污物过多造成的绝缘能力降低等。

（2）导线相连。架空裸导线在外力的作用下摆动，因相互碰接而产生短路故障。

发生短路故障的其他原因有杂物影响、施工不符合要求及线头不包扎等。

发生短路故障后，电路的阻抗变小，流过电路的电流变大，因此往往伴随振动加剧、发热严重、产生火花、回路电压降低等现象。

3. 漏电

一般情况下，漏电故障的表现并不明显，但漏电严重时可能伴有发热、火花、响声、异味甚至冒烟。漏电故障常发生在以下部位。

（1）污物较多部位。污物的绝缘性能一般较差，特别是油污和潮湿的灰尘，容易引起漏电故障。

（2）较长的绞连导线或捆扎在一起的导线。绞连导线之间的绝缘主要依靠绝缘材料，在并行距离较长的情况下，漏电电流相应增加。

（3）工作在恶劣条件下的导线。例如，在高温环境下，绝缘材料老化加剧，容易引发漏电故障。

（4）接头部位和裸露部位。接头部位和裸露部位容易因受到侵蚀而发生漏电。

（5）工作在高电压的环境下。长期处于较强的电场环境下极易导致绝缘材料变性，从而引发漏电故障。

要想正确分析和妥善处理机床设备电气控制线路中出现的故障，必须掌握故障检查方法，下面将分别介绍观察法、通电检查法、断电检查法、电阻检查法、电压检查法等基本的故障检查方法。

6.3.2 观察法

机械设备的故障大致可分为两类：一类是有明显外部特征的故障，如电动机、变压器、电磁铁线圈过热冒烟。在排除这类故障时，除了更换损坏了的电动机与电器，还必须找出和排除造成上述故障的原因。另一类是没有外部特征的故障，如在控制电路中由于电气元件调整不当、动作失灵、小零件损坏、导线断裂、开关击穿等原因引起的故障。这类故障在机床电路中经常出现，由于没有外部特征，通常需要用较多的时间去寻找故障部位，有时还需要使用各类测量仪表才能找出故障部位，然后进行调整和修复，使电气设备恢复正常运行。

检修前要进行故障的观察与调查。当机械设备发生电气故障后，切忌再通电试车和盲目动手检修。在检修前，通过观察法了解故障前后的操作情况和故障发生后出现的异常现象，以便根据故障现象判断故障发生的部位，进而准确地排除故障。

6.3.3 通电检查法

通电检查法是指机械设备发生电气故障后，根据故障的性质，在条件允许的情况下通电检查故障发生的部位。

1. 通电检查要求

在通电检查时，必须注意人身和设备的安全。要遵守安全操作规程，不得随意触动带电部分，要尽可能切断主电路电源，只在控制电路带电的情况下进行检查。如果需要电动机运转，则应使电动机与机械传动部分脱离，使电动机空载运行，这样既减小了试验电流，又避免了机械设备的传动部分发生误动作，造成故障扩大。在检修时，应预先充分估计局部线路动作后可能发生的不良后果。

2. 测量方法和注意事项

常用的测量工具和仪表有验电笔、校验灯、万用表、钳形电流表等，主要通过对电路进行带电或断电时的有关参数（如电压、电阻、电流等）的测量，来判断电气元件的好坏、设备的绝缘情况及线路的通断情况。

在用通电检查法检查故障点时，一定要保证各种测量工具和仪表完好、使用方法正确，尤其要注意防止感应电、回路电及其他并联电路的影响，以免产生误判断。

3. 通电方法

在检查故障时，如果经外观检查未发现故障点，则可根据故障现象并结合电路图分析可能出现故障的部位，在不扩大故障范围、不损伤电器的前提下，进行直接通电试验，以分清故障点是在电气部分还是在机械等其他部分，是在电动机上还是在控制设备上，是在主电路上还是在控制电路上。

一般来说，应先检查控制电路，具体做法是：操作某一按钮或控制开关，如果发现动作不正确，则说明该电气元件或相关电路有问题；再在此电路中进行逐项分析和检查，一般便可发现故障点。待控制电路的故障排除恢复正常后，再接通主电路，检查控制电路对主电路的控制效果，观察主电路的工作情况是否正常。

4. 故障判别方法

1）校验灯法

用校验灯检查故障的方法有两种，一种是380V的控制电路，另一种是经过变压器降压的控制电路，不同的控制电路所使用的校验灯应有所区别。具体的判别方法如图6.1所示。先将校验灯的一端接在低电位处，再用另一端分别触碰需要判断的各点。如果灯亮，则说明电路正常；如果灯不亮，则说明电路有故障。对于380V的控制电路，应选用220V的灯泡，低电位端应接在零线上，测试情况如表6.3所示。

经过降压后的校验灯法如图6.2所示。对于降压后的控制电路应选用高于电路电压的灯泡，将校验灯的一端接在被测点的对应电源端，再将另一端分别碰触需要判断的各点，测试情况如表6.3所示。

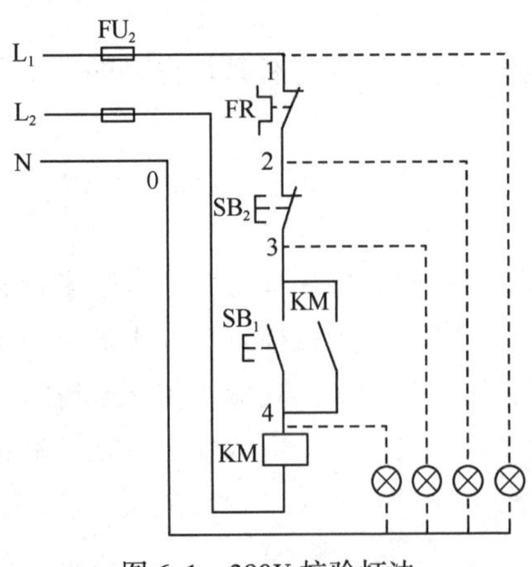

图6.1　380V校验灯法

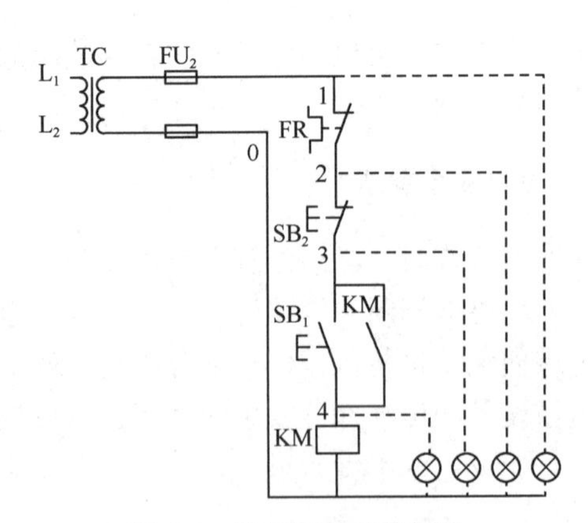

图6.2　降压后的校验灯法

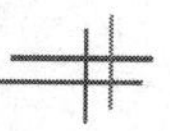

表 6.3　校验灯法查找故障点

故障现象	测试状态	0-2	0-3	0-4	故障点
按下 SB_1 时，KM 不吸合	未按下 SB_1	不亮	不亮	亮	FR 动断触点接触不良
		亮	不亮	亮	SB_2 动断触点接触不良
		亮	亮	不亮	KM 线圈断路
	断开 KM 线圈，按下 SB_1	亮	亮	不亮	SB_1 触点接触不良

2）验电笔法

用验电笔检查电路故障的优点是安全、灵活、方便，缺点是受电压限制，并与具体电路的结构有关，因此，测试结果不是很准确。另外，有时电气元件触点被烧断，但是因有爬弧，故用验电笔测试时仍然发光，而且亮度还较强，这样也会造成判断错误。用验电笔检查电路故障的方法分别如图 6.3 和图 6.4 所示。

在图 6.3 中，如果按下 SB_1 或 SB_3 后，接触器 KM 不吸合，则可以用验电笔从 A 点开始依次检测 B、C、D、E 和 F 点，观察验电笔是否发光，且亮度是否相同。如果在检查过程中发现某点发光变暗，则说明被测点以前的元件或导线有问题，停电后仔细检查，直到查出问题并消除故障为止。但是，在检查过程中有时还会出现各点都亮且亮度相同，接触器也没问题，但接触器就是不吸合的情况，引起上述故障现象的原因可能是启动按钮 SB_1 本身触点有问题不能导通，也可能是 SB_2 或 FR 动断触点断路，电弧将两个静触点导通或因绝缘部分被击穿而使两个触点导通，遇到这类情况必须用电压表进行检查。

如图 6.4 所示是经变压器降压后的验电笔法。当变压器二次侧不接地时，用验电笔法将不能有效检测故障点，所以用验电笔检查这种供电线路故障是具有局限性的。

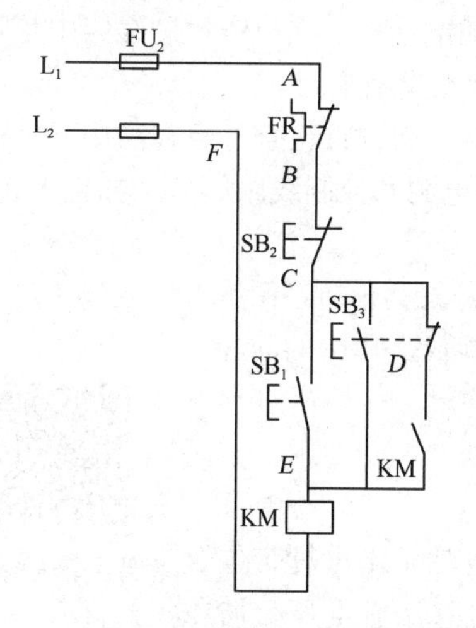

图 6.3　380V 验电笔法

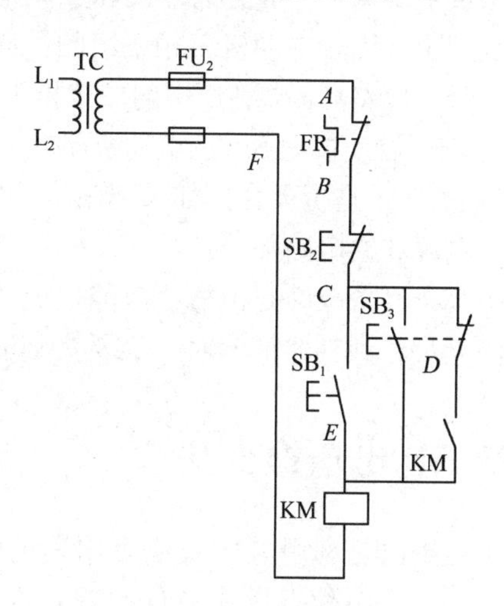

图 6.4　降压后的验电笔法

6.3.4　断电检查法

断电检查法是将被检查的电气设备完全或部分与外部电源切断后进行检查的方法。断电检查法是一种比较安全的故障检查方法。这种方法主要针对有明显外表特征、容易被发现的电气故障。

下面以图 6.5 为例说明在机床电气设备发生故障后进行检修时应注意的问题。

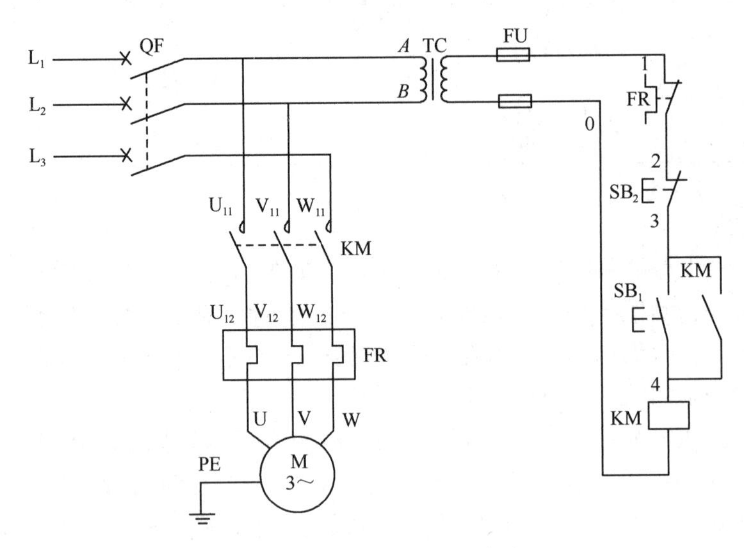

图 6.5 单向启动自锁控制线路图

（1）机床设备发生短路故障。故障发生后，除了询问操作者短路故障的部位和现象，还要仔细观察。如果未发现故障部位，则用兆欧表分步检查（不能用万用表，因为万用表中干电池电压只有几伏或几十伏）。在检查主电路接触器 KM 上部分的导线和开关是否短路时，应将图 6.5 中的 *A* 点或 *B* 点断开，否则会因变压器一次线圈的导通而造成误判断。在检查主电路接触器 KM 下部分的导线和开关是否短路时，应在端子板处将电动机的三根电源线拆下，否则也会因为电动机三相绕组的导通影响判断的准确性。在检查控制线路中是否存在短路故障时、应将熔断器 FU 中的一个拆下，以免影响测量结果。

（2）按下启动按钮 SB_1 后电动机不转。此时应从两方面进行检查，检查当按下启动按钮 SB_1 后接触器 KM 是否吸合，如果不吸合，则应当检查电源和控制线路部分；如果 KM 吸合，则应检查电源和主电路部分。

有些机床设备故障是由机械故障造成的，但是从表象上看却好像是电气故障，这就需要电气维修人员遇到具体情况时一定要头脑清醒地对待检修工作中的问题。

6.3.5 电压检查法

微课：电压检查法

电压检查法是利用电压表或万用表的交流电压挡对线路进行带电测量的方法，是一种查找故障点的有效方法。电压检查法有电压分阶测量法和电压分段测量法两种。

1. 电压分阶测量法

检查时，先将万用表的转换开关置于交流电压 500V 的挡位上，然后按如图 6.6 所示的方法进行测量。

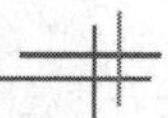

先断开主电路电源，再接通控制电路电源。若按下启动按钮 SB_1或 SB_3时，接触器 KM 不吸合，则说明控制电路有故障。

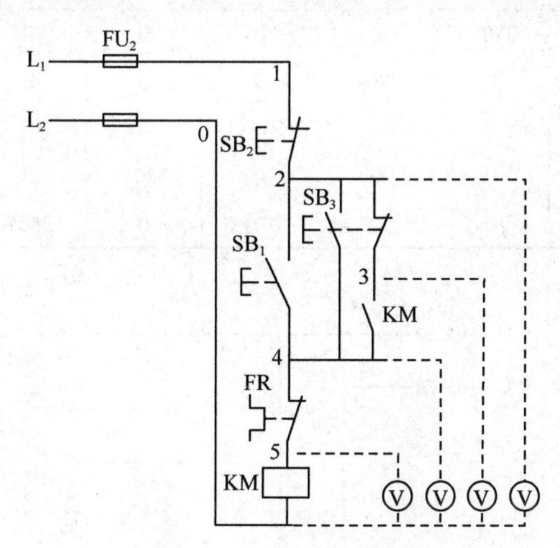

图 6.6　电压分阶测量法

测量时，需要两人配合进行。先用万用表测量 0 和 1 两点之间的电压。若电压为 380V，则说明控制电路的电源电压正常。然后由一人按下 SB_1不放，另一人将黑表棒接到 0 点，用红表棒依次接到 2、3、4、5 各点上，分别测量出 0-2、0-3、0-4、0-5 两点之间的电压值，根据测量结果即可找出故障点，如表 6.4 所示。

表 6.4　电压分阶测量法所测电压值及故障点

故障现象	测试状态	0-2	0-3	0-4	0-5	故障点
按下 SB_1或 SB_3时，KM 不吸合	按下 SB_1不放	0	0	0	0	SB_2动断触点接触不良
		380V	0	380V 或 0	380V 或 0	SB_3动断触点接触不良
		380V	380V	0	0	SB_1触点接触不良
		380V	380V	380V	0	FR 动断触点接触不良
		380V	380V	380V	380V	KM 线圈断路

2. 电压分段测量法

检查时，先将万用表的转换开关置于交流电压 500V 的挡位上，按如图 6.7 所示的方法进行测量。

首先用万用表测量 0 和 1 两点之间的电压。若电压为 380V，则说明控制电路的电源电压正常。然后，一人按下启动按钮 SB_3或 SB_4，若接触器 KM 不吸合，则说明控制电路有故障。这时另一人可用万用表的红、黑两根表棒逐段测量相邻两点 1-2、2-3、3-4、4-5、5-0 之间的电压，根据测量结果即可找出故障点，如表 6.5 所示。

表 6.5 电压分段测量法所测电压值及故障点

故障现象	测试状态	1-2	2-3	3-4	4-5	5-0	故 障 点
按下 SB_3或SB_4时，KM 不吸合	按下 SB_3或SB_4不放	380V	0	0	0	0	SB_1动断触点接触不良
		0	380V	0	0	0	SB_2动断触点接触不良
		0	0	380V	0	0	SB_3或SB_4触点接触不良
		0	0	0	380V	0	FR 动断触点接触不良
		0	0	0	0	380V	KM 线圈断路

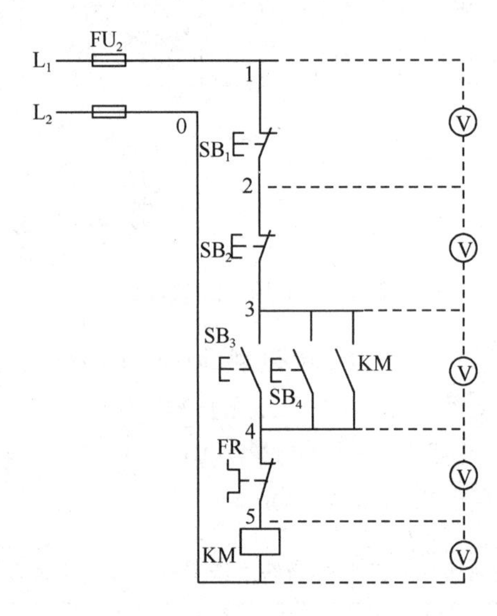

图 6.7 电压分段测量法

6.3.6 电阻检查法

微课：电阻检查法

电阻检查法是利用万用表的电阻挡对线路进行断电测量的方法，是一种安全、有效的方法。电阻检查法有电阻分阶测量法和电阻分段测量法两种。

1. 电阻分阶测量法

检查时，先将万用表的转换开关置于倍率适当的电阻挡，然后按如图 6.8 所示方法测量。

测量前，先断开主电路电源，再接通控制电路电源。若按下启动按钮 SB_1或 SB_3时接触器 KM 不吸合，则说明控制电路有故障。

检测时，应切断控制电路电源（这一点与电压分阶测量法不同），然后一人按下 SB_1不放，另一人用万用表依次测量 0-1、0-2、0-3、0-4 两点之间的电阻值，根据测量结果即可找出故障点，如表 6.6 所示。

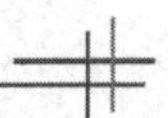

表 6.6　电阻分阶测量法所测电阻值及故障点

故障现象	测试状态	0-1	0-2	0-3	0-4	故障点
按下 SB_1 或 SB_3 时，KM 不吸合	按下 SB_1 不放	∞	*R*	*R*	*R*	SB_2 动断触点接触不良
		∞	∞	*R*	*R*	SB_1 或 SB_3 动合触点接触不良
		∞	∞	∞	*R*	FR 动断触点接触不良
		∞	∞	∞	∞	KM 线圈断路

注：*R* 为 KM 线圈的电阻值

2. 电阻分段测量法

按如图 6.9 所示方法测量时，首先切断电源，然后一人按下 SB_3 或 SB_4 不放，另一人把万用表的转换开关置于倍率适当的电阻挡，用万用表的红、黑两根表棒逐段测量相邻两点 1-2、2-3、3-4、4-5、5-0 之间的电阻值，如果测得的某两点之间的电阻值很大（∞），则说明该两点之间存在接触不良或导线断路故障，如表 6.7 所示。

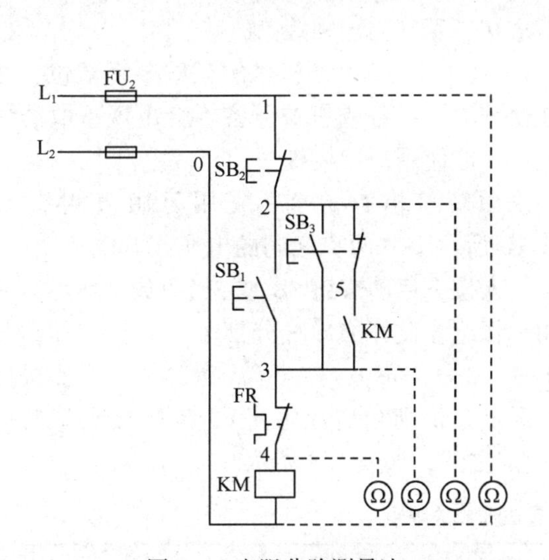

图 6.8　电阻分阶测量法

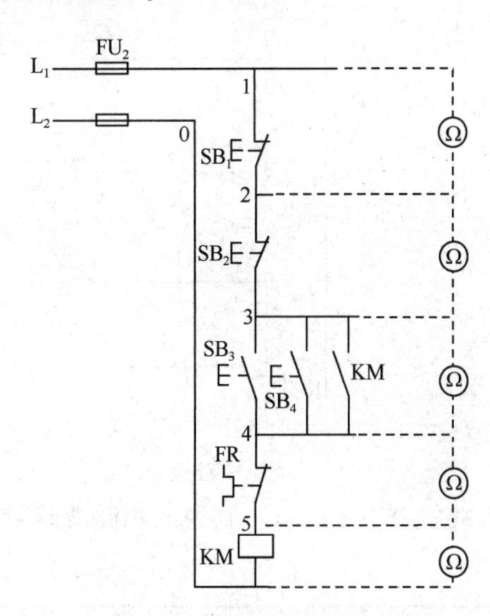

图 6.9　电阻分段测量法

表 6.7　电阻分段测量法所测电阻值及故障点

故障现象	测量点	电阻值	故障点
按下 SB_3 或 SB_4 时，KM 不吸合	1-2	∞	SB_1 动断触点接触不良
	2-3	∞	SB_2 动断触点接触不良
	3-4	∞	SB_3 或 SB_4 动合触点接触不良
	4-5	∞	FR 动断触点接触不良
	5-0	∞	KM 线圈断路

电阻分段测量法的优点是安全，缺点是测量的电阻值不准确，容易造成误判断，为此应注意以下几点。

（1）用电阻分段测量法检查故障时，一定要先切断电源。

（2）所测量电路若与其他电路并联，必须断开并联电路，否则所测电阻值不准确。

（3）测量大电阻电气元件时，要将万用表的电阻挡转换到适当的挡位。

6.3.7 短接检查法

机械设备的常见故障为断路故障，如导线断路、虚连、虚焊、触点接触不良、熔断器熔断等。对于这类故障，除了用电压检查法和电阻检查法，还有一种更为简便可靠的方法，就是短接检查法。检查时，用一根绝缘良好的导线将所怀疑的断路部位短接，若短接到某处时电路接通，则说明该处断路，如图 6.10 所示。

用短接检查法检查故障时必须注意以下几点。

（1）采用短接检查法时，是用手拿着绝缘导线带电操作的，所以一定要注意安全，避免发生触电事故。

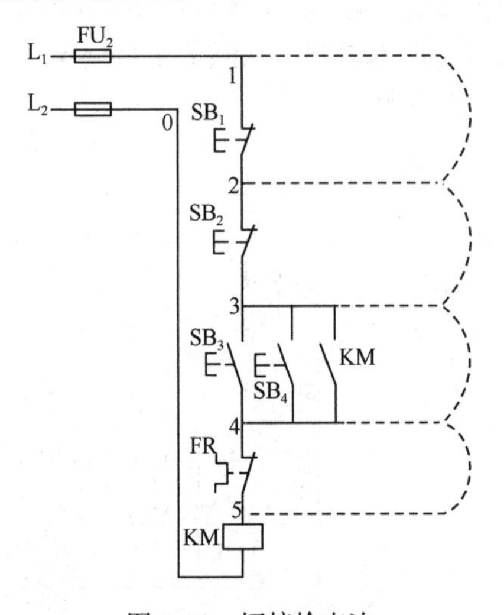

图 6.10 短接检查法

（2）短接检查法只适用于检查压降极小的导线及触点之类的断路故障，对于压降较大的电器，如电阻、线圈、绕组等断路故障不能采用短接检查法，否则会出现短路故障。

（3）对于工业生产机械的某些要害部位，必须在保证电气设备或机械设备不会出现事故的情况下，才能使用短接检查法。

采用短接检查法前，先用万用表测量如图 6.10 所示 1-0 两点之间的电压，若电压正常，则可一人按下启动按钮 SB_3 或 SB_4 不放，然后另一人用一根绝缘良好的导线分别短接标号相邻的两点 1-2、2-3、3-4、4-5（注意，千万不要短接 5-0 两点，否则会造成短路），当短接到某两点时，接触器 KM 吸合，则说明断路故障就在这两点之间，如表 6.8 所示。

表 6.8 短接检查法查找故障点

故障现象	短接点标号	KM 动作	故 障 点
按下 SB_3 或 SB_4 时，KM 不吸合	1-2	KM 吸合	SB_1 动断触点接触不良
	2-3	KM 吸合	SB_2 动断触点接触不良
	3-4	KM 吸合	SB_3 或 SB_4 动合触点接触不良
	4-5	KM 吸合	FR 动断触点接触不良

6.4 元器件与电动机故障的查找及分析

6.4.1 元器件故障的分类

按故障原因分类，元器件故障可分为自身故障、由过负荷引起的故障和由外界因素引起的故障。

1. 自身故障

这种故障是由元器件自身的质量原因引起的。例如，弹簧弹力不足使行程开关不能可靠复位，接触器触点闭合不好或多对触点闭合不一致等；金属变形使热继电器动作不准确，闸刀开关闭合时接触不良或动作卡滞等；导电材料纯度不够使接触器触点接触电阻增大，造成触点发热、耐弧能力不足、寿命缩短等。出现这类故障时，最好更换同型号的元器件。

2. 由过负荷引起的故障

元器件工作时，都有一定的电流和电压限制。例如，额定电流为 20A 的接触器，如果用于 40A 的电路中，就会造成接触器损坏。

3. 由外界因素引起的故障

外界因素包括机械力、震动、污物、较高的温度和湿度、霉菌、腐蚀性气体、强光等，这些外界因素都可能使元器件变性或者损坏。例如，污物会造成活动部件的卡滞，水蒸气会造成元器件的绝缘性能下降、爬电距离增加、金属腐蚀速度加快，高温会造成元器件寿命缩短，腐蚀性气体会造成元器件触点接触不良，紫外光的照射会加速元器件绝缘材料的老化等。

6.4.2 元器件故障的查找

1. 电阻元件的故障查找

电阻元件的主要参数有电阻值和功率。对怀疑有故障的电阻元件，可以通过测量其本身的电阻值加以判定。如果在路测量值比实际标称值大，则该电阻元件存在故障。

当需要测量电阻元件的热态电阻时，不能使用电阻表直接测量，而应采用伏安法，即在电阻元件回路中串接一只电流表、并联一只电压表，待测出其工作电压、工作电流后，用欧姆定律求出其电阻值。

2. 电容元件的故障查找

电容元件的主要参数有标称容量、耐压值、漏电阻、损耗因数等，其中能够测量的只有标称容量和漏电阻。在外加直流电压下，由于回路中存在电阻，所以电容的电压呈指数上升，充电电流呈指数下降。

据此，电容的容量可用欧姆表简单测算。根据刚加电瞬间指针的偏摆幅度可大致估计出电容的大小，等指针稳定后，指针的读数即为漏电阻。若要精确测量，则需使用专门的测电容仪表。用欧姆表测电容时的故障判断如表 6.9 所示。

表 6.9　用欧姆表测电容时的故障判断

序　号	欧姆表指针动作现象	电容器情况
1	各挡指针均没有反应	电容器容量消失或断路
2	低阻挡没有反应，高阻挡有反应	电容器容量减少

续表

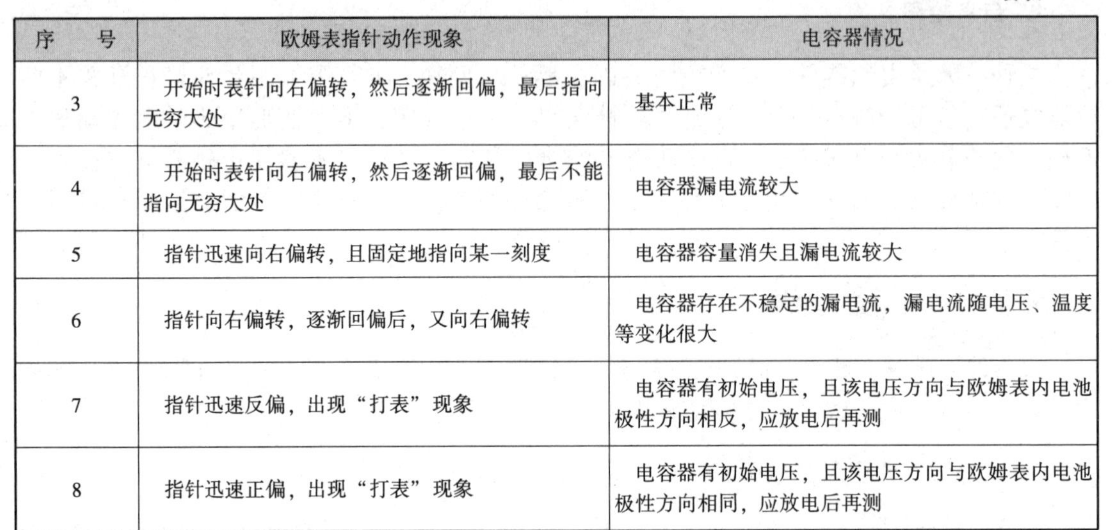

序 号	欧姆表指针动作现象	电容器情况
3	开始时表针向右偏转，然后逐渐回偏，最后指向无穷大处	基本正常
4	开始时表针向右偏转，然后逐渐回偏，最后不能指向无穷大处	电容器漏电流较大
5	指针迅速向右偏转，且固定地指向某一刻度	电容器容量消失且漏电流较大
6	指针向右偏转，逐渐回偏后，又向右偏转	电容器存在不稳定的漏电流，漏电流随电压、温度等变化很大
7	指针迅速反偏，出现“打表”现象	电容器有初始电压，且该电压方向与欧姆表内电池极性方向相反，应放电后再测
8	指针迅速正偏，出现“打表”现象	电容器有初始电压，且该电压方向与欧姆表内电池极性方向相同，应放电后再测

3. 电感元件的故障查找

电感元件的主要参数有电感量、允许偏差、品质因数和额定电流等。在实际测量时，只可测量直流电阻和交流电抗。若直流电阻和交流电抗无异常，则可认为电感元件没有故障。

6.4.3 交流电动机的故障分析

1. 三相交流电动机常见故障的分析

三相交流电动机的基本参数有电压、电流、频率、功率、功率因数、绕组电阻、绝缘电阻、转速、转差率、额定转矩、最大转矩、效率、温升等。为了判断电动机的故障点，可根据情况有选择地测量某些参数。三相交流电动机的常见故障简述如下。

（1）通电后电动机没有反应。对于这种情况，电源故障的可能性较大，其次是开关损坏、熔丝烧断或绕组断线。这些故障都不难查找，如前面所述的电压检查法、电阻检查法等都可以采用。

（2）接通电源后熔丝立即熔断，或运行很短的时间后熔丝就熔断。这种故障可能的原因包括以下几点。

① 定子绕组接地。通过测量绕组对外壳的绝缘电阻即可判定。由于绝缘电阻的数值较大，故常用兆欧表进行测量。在正常温度下，温度低于75℃的冷态绝缘电阻应相应增大。500V以下电动机的绝缘电阻参考值可参阅表6.10。

表6.10 500V以下电动机的绝缘电阻参考值

绕组温度/℃	0	5	10	15	20	25	30	35	40
绝缘电阻/MΩ	70	50	35	25	20	12	9	6	5

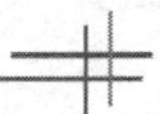

造成定子绕组接地的原因有绕组绝缘老化损坏绝缘及外力损伤等。

② 定子绕组相间短路。检测时，拆开绕组连接线，使三相绕组互相独立，用兆欧表测量三相绕组之间的绝缘电阻，应符合绝缘电阻的规定。

③ 定子绕组匝间短路。检测时，分别测量三相绕组的直流电阻，从三相电阻的平衡性可判断出绕组是否有断线（包括并联支路的断线）和短路（包括匝间短路）。

常用三相交流电动机绕组的直流电阻范围如表 6.11 所示。

表 6.11　常用三相交流电动机绕组的直流电阻范围

电动机额定容量/kW	10 以下	10～100	100 以上
绕组每相直流电阻/Ω	1～10	0.05～1	0.001～0.1

正常时，直流电阻的三相不平衡度应小于 5%，如果超出这个数值较多，即可认为发生了匝间短路或相间短路。

（3）接通电源后电动机不转，但有电流流过的“嗡嗡”声。可能的原因有三相电源缺相、一相绕组断线、匝间短路、机械卡死等，按照前面介绍的方法即可测定。

（4）空载时电流过大。可能的原因有电源电压太高，使磁路饱和严重，零序分量增加；定子和转子间的气隙过大；电动机重绕绕组时匝数不足；转子移位，使磁路有效面积减少等。

（5）空载时电流正常，转速也正常，但加上负载后，转速急剧下降；或带负载时不易启动，转速也较低。产生这种故障的原因如下。

① 电源电压太低，电动机负载能力下降，机械特性变软，带额定负载后，转速自然较低。

② 接线错误，误将三角形连接接成星形连接，使最大转矩降低为原来的 1/3。

③ 笼型电动机转子断条。断条以后，转子导体内感应的总电流小了，并且不对称，使得电磁转矩下降，转速降低。同时，定子电流波动使电动机出现震动现象。断条故障一般发生在笼条与短路端环的连接处，可用观察法和短路检查法检查。

（6）电动机有不正常的噪声。如果在空载时有不正常的噪声，且切断电源后噪声立即消失，则属于电磁噪声，它是由三相电流中零序分量过多造成的，可能的原因有电压过高、绕组匝间短路、三相电源不平衡等。

如果在空载和运行时均有不正常的噪声，且切断电源后，噪声随转速的降低而下降，则属于机械噪声，产生的原因可能是轴承损坏、定子与转子相碰、风扇碰端罩等，调整或更换相应的机械部件即可排除故障。

在运行过程中，如突然出现不正常的噪声，且电动机震动加大，则一般是由断相引起的。检查电源是否缺相，熔断器是否熔断，电动机绕组是否短路等，然后采取相应的措施。

（7）电动机震动较大。如果空载时电动机震动就较大，则一般是由安装基础不稳或刚度不够引起的，也可能是电动机本身的原因，如电动机动平衡失调、转轴弯曲等。

如果空载时电动机震动正常，负载时电动机震动加大，则可能是由传动装置不平衡或电动机轴线与负载轴线不对称引起的，此时应进行相应的调整。

（8）电动机温升过高。电动机温升过高是由电动机发热严重或散热不良造成的，电源电压过低或过高，都会使电动机的电流增大，导致发热量也相应地增加，因此应首先检查电源电压是否符合要求。

如果电动机过载运行，或电动机绕组存在短路、断路、接地等故障，也会造成电动机温升过高。可按前述方法进行检查。

当散热条件不好时，如风道堵塞、杂物覆盖或轴承磨损、润滑不良等，也会造成电动机的温升偏高。

2. 单相交流电动机常见故障的分析

（1）通电后电动机没有反应，可能的原因是电源故障。在排除电源故障后，应主要检查断路故障。

（2）接通电源后熔丝立即熔断，或运行很短的时间后熔丝就熔断。造成这种故障的原因有绕组匝间短路，主、副绕组短路，引线接地，电容器损坏等。

（3）接通电源后电动机不转，但有“嗡嗡”声。可能的原因有副绕组回路断线、主绕组断线等。

（4）空载时电流过大。可能的原因是电容器容量偏大，导致副绕组电流偏大，或电压过高，导致空载电流过大。

（5）电动机转速偏低。产生这种故障的原因可能是主绕组短路、离心开关断不开、机械阻力过大、负荷太大等。

思考与练习 6

1. 判断题

（1）采用电阻检查法检查电路时，可以不用关断电源直接检查。 （ ）

（2）短路故障发生时，往往伴随发热严重、产生火花、回路电压降低等现象。 （ ）

（3）当机械设备发生电气故障后，必须通电试车进行检修。 （ ）

（4）电阻检查法是利用万用表的电阻挡对线路进行带电测量的方法，是一种安全、有效的方法。 （ ）

2. 简答题

（1）电气元件安装前应如何进行质量检验？

（2）怎样进行检修前的故障检查？

（3）详细说明如何利用万用表进行电气故障的检测。

（4）三相交流电动机接通电源后，如果电动机不转，但有电流流过的“嗡嗡”声，试分析其故障原因。

技能训练篇

第7章 电气控制设备实训

知识目标

（1）掌握常用低压电器的测试方法。
（2）熟悉电气元件布局的原则。
（3）掌握绘制电气原理图的方法。
（4）熟悉安装控制线路的步骤。

技能目标

（1）能拆装和测试一些常用的低压电器。
（2）能识读电气原理图、电气元件布置图和电气安装接线图。
（3）能根据电气安装图合理布置电气元件。
（4）能安装、调试一般的电气线路。
（5）能妥善处理电气控制系统的故障。

实训是巩固基本理论知识、提高学生动手能力、培养高技能应用型人才的重要手段。通过实训，使学生熟悉常用低压电器的结构，掌握电气控制的基本规律，掌握电气原理图、电气元件布置图、电气安装接线图的设计方法，具备一定的电气控制线路的分析能力，具备一般生产机械电气控制设备的独立操作能力，并进一步掌握电气线路安装、调试、故障排除的方法。

实训项目一　常用低压电器的识别及测试

1. 实训目的

（1）认识交流接触器、低压断路器、刀开关、熔断器、热继电器等常用低压电器的结构。

(2) 掌握交流接触器的测试方法。

(3) 掌握常用电工工具和电工仪表的使用方法。

2. 实训设备和器件

表 7.1 项目一实训设备和器件

序 号	电器名称	电器型号	数 量
1	单相调压器	1kVA	1 台
2	交流接触器	CJ10-20	1 台
3	交流电压表		1 台
4	一般电工工具	扳手、螺丝刀、测电笔、剥线钳等	1 套
5	刀开关	HK2	1 个
6	熔断器		1 个
7	低压断路器	DZ15	若干个
8	热继电器	JR20	若干个

3. 实训原理

在设计和安装控制线路时，必须熟悉低压电器的外形结构及型号含义，并掌握简单的检查与测试低压电器的方法。下面以交流接触器为例介绍常用低压电器的测试方法，测试电路如图 7.1 所示。

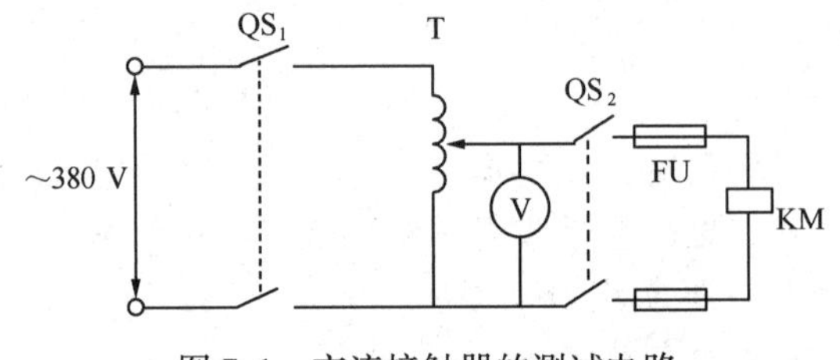

图 7.1 交流接触器的测试电路

4. 实训内容

1) 认识常用的低压电器

根据低压电器的实物，写出它们的名称。

2) 交流接触器的拆装及测试

(1) 拆装交流接触器，按以下步骤进行。

① 拆卸：拆下灭弧罩；拆下底盖螺钉；打开底盖，取出铁芯，注意衬垫纸片不要弄丢；取出缓冲弹簧和电磁线圈；取出反作用弹簧。拆卸完毕后将零部件放好，不要丢失。

② 观察：仔细观察交流接触器的结构，各零部件是否完好无损；观察铁芯上的短路环、位置及大小；记录交流接触器的有关数据。

③ 组装：安装反作用弹簧；安装电磁线圈；安装缓冲弹簧；安装铁芯；最后安装底盖，拧紧螺钉。安装时，不要碰损零部件。

④ 更换辅助触点：松开压线螺钉，拆除静触点；用镊子夹住动触点向外拆，即可拆除动触点；将触点插在静触点位置上，拧紧螺钉，即可完成静触点更换；用镊子或尖嘴钳夹住触点插入动触点位置，更换动触点。

⑤ 更换主触点：交流接触器的主触点一般采用桥式结构。先将静触点和动触点一一拆除，再依次更换。组装时，零部件必须到位，无卡阻现象。

（2）对交流接触器的释放电压进行测试，步骤如下。

① 按照图 7.1 所示接线。

② 闭合刀开关 QS_1，调节调压器为 380V；闭合 QS_2，交流接触器吸合。

③ 转动调压器手柄，使电压均匀下降，同时注意观察交流接触器的变化，并在表 7.2 中记录数据。

表 7.2　实训结果

电 源 电 压	开始出现噪声电压	接触器释放电压	释放电压/额定电压

（3）对交流接触器的最低吸合电压进行测试。

从释放电压开始，每次将电压上调 10V，然后闭合刀开关，观察交流接触器是否吸合，直到交流接触器能可靠吸合为止，在表 7.3 中记录数据。

表 7.3　实训结果

最低吸合电压（V）	吸合电压/电源电压

3）热继电器的识别

观察热继电器的外形结构；拆卸热继电器的侧面绝缘盖板，仔细观察热继电器的内部结构和热元件的组成；观察动作机构、复位按钮和动合、动断触点，分析热继电器是如何调节整定电流的；重新装上盖板，使热继电器恢复原状。

5. 注意事项

接线要牢靠，操作时要胆大、心细、谨慎，不允许用手触及各电气元件的导电部分，以免发生触电及意外损伤。

6. 思考与讨论

交流接触器与热继电器在结构、工作原理和使用方面有何不同？

实训项目二　电压继电器动作电压的整定

1. 实训目的

（1）熟悉电压继电器的结构、工作原理、型号规格及使用方法。

（2）掌握电压继电器的吸合电压和释放电压的整定方法。

2. 实训设备和器件

表 7.4　项目二实训设备和器件

序　号	电器名称	电器型号	数　量
1	单相调压器	1kVA	1台
2	电压继电器		1个
3	熔断器		2个
4	万用表	MF500-B 型	1台
5	一般电工工具	扳手、螺丝刀、测电笔、剥线钳等	1套
6	滑线变阻器		1台
7	指示灯	220V	1个
8	兆欧表		1台

3. 实训原理

电压继电器以电压为输入信号，具有电压型电磁结构。电压继电器的整定电路如图 7.2 所示。

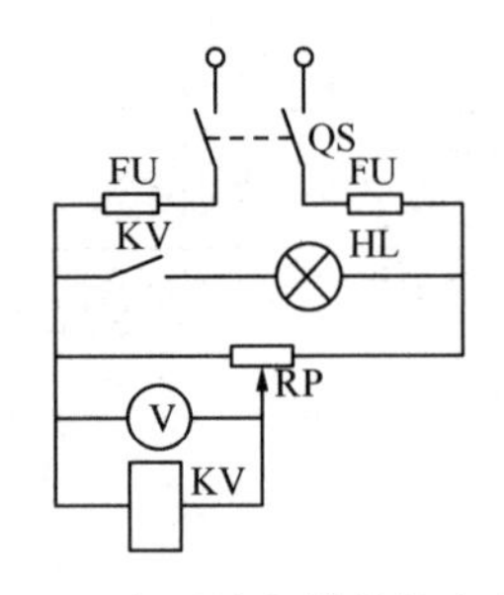

图 7.2　电压继电器的整定电路

4. 实训内容

1）一般性检查

一般性检查主要指观察继电器是否完好无损。检查的内容主要包括：外壳是否干净，内部是否有灰尘；接线端子是否齐全，触点有无松动；各元件的位置、状态是否正常，有无摩擦现象等。

2）通路与绝缘检测

检测的内容主要有：用万用表的欧姆挡测量电压继电器的线圈是否通路，所有主触点和辅助触点是否正常；用兆欧表测量电压继电器导电部分与附近金属部分之间的绝缘电阻，主要测量铁芯与线圈、线圈与接点等之间的绝缘电阻。

3）动作电压的整定

（1）按图 7.2 连接线路，图中的指示灯 HL 用于指示衔铁动作，当衔铁吸合带动电压继电器自身的动合触点闭合时，指示灯电路接通，只要指示灯亮即可知道衔铁已经动作。

（2）吸合电压的整定。电压继电器可采用滑线变阻器取分压的方法以获取其吸合电压。

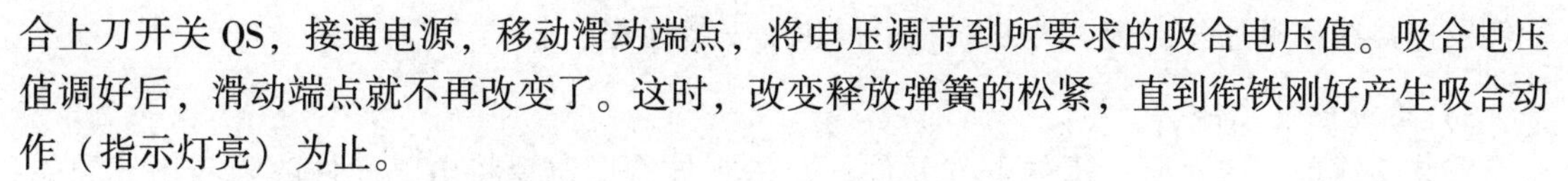

合上刀开关 QS，接通电源，移动滑动端点，将电压调节到所要求的吸合电压值。吸合电压值调好后，滑动端点就不再改变了。这时，改变释放弹簧的松紧，直到衔铁刚好产生吸合动作（指示灯亮）为止。

（3）释放电压的整定。释放电压与吸合电压的调整方法不同。先合上刀开关 QS，接通电源使衔铁吸合。移动滑动端点，将线圈电压减小至所要求的释放电压。若衔铁不释放，则断开刀开关 QS，在衔铁内侧加装非磁性垫片。重新合上刀开关，若衔铁还不释放，则再断开刀开关 QS，增加非磁性垫片的厚度，直至衔铁刚好产生释放动作为止。这时指示灯从亮变为不亮，表示衔铁从吸合状态转入释放状态。

5. 注意事项

接线要牢靠，不允许用手触及各电气元件的导电部分，以免发生触电及意外损伤。

6. 思考与讨论

电压继电器、电流继电器、热继电器之间有何区别？

实训项目三　三相异步电动机点动控制线路

1. 实训目的

（1）通过完成三相异步电动机点动控制实际接线，掌握由电气原理图绘制电气安装接线图的知识。

（2）能够根据电气原理图绘制电气安装接线图，且布局合理；能够正确安装电动机控制线路。

（3）初步掌握识图与电气线路的分析方法，能根据电气原理图和故障现象准确分析与判断故障原因。

2. 电动机控制线路的绘制、安装与调试步骤

1）熟悉电气原理图

为了能够顺利地完成接线、调试和线路故障排除工作，必须认真阅读电气原理图。要看懂线路中各电气元件之间的控制关系及连接顺序；分析线路的控制动作，以便确定检查线路的步骤和方法；明确电气元件的数量、种类和规格；对于比较复杂的线路，还应看懂是由哪些基本控制环节组成的，并分析这些环节之间的逻辑关系。

为了方便线路投入运行后的日常维修和故障排除，必须按规定给电气原理图标注线号。应将主电路与辅助电路分开标注，各自从电源端标起，各相线分开，按顺序标注到负荷端。标注时应做到每段导线均有线号，并且一线一号，不得重复。

2）绘制电气安装接线图

在电气安装接线图中，各电气元件都要按照在安装底板或电气控制箱（柜）中的实际安装位置绘出；元件所占据的面积按它的实际尺寸依照统一的比例绘制；一个元件的所有部件应画在一起，并用虚线框起来。各电气元件之间的位置关系视安装底板的面积大小、长宽比例及连接线的顺序来决定，并要注意不得违反安装规程。

3）检查电气元件

安装接线前，应对所使用的电气元件逐个进行检查，避免将电气元件故障与由线路错接、漏接造成的故障混在一起。对电气元件的检查主要包括以下几个方面。

（1）电气元件外观是否清洁、完整；外壳有无碎裂；零部件是否齐全、有效；各接线端子及紧固件有无缺失、生锈等现象。

（2）电气元件的触点有无熔焊、黏结、变形、严重氧化、锈蚀等现象；触点的闭合、分断动作是否灵活；触点的开距、超程是否符合标准；压力弹簧是否有效。

（3）低压电器的电磁机构和传动部件的动作是否灵活；有无衔铁卡阻、吸合位置不正等现象；新品使用前应清除铁芯端面的防锈油；检查衔铁复位弹簧是否正常。

（4）用万用表或电桥检查所有元器件的电磁线圈（包括继电器、接触器及电动机）的通断情况，测量它们的直流电阻值并做好记录，以备在检查线路和排除故障时参考。

（5）检查有延时作用的电气元件的功能；检查热继电器的热元件和触点的动作情况。

（6）核对各电气元件的规格与图纸要求是否一致。

为提高安装线路的工作效率，电气元件应先检查、后使用，避免安装接线后发现问题再拆换。

4）固定电气元件

按照电气安装接线图规定的位置将电气元件固定在安装底板上。电气元件之间的距离要适当，既要节省板面，又要方便走线和投入运行后的检修。固定电气元件时应按以下步骤进行。

（1）定位。将电气元件摆放在确定好的位置上，排列应整齐，以保证连接导线时能够横平竖直、整齐美观，同时尽量减少弯折。

（2）打孔。用手钻在做好的记号处打孔，孔径应略大于固定螺钉的直径。

（3）固定。在安装底板上所有的安装孔均打好后，用螺钉将电气元件固定在安装底板上。

固定元件时，应注意在螺钉上加装平垫圈和弹簧垫圈。紧固螺钉时，将弹簧垫圈压平即可，不要过分用力，防止用力过大将元件的底板压裂。

5）按图连接导线

连接导线时，必须按照电气安装接线图规定的走线进行。一般从电源端起按线号顺序进行，先连主电路，再连辅助电路。

接线前应做好准备工作，如按主电路、辅助电路的电流容量选好规定截面的导线；准备适当的线号管；使用多股线时应准备烫锡工具或压接钳等。

连接导线时应按以下的步骤进行。

（1）选择适当截面的导线，按电气安装接线图规定的方位，在固定好的电气元件之间测量所需要的长度，截取适当长短的导线，剥去两端的绝缘外皮。为保证导线与端子接触良好，要用电工刀将芯线表面的氧化物刮掉。使用多股芯线时，要将线头绞紧，必要时应做烫锡处理。

（2）走线时应尽量避免导线交叉。先将导线校直，把同一走向的导线汇成一束，依次弯向所需要的方向。走线时应做到横平竖直、拐直角弯。走好的导线束用铝线卡垫上绝缘物卡好。

(3) 将成形好的导线套上写好的线号管，根据接线端子的情况，将芯线弯成圆环或直接压进接线端子。

(4) 接线端子应紧固好，必要时加装弹簧垫圈紧固，防止电气元件动作时因振动而松脱。

接线过程中注意对照图纸核对，防止错接，必要时用试灯、蜂鸣器或万用表校线。同一接线端子内压接两根以上的导线时，可以只套一只线号管；导线截面不同时，应将截面大的放在下层，截面小的放在上层；线号要用不易褪色的墨水工整地书写。

6) 检查线路和调试

连接好的控制线路必须经过认真的检查后才能通电调试。检查线路时应按以下步骤进行。

(1) 核对接线。对照电气原理图、电气安装接线图，从电源端开始逐段核对端子接线的线号，排除漏接、错接现象。

(2) 检查端子接线是否牢固。检查所有端子接线的接触情况，用手摇动、拉拔端子的接线，不允许有松动与脱落现象。

(3) 用万用表导通法检查。在控制线路不通电时，手动模拟电器的操作动作，用万用表检查与测量线路的通断情况。根据线路控制动作来确定检查步骤和内容；根据电气原理图和电气安装接线图选择测量点。先断开辅助电路，以便检查主电路的情况，然后断开主电路，以便检查辅助电路的情况。主要检查以下内容。

① 主电路不带负荷（电动机）时的相间绝缘情况；接触器主触点接触的可靠性；正、反转控制线路的电源换相线路及热继电器热元件是否良好，动作是否正常等。

② 辅助电路的各个控制环节及自锁、联锁装置的动作情况；与设备运动部件联动的元件（如行程开关、速度继电器等）动作的正确性和可靠性；保护电器（如热继电器）动作的准确性等。

(4) 调试与调整。为保证安全，通电调试必须在指导老师的监护下进行。调试前应做好准备工作，包括：清点工具；清除安装底板上的线头杂物；装好接触器的灭弧罩；检查各组熔断器的熔体；分断各开关，使按钮、行程开关处于未操作前的状态；检查三相电源是否对称等。准备就绪，按下面的步骤通电调试。

① 空操作试验。先切除主电路（一般可断开主电路熔断器），装好辅助电路熔断器，接通三相电源，使线路不带负荷（电动机）通电，以检查辅助电路的工作是否正常；操作各按钮检查它们对接触器、继电器的控制作用；检查接触器的自锁、联锁等控制作用；用绝缘棒操作行程开关，检查它的行程控制（限位控制）作用等；观察各电器操作动作的灵活性，注意有无卡住或阻滞等不正常现象；细听电器动作时有无过大的噪声；检查有无线圈过热等现象。

② 带负荷调试。控制线路经过数次空操作试验且动作无误后方可切断电源，接通主电路，带负荷调试。电动机启动前应先做好停机准备，启动后要注意它的运行情况。如果发现电动机启动困难、发出噪声或线圈过热，应立即停机，确保在切断电源后进行检查。

③ 有些线路的控制动作需要调整。例如，星形—三角形启动线路的转换时间，反接制

动线路的终止速度等。应按照各线路的具体情况确定调整步骤，调试运转正常后，才能投入正常运行。

3. 实训设备和器件

表 7.5　项目三实训设备和器件

序　　号	电器名称	数　　量	序　　号	电器名称	数　　量
1	三相电源开关	1个	5	熔断器	5个
2	交流接触器	1台	6	一般电工工具	1套
3	接线端子板	1个	7	三相异步电动机	1台
4	二位按钮	1个	8	导线	若干米

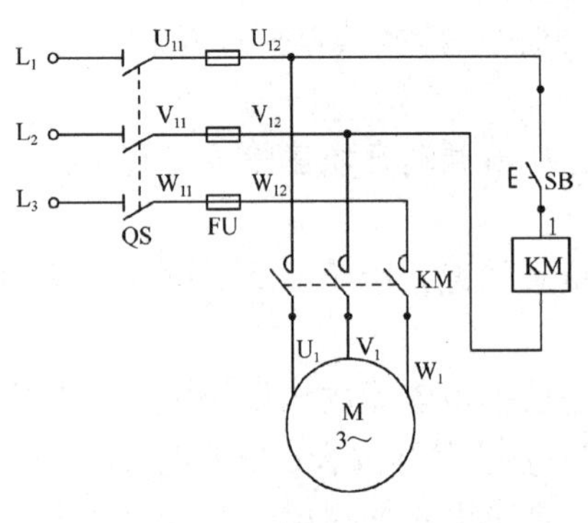

图 7.3　三相异步电动机单向点动控制线路

4. 实训原理

三相异步电动机单向点动控制线路如图 7.3 所示。当合上电源开关 QS 时，电动机是不会启动运行的，因为这时接触器 KM 的线圈未通电，它的主触点处于断开状态，电动机 M 的定子绕组上没有电压。当按下按钮 SB 时，线圈 KM 通电，主电路中的主触点 KM 闭合，电动机 M 启动运行。当松开按钮 SB 时，线圈 KM 失电，主触点断开，切断电动机 M 的电源，电动机停止转动。

5. 实训内容和步骤

(1) 熟悉电气原理图，并绘制电气安装接线图。三相异步电动机单向点动控制线路电气元件布置图如图 7.4 所示，电气安装接线图如图 7.5 所示。

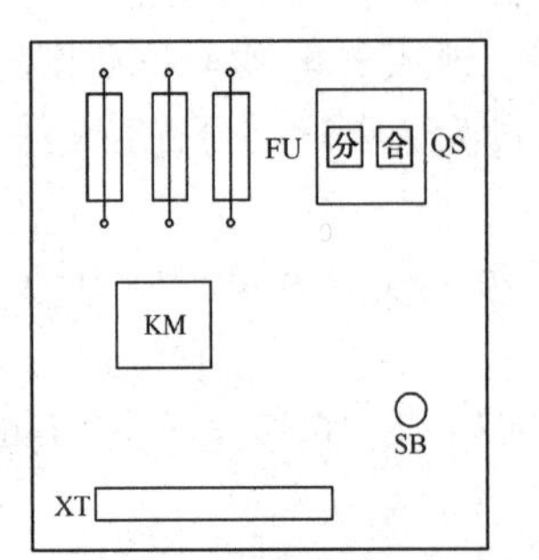

图 7.4　单向点动控制线路电气元件布置图

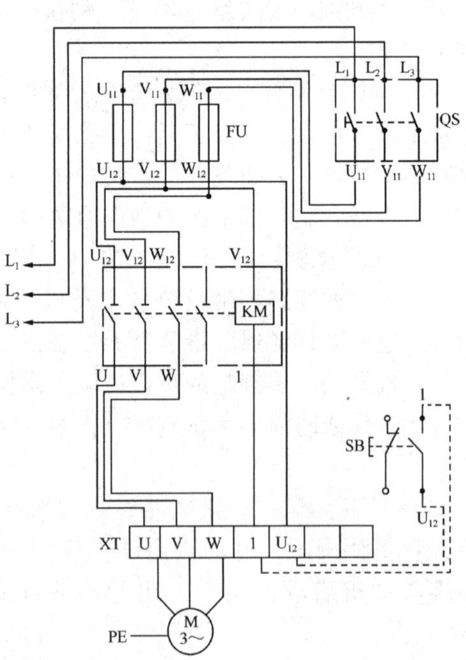

图 7.5　单向点动控制线路电气安装接线图

（2）检查电气元件，确认电气元件质量合格后固定电气元件。

（3）按电气安装接线图接线。连接动力电路的导线采用黑色，连接控制电路的导线采用红色。图 7.5 中实线表示明配线，虚线表示暗配线，安装后应符合要求。

（4）检测与调试。接线完成后，检查接线是否有误，经指导教师检查允许后方可通电。

接通交流电源，合上开关 QS，此时电动机不转；按下按钮 SB，电动机启动运行；松开按钮，电动机停转。若电动机出现不能点动控制或熔丝熔断等故障，则应分断电源，分析并排除故障后方可继续调试。

6. 注意事项

接线要牢靠，不允许用手触及各电气元件的导电部分，以免发生触电及意外损伤。

7. 思考与讨论

简述电气控制线路的安装步骤和工艺要求。

实训项目四 三相异步电动机单向控制线路

1. 实训目的

（1）学习绘制电气安装接线图。

（2）熟悉安装控制线路的步骤。

（3）培养电气线路的安装与操作能力。

2. 实训设备和器件

表 7.6 项目四实训设备和器件

序 号	电器名称	数 量
1	三相电源开关	1 个
2	交流接触器	1 台
3	接线端子板	1 个
4	二位按钮	1 个
5	熔断器	5 个
6	热继电器	1 个
7	一般电工工具	1 套
8	三相异步电动机	1 台
9	导线	若干米

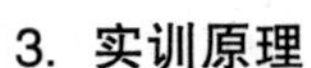

3. 实训原理

三相异步电动机单向直接启动控制线路的电气原理图如图 7.6 所示。

4. 实训内容和步骤

（1）识读三相异步电动机单向直接启动控制线路的电气原理图。

（2）根据电气原理图绘制电气安装接线图。三相异步电动机单向直接启动控制线路的电气元件布置图如图 7.7 所示，电气安装接线图如图 7.8 所示。

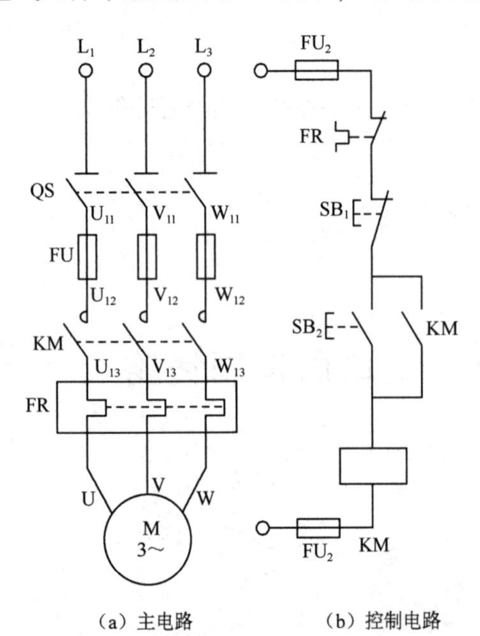

图 7.6　三相异步电动机单向直接启动控制线路的电气原理图

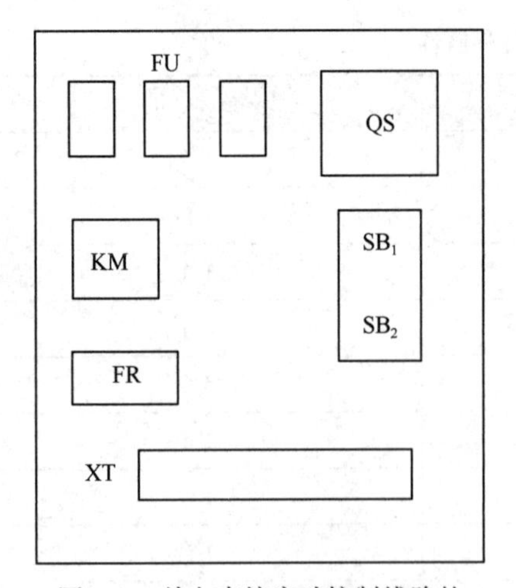

图 7.7　单向直接启动控制线路的电气元件布置图

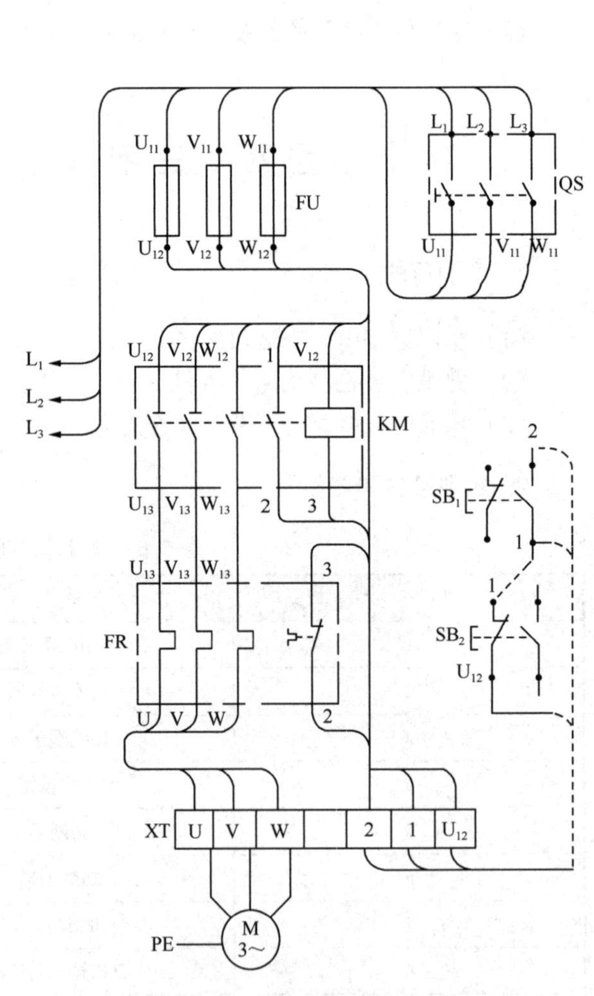

图 7.8　单向直接启动控制线路的电气安装接线图

（3）检查各电气元件。

（4）固定各电气元件，并完成导线连接。

（5）检查控制线路的接线是否正确，工艺是否美观。

（6）经教师检查后，通电调试。

确认接线正确后，接通交流电源 L_1、L_2、L_3，合上开关 QS，按下 SB_1，电动机应启动并连续转动，按下 SB_2，电动机应停转。若按下 SB_1 电动机启动运转后，电源电压降到 320V 以下或电源断电，则接触器 KM 的主触点会断开，电动机停转。再次恢复电压为 380V（允许±10%波动），电动机应不会自行启动——具有欠电压或失电压保护。

如果电动机转轴卡住，则在几秒钟内热继电器应动作，断开加在电动机上的交流电源（注意，时间不能超过 10s，否则电动机会过热冒烟导致损坏）。

5. 注意事项

接线要牢靠，不允许用手触及各电气元件的导电部分，以免发生触电及意外损伤。

6. 思考与讨论

比较点动控制和单向长动控制线路在结构和功能上有何区别？

实训项目五　三相异步电动机接触器联锁正反转控制线路

1. 实训目的

（1）掌握三相异步电动机接触器联锁正反转控制线路的工作原理。

（2）学习电动机正反转控制线路的安装工艺。

（3）熟悉电气联锁的使用方法和接线方法。

（4）培养对电气控制线路的故障分析和排除能力。

2. 实训设备和器件

表 7.7　项目五实训设备和器件

序　号	电器名称	数　量
1	三相电源开关	1个
2	交流接触器	2台
3	热继电器	1个
4	三位按钮	1个
5	熔断器	5个
6	一般电工工具	1套
7	三相异步电动机	1台
8	导线	若干米

3. 实训原理

三相异步电动机接触器联锁正反转控制线路的电气原理图如图 7.9 所示。

4. 实训内容和步骤

（1）分析三相异步电动机接触器联锁正反转控制线路的电气原理图。

（2）根据电气原理图绘制电气安装接线图。三相异步电动机接触器联锁正反转控制线路的电气元件布置图如图 7.10 所示，电气安装接线图如图 7.11 所示。

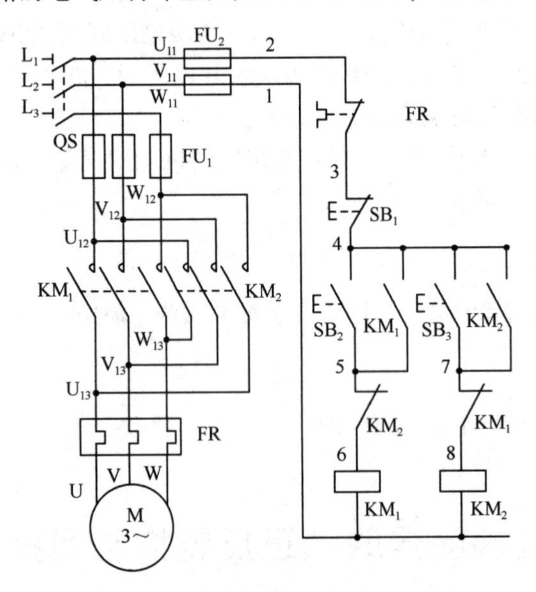

图 7.9 接触器联锁正反转控制线路的电气原理图

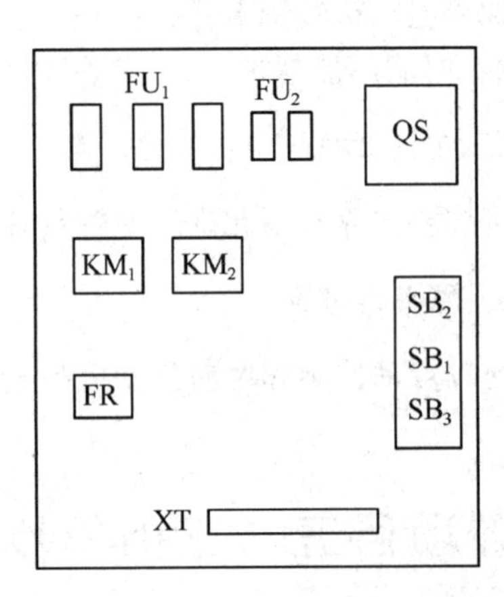

图 7.10 接触器联锁正反转控制线路的电气元件布置图

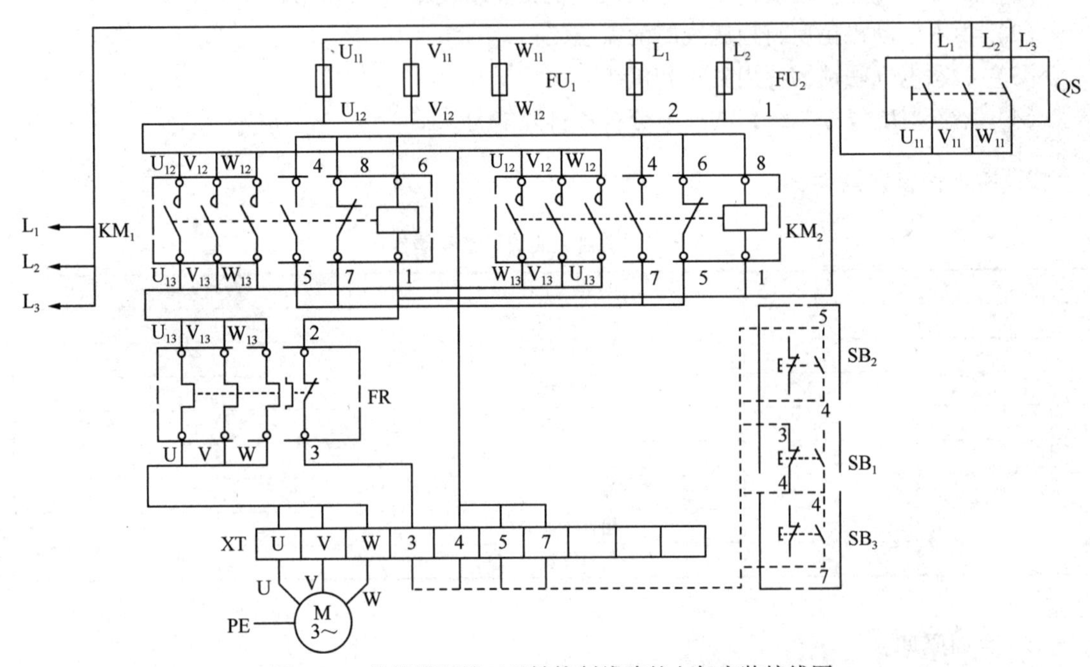

图 7.11 接触器联锁正反转控制线路的电气安装接线图

（3）检查各电气元件。
（4）固定各电气元件，并完成导线连接。
（5）检查控制线路的接线是否正确，工艺是否美观。
（6）经教师检查后，通电调试。

仔细检查，确认接线无误后，接通交流电源。按下 SB_2，电动机应正转（若不符合转向要求，则停机后换接电动机定子绕组任意两个接线），按下 SB_3，电动机继续正转。如果希望电动机反转，则应先按下 SB_1，使电动机停转，再按下 SB_3，此时电动机反转。若线路不能正常工作，则应分析并排除故障，使线路能够正常工作。

5. 注意事项

接线后要认真核对接线，重点检查主电路 KM_1 和 KM_2 之间的换相线及辅助电路中接触器辅助触点之间的连接线。

6. 思考与讨论

三相异步电动机接触器联锁正反转控制线路有何缺点？

实训项目六　三相异步电动机双重联锁正反转控制线路

1. 实训目的

（1）掌握电气联锁、按钮联锁正反转控制方法。
（2）熟悉双重联锁的使用方法和接线方法。
（3）培养电气线路的安装与操作能力。

2. 实训设备和器件

表 7.8　项目六实训设备和器件

序　号	电器名称	数　量
1	三相电源开关	1个
2	交流接触器	2台
3	热继电器	1个
4	三位按钮	1个
5	熔断器	5个
6	接线端子板	1个
7	一般电工工具	1套
8	三相异步电动机	1台
9	导线	若干米

3. 实训原理

三相异步电动机双重联锁正反转控制线路的电气原理图如图 7.12 所示。

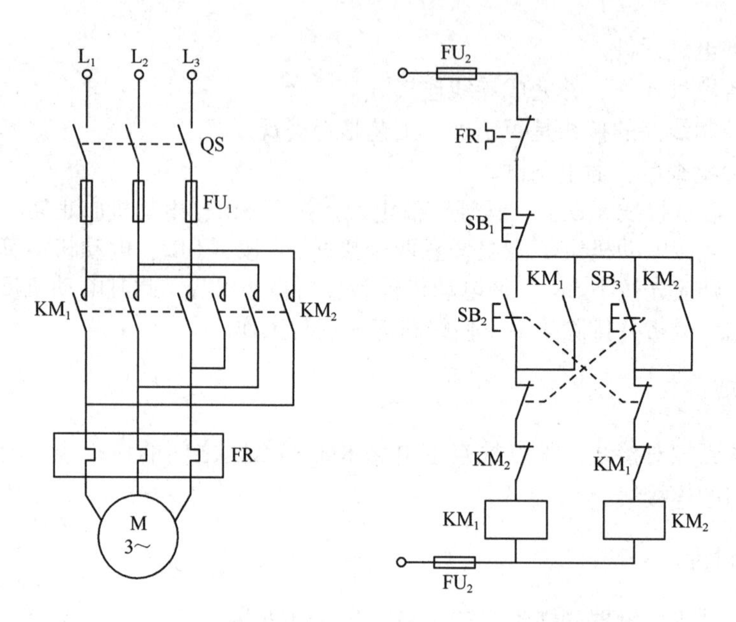

图 7.12　双重联锁正反转控制线路的电气原理图

4. 实训内容和步骤

（1）识读并分析三相异步电动机双重联锁正反转控制线路的电气原理图。

（2）根据电气原理图绘制电气安装接线图。三相异步电动机双重联锁正反转控制线路的电气安装接线图如图 7.13 所示。

（3）检查各电气元件。

（4）固定各电气元件，并完成导线连接。

（5）检查控制线路的接线是否正确，工艺是否美观。

（6）经教师检查后，通电调试。

确认接线牢固、无误后，按下 SB_1，电动机应正转；按下 SB_3，电动机应停转；按下 SB_2，电动机应反转；松开 SB_2，再按下 SB_1，电动机应从反转状态变为正转状态。若控制线路不能正常工作，则应在分析与排除故障后重新操作。

5. 注意事项

双重联锁正反转控制线路的接线比较复杂，接线后要对照电气原理图认真逐线核对接线，重点检查主电路 KM_1和 KM_2之间的换相线及辅助电路中按钮、接触器辅助触点之间的连接线。要特别注意每一对触点的上、下端子接线不可颠倒。

提示：在本实训中可用万用表做以下几项检查。

摘下 KM_1和 KM_2的灭弧罩，合上隔离开关 QS，用万用表 R×1Ω 挡检查。

（1）检查主电路。断开 FU_2，切除辅助电路，检查各相通路和换相通路。

（2）检查辅助电路。断开 FU_1，切除主电路，接通 FU_2。用万用表笔接 QS 上端的 L_1、L_3端子，做以下几项检查。

① 检查启动和停机控制功能。分别按下 SB_2、SB_3，应测得 KM_1、KM_2线圈的电阻值；在操作 SB_2和 SB_3的同时按下 SB_1，万用表应显示电路由通而断。

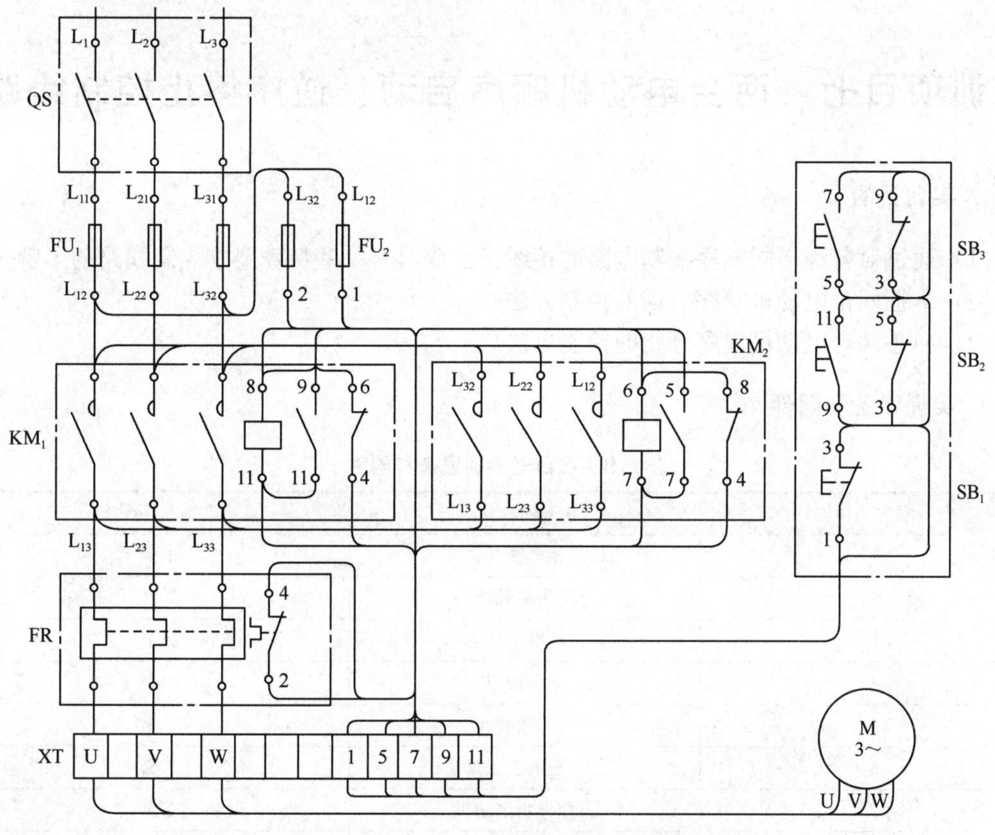

图7.13　双重联锁正反转控制线路的电气安装接线图

② 检查自锁线路。分别按下 KM_1、KM_2的触点架，应测得 KM_1、KM_2线圈的电阻值；如果在操作的同时按下 SB_1，则万用表应显示电路由通而断。如果测量时发现异常，则重点检查接触器自锁触点上、下端子的连线。容易接错的地方有：将 KM_1的自锁线错接到 KM_2的自锁触点上；将动断触点用作自锁触点等。

③ 检查按钮联锁。按下 SB_2，测得 KM_1线圈的电阻值后，再同时按下 SB_3，万用表显示电路由通而断；同样，先按下 SB_3，再同时按下 SB_2，也应测得电路由通而断。如果测量时发现异常，应重点检查按钮盒内 SB_1、SB_2和 SB_3之间的连线；检查按钮盒引出护套线与接线端子板 XT 的连接是否正确，如发现错误，应及时纠正。

④ 检查辅助触点联锁线路。按下 KM_1触点架，测得 KM_1线圈电阻值后，再同时按下 KM_2触点架，万用表应显示电路由通而断；同样，先按下 KM_2触点架，再同时按下 KM_1触点架，也应测得电路由通而断。如发现异常，应重点检查接触器动断触点与相反转向接触器线圈端子之间的连线。常见的错误接线是：将动合触点错当联锁触点；将接触器的联锁线错接到同一接触器的线圈端子上等，应对照电气原理图、电气安装接线图认真核查并排除错接故障。

6. 思考与讨论

为什么要采用双重联锁？采用按钮或接触器联锁各有哪些弊端？

实训项目七　两台电动机顺序启动、逆序停止控制线路

1. 实训目的

(1) 通过对各种不同顺序控制电路的接线，加深对有一些特殊要求控制线路的了解。
(2) 掌握两台电动机顺序启动的控制方法。
(3) 熟悉两台电动机逆序停止的控制方法。

2. 实训设备和器件

表 7.9　项目七实训设备和器件

序　　号	电 器 名 称	数　　量
1	三相电源开关	1 个
2	交流接触器	2 台
3	热继电器	2 个
4	三位按钮	2 个
5	熔断器	5 个
6	一般电工工具	1 套
7	三相异步电动机	2 台
8	导线	若干米

3. 实训原理

两台电动机顺序启动、逆序停止控制线路如图 7.14 所示。

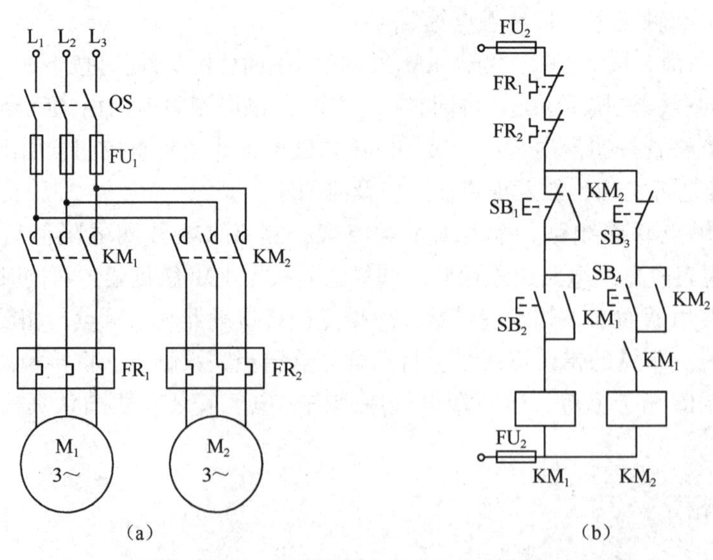

图 7.14　两台电动机顺序启动、逆序停止控制线路

4. 实训内容和步骤

（1）熟悉电气原理图，分析线路的控制原理。
（2）找到对应的交流接触器等器件，检查器件是否完好。
（3）固定电气元件。
（4）按电气安装接线图接线，接线要牢固，操作要文明。
（5）接线完成且自查无误后，经指导教师检查合格后方可通电。

5. 检测与调试

（1）接通三相交流电源。
（2）按下 SB_2，观察并记录电动机及接触器的运行状态。
（3）同时按下 SB_4，观察并记录电动机及接触器的运行状态。
（4）在 M_1 与 M_2 都运行时，单独按下 SB_1，观察并记录电动机及接触器的运行状态。
（5）在 M_1 与 M_2 都运行时，单独按下 SB_3，观察并记录电动机及接触器的运行状态。
（6）按下 SB_3，当 M_2 停止后再按下 SB_1，观察并记录电动机及接触器的运行状态。

6. 思考与讨论

举例说明两台电动机顺序启动、逆序停止控制线路在生产上的应用。

实训项目八　三相异步电动机星形—三角形降压启动控制线路

1. 实训目的

（1）熟悉时间继电器的结构、工作原理及使用方法。
（2）掌握三相异步电动机星形—三角形降压启动的控制方法。
（3）培养电气线路的安装与操作能力。

2. 实训设备和器件

表 7.10　项目八实训设备和器件

序　号	电器名称	数　量
1	三相电源开关	1 个
2	交流接触器	3 台
3	热继电器	1 个
4	三位按钮	1 个
5	熔断器	5 个
6	一般电工工具	1 套
7	三相异步电动机	1 台
8	时间继电器	1 个
9	导线	若干米

3. 实训原理

三相异步电动机星形—三角形降压启动控制线路的电气原理图如图 7.15 所示。

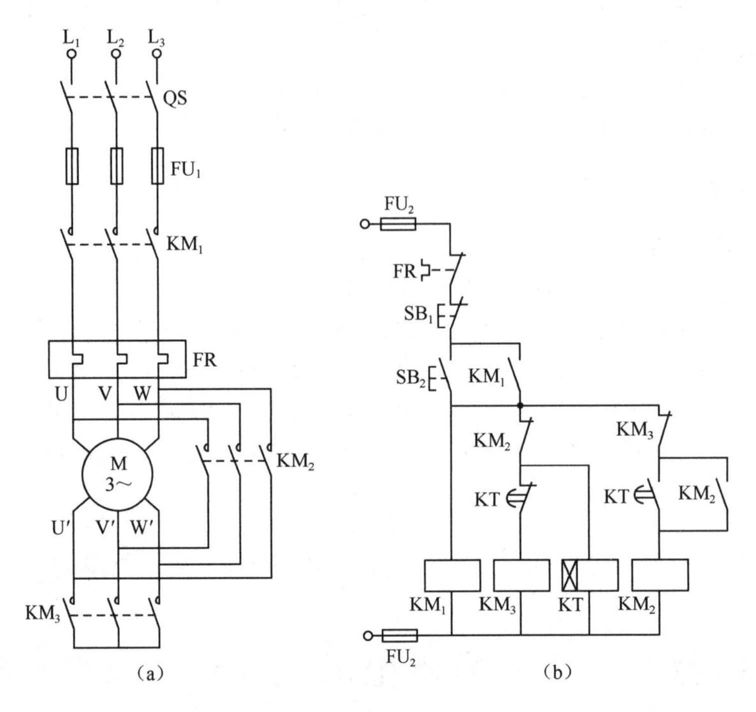

图 7.15　三相异步电动机星形—三角形降压启动控制线路的电气原理图

4. 实训内容和步骤

（1）分析三相异步电动机星形—三角形降压启动控制线路的电气原理图。

（2）绘制电气安装接线图，正确标注线号。

将主电路中 QS、FU_1、KM_1和 KM_3排成直线，KM_2与 KM_3并列放置。将 KT 与 KM_1并列放置，并且与 KM_2在纵方向对齐，使各电气元件排列整齐，走线美观，维护方便。注意，主电路中各接触器主触点的端子号不能标错；辅助电路的并联支路较多，应对照电气原理图看清楚连线方位和顺序。三相异步电动机星形—三角形降压启动控制线路的电气安装接线图如图 7.16 所示。其中 5 号线连接端子较多，应认真核对连线，防止漏标编号。

（3）检查各电气元件。

本实训首次使用 JS7-1A 型气囊式时间继电器。对时间继电器的检查应首先检查其延时类型，如不符合要求，应将电磁机构拆下，倒转方向后装回。用手压合衔铁，观察延时动作是否灵活，将延时时间调整到 5s（调节时间继电器上端的针阀）左右。

（4）固定电气元件，安装接线。除了按常规方法固定各电气元件，还要注意时间继电器的安装方位。如果设备运行时安装底板垂直于地面，则时间继电器的衔铁释放方向必须指向下方，否则违反安装规程。

（5）按照电气安装接线图连接导线。主电路中所使用的导线截面积较大，注意将各接线端子压紧，保证端子处接触良好，防止因振动引起松动或脱落。辅助电路的 5 号线所连接

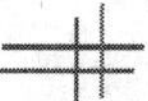

的端子较多，其中 KM_3动断触点上端子到 KT 延时触点上端子之间的连线容易漏接；13 号线中 KM_1线圈上端子到 KM_2动断触点上端子之间的一段连线也容易漏接，应注意检查。

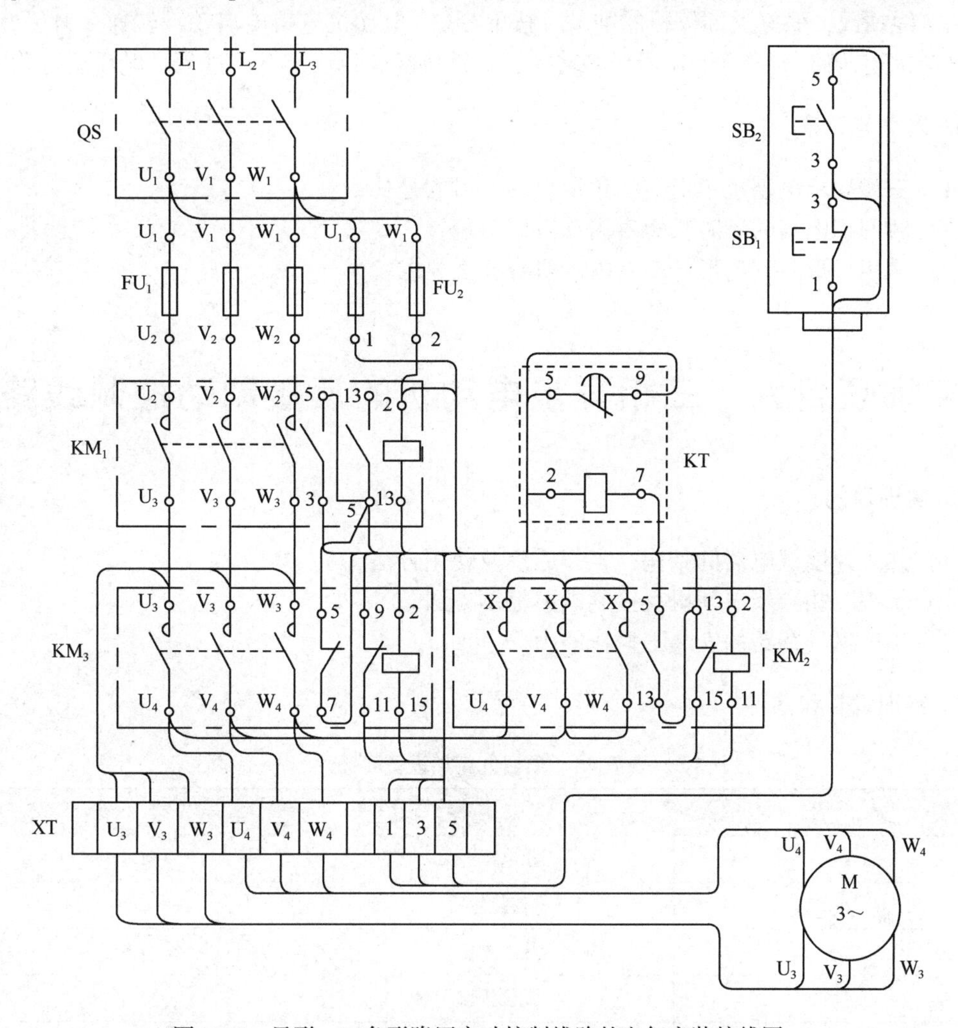

图 7.16　星形—三角形降压启动控制线路的电气安装接线图

（6）检查线路。先按常规要求检查，对照电气原理图和电气安装接线图仔细核对连接导线，重点检查主电路接线和辅助电路中按钮、接触器辅助触点之间的连线；再检查端子处接线是否牢靠，及时排除接触不实的隐患；最后用万用表检查线路的通断，卸下接触器灭弧罩，将万用表拨到 R×1Ω 挡，分别检查主电路和辅助电路的启动控制、联锁保护、KT 控制功能是否正常。

（7）经教师检查合格后通电调试。

5. 检测与调试

接通三相交流电源，在指导老师的监护下通电调试。

（1）空操作试验。断开 FU_1，切除主电路，合上 QS，按下 SB_2，KT、KM_2和 KM_1应立即得电动作；经过 5s 后，KT 和 KM_2断电释放，同时 KM_3得电动作。按下 SB_1，则 KM_1和

KM_3释放。反复操作几次，检查线路动作的可靠性。调节 KT 的针阀，使其延时更准确。

（2）带负荷调试。断开电源，接好 FU_1，仔细检查主电路各熔断器的接触情况，检查各端子的接线情况，做好立即停机的准备。按下 SB_2，电动机应得电启动，转速上升，此时应注意电动机运转的声音；约 5s 后线路转换，电动机转速再次上升，进入全电压运行状态。

6. 思考与讨论

（1）三相异步电动机星形—三角形启动的目的是什么？

（2）时间继电器的延时长短对启动有何影响？

（3）采用星形—三角形启动对电动机有什么要求？

实训项目九　三相异步电动机的反接制动控制线路

1. 实训目的

（1）熟悉速度继电器的结构、工作原理及使用方法。

（2）掌握三相异步电动机反接制动的控制方法。

（3）培养电气线路的安装与操作能力。

2. 实训设备和器件

表 7.11　项目九实训设备和器件

序　号	电器名称	数　量
1	三相电源开关	1 个
2	交流接触器	2 台
3	热继电器	1 个
4	二位按钮	1 个
5	熔断器	5 个
6	一般电工工具	1 套
7	三相异步电动机	1 台
8	测速仪	1 台
9	制动电阻	1 个
10	速度继电器	1 个
11	导线	若干米

3. 实训原理

三相异步电动机反接制动控制线路的电气原理图如图 7.17 所示。

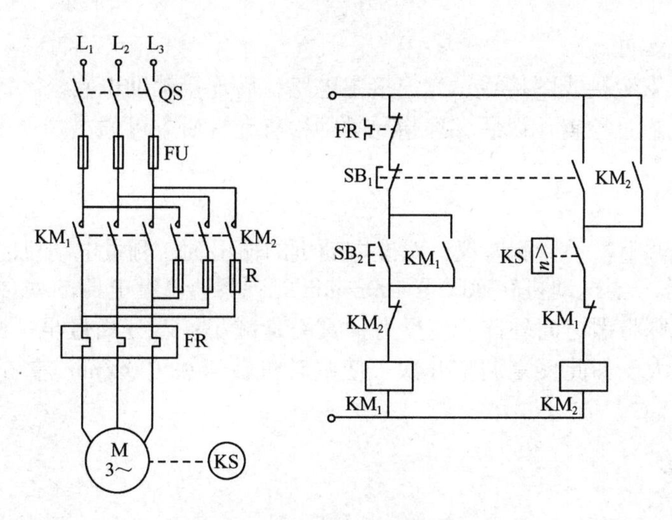

图 7.17　三相异步电动机反接制动控制线路的电气原理图

4. 实训内容和步骤

（1）熟悉电气原理图，分析控制线路的控制原理。

（2）绘制电气安装接线图，正确标注线号。

三相异步电动机反接制动控制线路的电气安装接线图如图 7.18 所示。

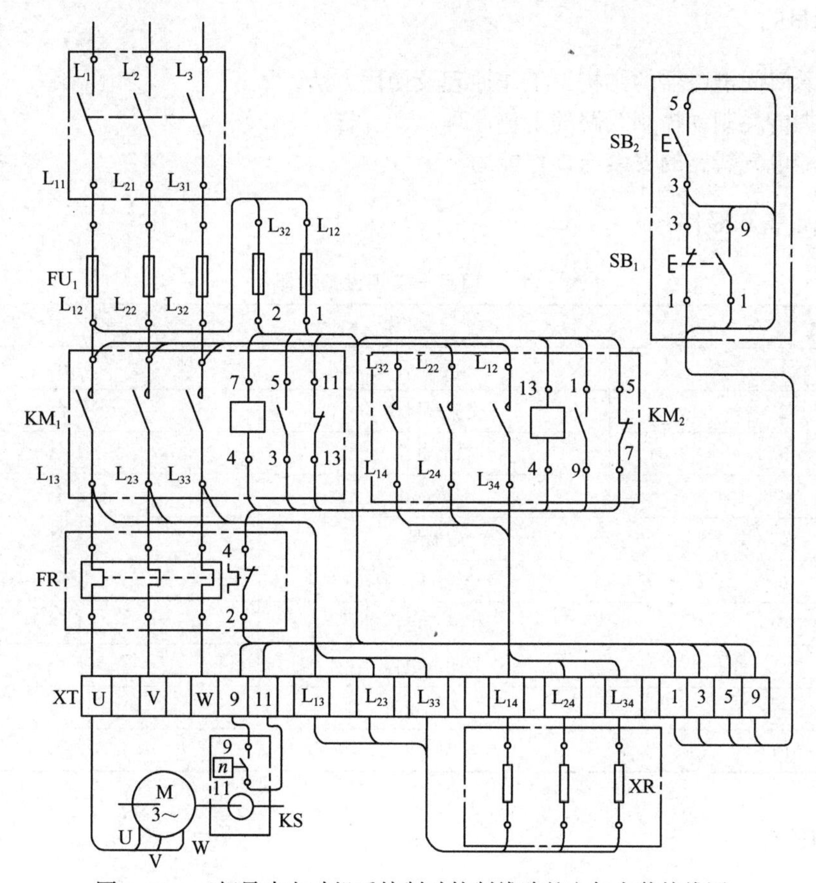

图 7.18　三相异步电动机反接制动控制线路的电气安装接线图

（3）固定电气元件。
（4）按照电气安装接线图接线。先连接主电路，后连接辅助电路。
（5）在接线完成且检查无误后，经指导教师检查允许后方可通电。

5. 检测与调试

速度继电器的调整：手持测速仪，对准电动机的输出轴，测量电动机的输出转速，按下 SB_1 使制动电路工作，当电动机转速降至 100r/min 时观察速度继电器的动合触点，看其是否分断。若不分断，则将螺钉向外拧，使反力弹簧力量减小；若分断过早，则将螺钉向内拧，使反力弹簧力量增大。如此反复调整几次，使电动机转速在 100r/min 左右时速度继电器的触点分断。

6. 思考与讨论

掌握制动电阻的选择方法。

实训项目十　三相异步电动机的能耗制动控制线路

1. 实训目的

（1）熟悉时间继电器的结构、工作原理及使用方法。
（2）掌握能耗制动控制线路的工作原理。
（3）培养电气线路的安装与操作能力。

2. 实训设备和器件

表 7.12　项目十实训设备和器件

序　号	电器名称	数　量
1	三相电源开关	1 个
2	交流接触器	2 台
3	热继电器	1 个
4	二位按钮	2 个
5	熔断器	5 个
6	一般电工工具	1 套
7	三相异步电动机	1 台
8	时间继电器	4 个
9	整流二极管	1 套
10	导线	若干米

3. 实训原理

如图 7.19 所示是能耗制动控制线路的电气原理图。当运转中的三相异步电动机脱离电

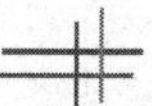

源后，立即给定子绕组通入直流电产生恒定磁场，此时正在惯性运转的转子绕组中的感生电流将产生制动力矩，使电动机迅速停转，这就是能耗制动。

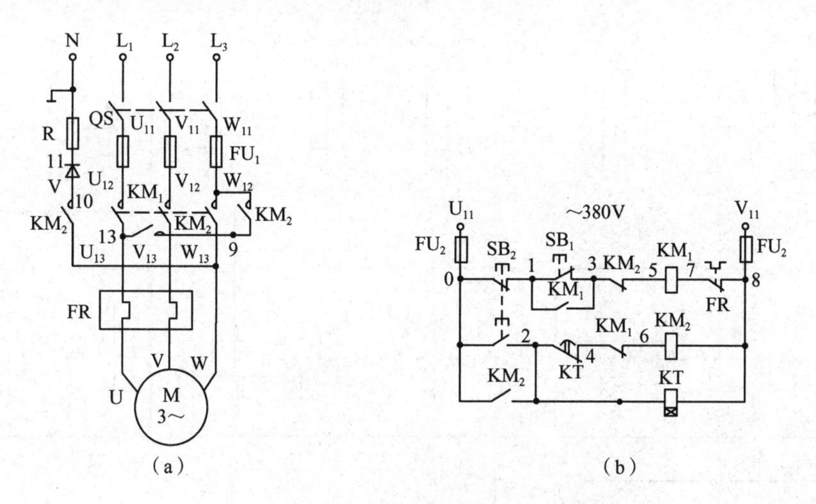

图 7.19　能耗制动控制线路的电气原理图

主电路由 QS、FU_1、KM_1和 FR 组成单向启动控制环节；整流器 V 将三相电源整流，得到脉动直流电，由 KM_2控制通入电动机绕组，显然 KM_1、KM_2不得同时得电动作，否则将造成电源短路事故。在辅助电路中由时间继电器延时触点来控制 KM_2的动作，而时间继电器 KT 的线圈由 KM_2的常开辅助触点控制。该线路由 SB_1控制电动机惯性停机（轻按 SB_1）或制动（将 SB_1按到底）。制动电源通入电动机的时间长短由 KT 的延时长短决定。

4. 实训内容和步骤

（1）识读与分析电气原理图。

（2）根据电气原理图绘制电气安装接线图，正确标注线号。电气元件的布局、位置与正反转控制线路相似。将 KM_2与 KM_1并列放置，按电气原理图规定标好 KM_1和 KM_2主触点的上下端子标号，再考虑走线方位，如图 7.20 所示。

（3）检查电气元件。按常规要求检查按钮、接触器、时间继电器等器件；检查整流器的耐压值、额定电流值是否符合要求；检查热继电器的热元件、触点是否完好，试验其保护动作是否正常。

（4）按照电气安装接线图规定将电气元件固定牢靠。

（5）连接导线。按照电气安装接线图上所标的端子号正确接好 KM_1、KM_2主触点之间的连接线，防止错接造成短路。辅助电路的 9 号线连接的端子较多，尤其注意所接的 KM_1联锁触点、KT 线圈及 KM_2自锁端子等，各部件的上、下端子不要接错，防止联锁失效造成电器误动作。

（6）检查线路。按常规要求初步检查主电路、电气元器件接线是否正确和牢靠，然后用万用表分别检查主电路、制动电路、辅助电路，再检查 KT 的延时控制功能。

（7）调试。在完成上述检查后，再检查三相电源及中性线，安装好接触器的灭弧罩，在指导教师的监护下进行调试。

① 空操作试验。断开 FU_1，切除主电路负荷，合上 QS，按下 SB_2，KM_1应得电并保持吸

合，轻按 SB_1 则 KM_1 释放。按下 SB_2 使 KM_1 动作并保持吸合，将 SB_1 按到底，则 KM_1 释放而 KM_2 和 KT 同时得电动作，KT 延时触点约 2s 左右动作，KM_2 和 KT 同时释放。

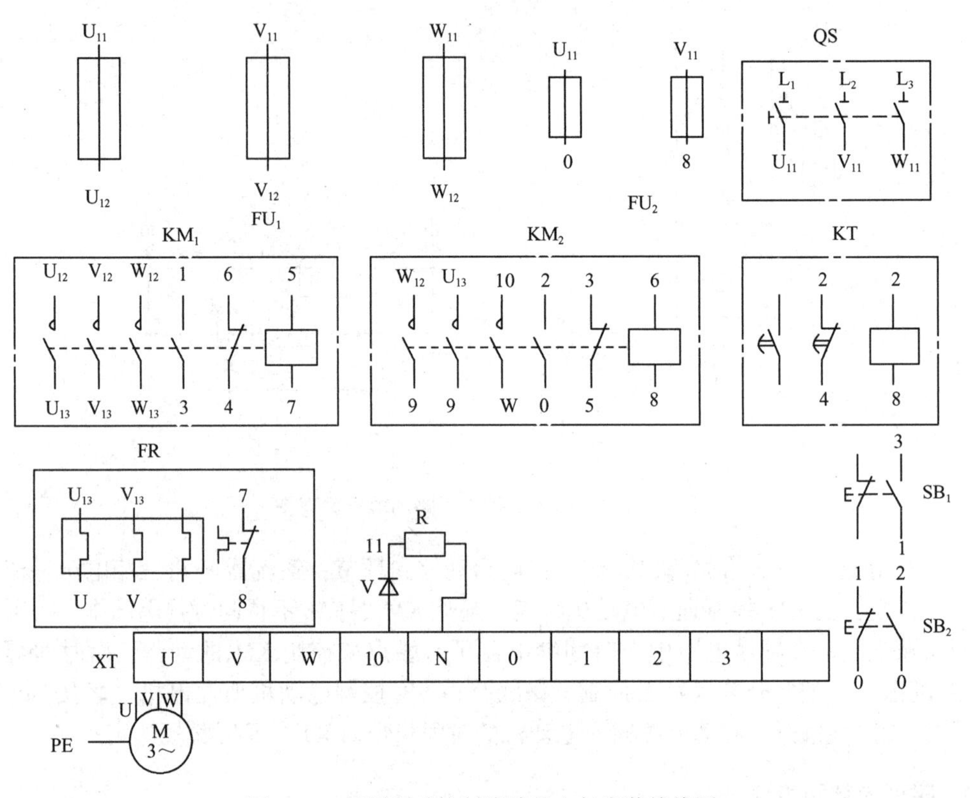

图 7.20 能耗制动控制线路的电气安装接线图

② 带负荷试验。切断电源，接通 FU_1，将 KT 线圈一端引线断开，并将 KM_2 自锁触点一端引线断开，合上 QS。

先检查制动作用。在启动电动机后，轻按 SB_1，观察 KM_1 释放后电动机能否惯性运转。在启动电动机后，将 SB_1 按到底使电动机进入制动过程，待电动机停转后立即松开 SB_1。稍等片刻（防止频繁制动引起电动机过载，避免整流器过热）再次启动和制动，并记下电动机制动所需的时间。

再整定制动时间。在切断电源后，按前一项测定的时间调整 KT 的延时，接好 KT 线圈及 KM_2 自锁触点的连接线，检查无误后接通电源。启动电动机，待达到额定转速后进行制动，电动机停转时，KT 和 KM_2 应刚好断电释放，反复试验调整以达到上述要求。试验时应注意启动、制动不可过于频繁，防止电动机过载及整流器过热。

由于在能耗制动控制线路中使用了整流器，因而在主电路接线错误时，除了会造成 FU_1 动作、KM_1 和 KM_2 主触点烧伤，还可能烧毁整流器。因此，试验前应反复核查主电路接线，并一定先进行空操作试验，直到线路动作正确可靠后，再进行带负荷试验，避免造成损失。

观察制动电流对制动时间的影响。将直流电流表和滑线变阻器接入制动控制线路中，调节滑线变阻器改变制动电流的大小，记录制动时间，将数据填入表 7.13 中。

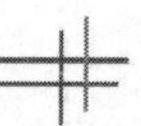

表　7.13

测量值 / 序号	$I_{ZD}\approx 0.8I_N$		$I_{ZD}\approx 1.5I_N$	
	I/A	t/s	I/A	t/s
1				
2				
3				
平均值				

5. 思考与讨论

（1）能耗制动的工作原理是什么？有何优缺点？

（2）总结安装电气控制线路的方法与工艺要求，以及判断电气控制线路故障的方法。

实训项目十一　三相异步电动机自动往复循环运动控制线路

1. 实训目的

（1）通过对自动往复循环运动控制线路的接线，加深对有一些特殊要求的控制线路的了解。

（2）掌握电动机自动往复运动的控制方法。

（3）熟悉行程开关的使用方法。

（4）培养电气线路的安装与操作能力。

2. 实训设备和器件

表 7.14　项目十一实训设备和器件

序　号	电 器 名 称	数　量
1	三相电源开关	1 个
2	交流接触器	2 台
3	热继电器	1 个
4	三位按钮	2 个
5	熔断器	5 个
6	一般电工工具	1 套
7	三相异步电动机	1 台
8	行程开关	4 个
9	接线端子板	1 个
10	导线	若干米

3. 实训原理

自动往复循环运动控制线路的电气原理图如图 7.21 所示，KM_1、KM_2分别为电动机正、反转接触器。

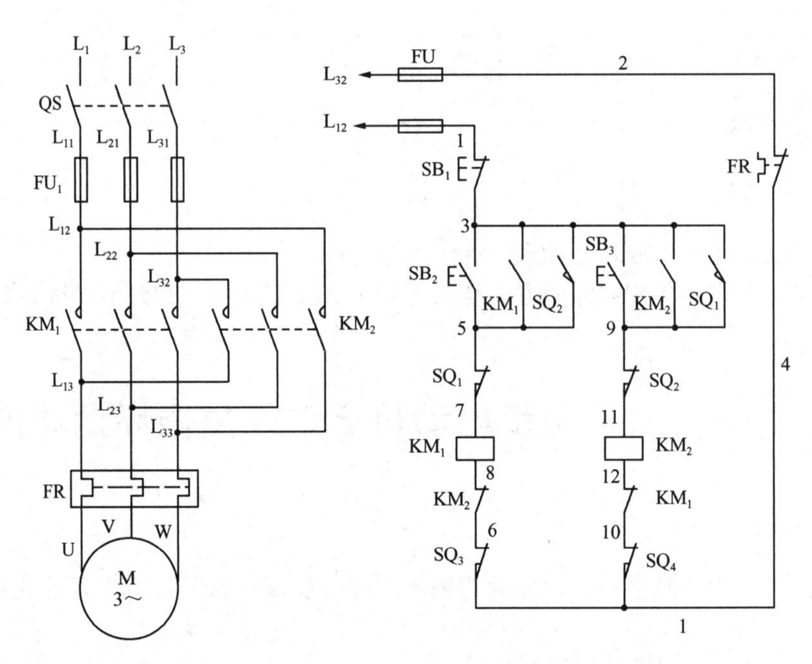

图 7.21　自动往复循环运动控制线路的电气原理图

4. 实训内容和步骤

（1）熟悉电气原理图，分析线路的控制原理。

（2）绘制电气安装接线图。本实训绘制好的电气安装接线图如图 7.22 所示。

（3）固定电气元件。

（4）按电气安装接线图接线。注意，接线要牢固，操作要文明。

（5）在接线完成且检查无误后，经指导教师检查允许后方可通电调试。

5. 注意事项

在接线完成后，要检查电动机的转向与行程开关是否协调。例如，当电动机正转（KM_1吸合），运动部件运动到需要反向的位置时，挡铁应该撞到行程开关 SQ_1，而不应撞到 SQ_2，否则，电动机不会反向，即运动部件不会反向。如果电动机转向与行程开关不协调，只要将三相异步电动机的三根电源线对调两根即可。

6. 思考与讨论

说明自动往复循环运动控制线路的方便性和安全可靠性。

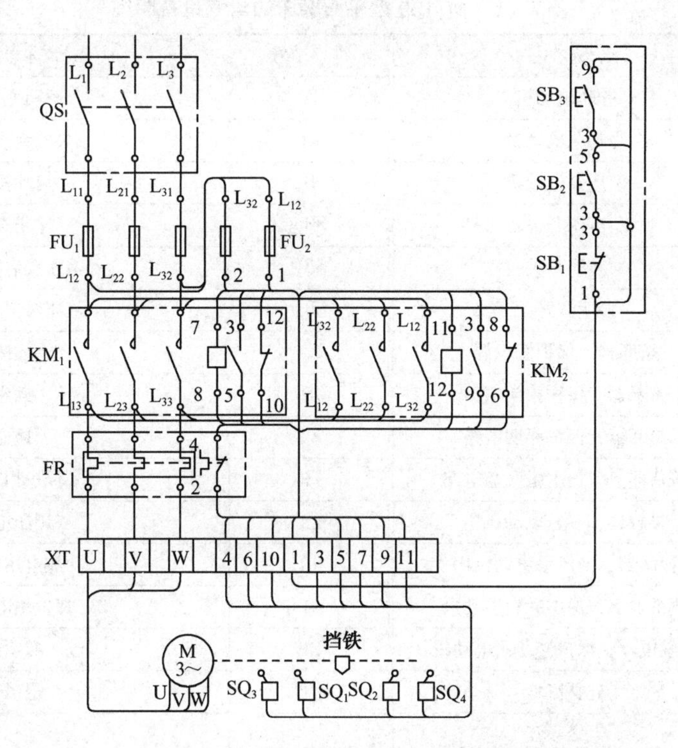

图 7.22　三相异步电动机自动往复循环运动控制线路接线图

实训项目十二　平面磨床电气控制线路故障判断

1. 实训目的

（1）识读平面磨床的电气原理图，熟悉平面磨床的结构和工作过程。

（2）进一步培养控制线路的故障分析与判断能力。

2. 实训设备和器件

根据教学实际，配备 M7130 型平面磨床或模拟设备一台、常用电工工具一套和常用低压电器若干只（备用）。

3. 实训原理

磨床是用来对工件的表面进行磨削加工的一种精密机床。平面磨床的主运动是砂轮的快速旋转运动，进给运动包括工作台的往复运动和砂轮的横向进给运动。

M7130 型平面磨床的电气原理图如图 7.23 所示。M7130 型平面磨床的电气设备明细如表 7.15 所示。

表 7.15　M7130 型平面磨床的电气设备明细

符　　号	名称与用途	符　　号	名称与用途
M_1	砂轮电动机	T_2	照明变压器
M_2	冷却泵电动机	KI	欠电流继电器
M_3	液压泵电动机	SB_1	启动按钮
QS	电源开关	SB_2	停止按钮
SA_2	转换开关	SB_3	液压泵启动按钮
SA_1	照明灯开关	SB_4	液压泵停止按钮
FU_1	熔断器，保护总电源	X_1	插座
FU_2	熔断器，保护控制电路	XS_2	插座
FU_3	熔断器，保护照明电路	X_3	插座
FU_4	熔断器，保护电磁吸盘电路	1R	保护用电阻
KM_1	接触器，砂轮电动机用	2R	调压电阻
KM_2	接触器，液压泵电动机用	3R	放电用电阻
FR_1	热继电器，保护砂轮电动机	C	保护用电容器
FR_2	热继电器，保护液压泵电动机	EL	照明灯
VC	硅整流堆	附件	退磁器
YH	电磁吸盘		
T_1	整流变压器		

4. 实训内容和步骤

在开始实训前，指导教师在平面磨床电气控制线路中人为地设置 2～5 处故障点，要求学生根据故障现象查找故障点。具体步骤介绍如下。

（1）熟悉机床的主要结构及对电气控制线路的要求。

（2）根据电气原理图，初步分析和判断故障范围及其原因，判断可能损坏的电气元件。

（3）在仔细观察有关电气元件的基础上，利用万用表进行电阻、电压的测量，从而进一步准确确定故障点。

机床电气控制线路都是由各种电气元器件和控制系统组成的，既有继电—接触器控制系统传统线路，也有由晶体管、集成电路及计算机构成的先进控制系统线路。要想准确判断控制系统的故障原因，必须首先对各种电气元器件的结构、控制系统的组成与工作原理了如指掌，同时还必须具有娴熟的维修经验，掌握一定的维修常识和方法。

对于机床电气控制线路的故障，一般采用观察→分析→测试→调试的顺序进行检查和排除。观察就是对机床电气控制线路进行外部直观检查，检查电气元器件有无损坏与烧焦现象；分析就是根据电气原理图分析和判断可能的故障原因，确定故障范围和故障点；对于可能的故障元器件要进行测试，利用万用表检查通路电阻和通电电压，从而进一步确定有故障的元器件。

（4）更换或修复故障元器件，同时注意避免进一步扩大故障范围。

（5）在教师的监护下通电调试。

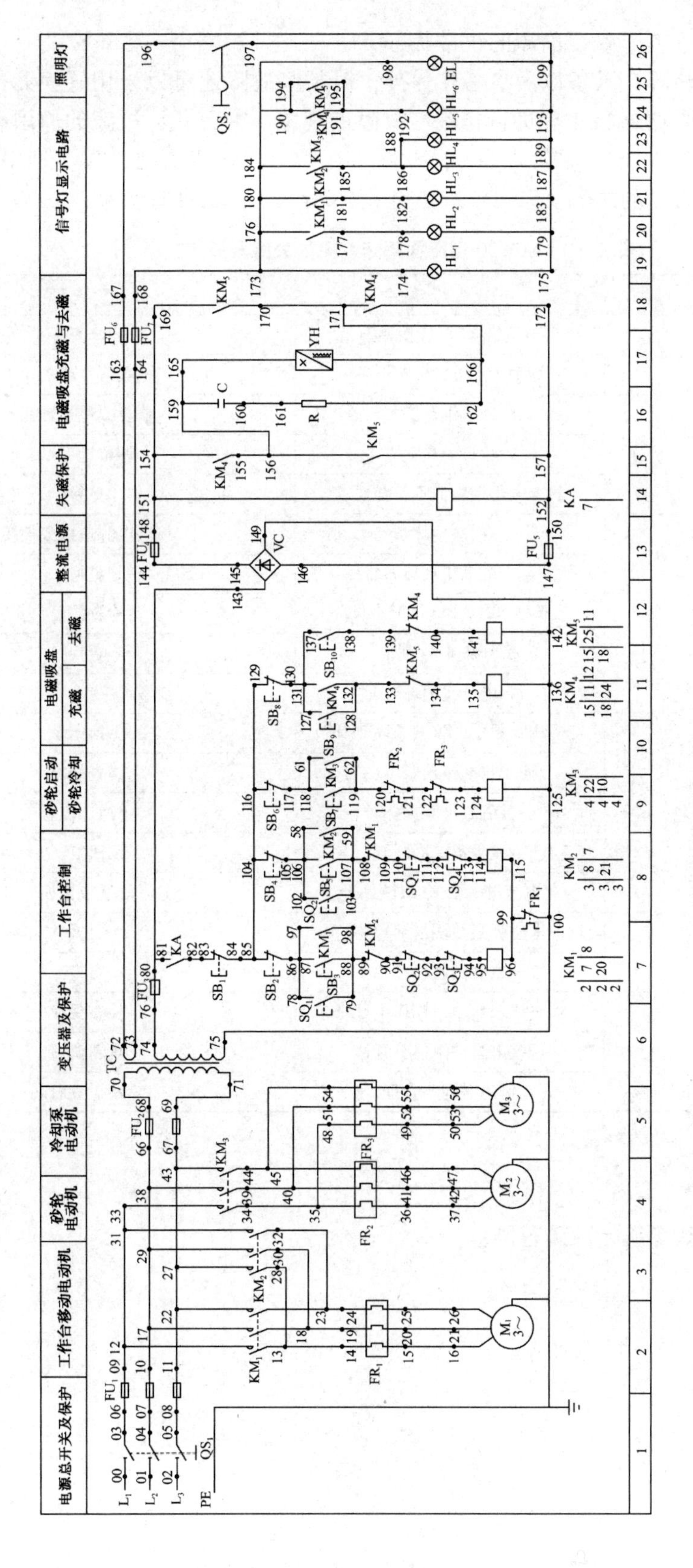

图 7.23　M7130型平面磨床的电气原理图

(6) 整理有关工具，恢复磨床的正常状态。

记录本次维修情况，以备以后参考。另外，对某些故障还可以采用置换元件法、对比法、逐步接入法及强迫逼和法等进行排除。故障的现象千变万化，故障的原因有时错综复杂，要迅速排除故障，就需要勤动手、多动脑，在学习中摸索方法，在实训中总结经验。M7130 型平面磨床常见的故障及原因分析如表 7.16 所示，供实训时参考。

表 7.16　M7130 型平面磨床常见的故障及原因分析

故障现象	故障原因分析	措　施
各种电动机都不能启动	欠电流继电器 KI 接触不良	修复
	转换开关 SA_2接触不良	检查修复或更换
砂轮电动机热继电器经常脱扣	电动机轴瓦磨损	修复或更换轴瓦
	砂轮进刀量太大	调整进刀量
	热继电器损坏或不符合要求	更换
冷却泵电动机不能启动	插座损坏	检查电源进线或插座
	电动机损坏	更换
液压泵电动机不能启动	按钮 SB_3、SB_4接触不良	检查修复
	接触器 KM_2损坏	更换
	电动机损坏	更换
电磁吸盘没有吸力	熔断器 FU_1、FU_2、FU_4损坏	更换熔丝
	插头与插座接触不良	检查修复
	整流二极管损坏	更换二极管
	电磁吸盘线圈断开	修复
	欠电流继电器 KI 线圈断开	修复或更换
电磁吸盘吸力不足	电磁吸盘线圈局部短路	更换
	整流装置损坏	更换
工件取下困难	转换开关 SA_2、电阻 R_2损坏	检查更换
	调整电阻的阻值不合适	重新调整
	退磁时间不合理	重新设置时间

5. 思考与讨论

如何根据故障现象确定故障范围？

附录A

常用的电气图形与文字符号

名　称		图形符号	文字符号
交流		 ～	AC
导线的连接		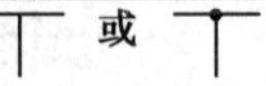 或	
导线的多线连接		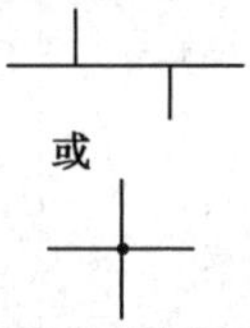 或	
导线的不连接			
直流电动机的绕组	换向绕组	 B_1　B_2	
	补偿绕组	 C_1　C_2	
	串励绕组	 D_1　D_2	
	并励或他励绕组	 并励 E_1　E_2 F_1　F_2 他励	
	电枢绕组	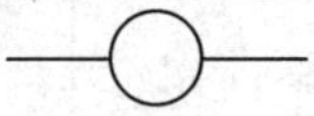	
三相笼型异步电动机		 M 3～	M
三相绕线型异步电动机		 M 3～	
串励直流电动机		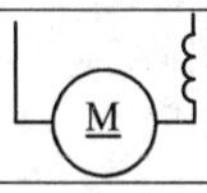 M	MD
他励直流电动机		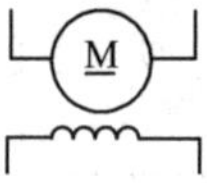 M	

名　称	图形符号	文字符号
接地		E
电阻的一般符号	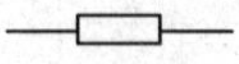	R
电容的一般符号		C
电解电容	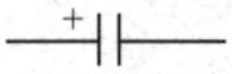 +	
半导体二极管	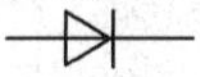	VD
发电机	G	G
直流发电机	G	GD
交流发电机	 G	GA
电动机	 M	M
直流电动机	 M	MD
交流电动机	 M	MA
单相变压器	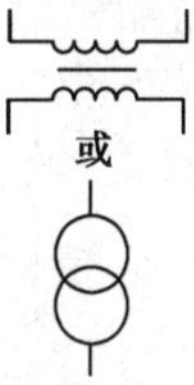 或	T
控制线路电源变压器		TC
照明变压器		T
整流变压器		
三相自耦变压器	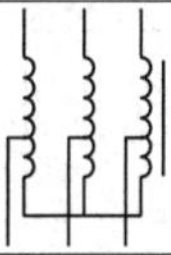	T
单极开关	 或	QS

续表

名　称	图形符号	文字符号	名　称	图形符号	文字符号
并励直流电动机	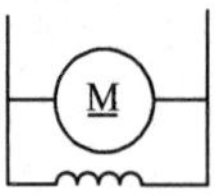	MD	具有动合触点但无自动复位的旋转开关	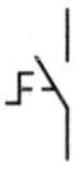	QS
复励直流电动机	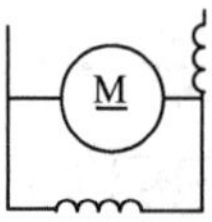		三极开关 组合开关	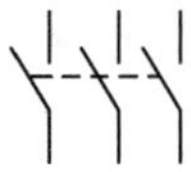	
三相断路器	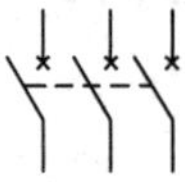	QF	手动三极开关	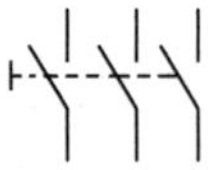	
熔断器		FU	按钮开关动合触点	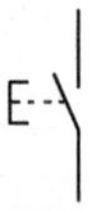	SB
行程开关动合触点		SQ	按钮开关动断触点	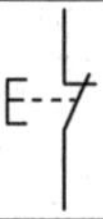	
行程开关动断触点			复合按钮	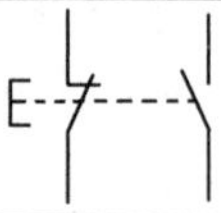	
接触器线圈	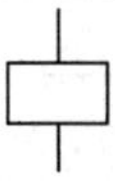	KM	中间继电器线圈	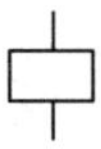	KA
接触器常开主触点			欠电压继电器线圈		KV
接触器常闭主触点			过电流继电器线圈	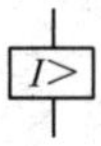	KI
接触器辅助触点			欠电流继电器线圈	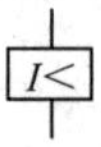	
继电器常开触点		相应继电器线圈符号	热继电器热元件	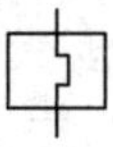	FR
继电器常闭触点			热继电器常闭触点		
速度继电器 转子		KS	时间继电器线圈	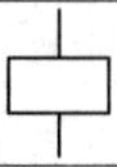	KT
速度继电器 常开触点	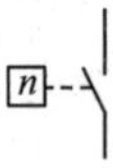		通电延时时间继电器线圈	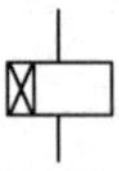	
速度继电器 常闭触点	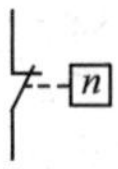		断电延时时间继电器线圈	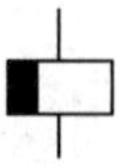	

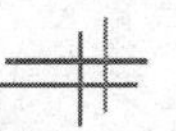

续表

名　称	图形符号	文字符号	名　称	图形符号	文字符号
电磁铁		YA	时间继电器延时闭合常开触点		KT
电磁吸盘		YH	时间继电器延时断开常闭触点		
接插器件		X	时间继电器延时断开常开触点		
照明灯		EL	时间继电器延时闭合常闭触点		
信号灯		HL	电抗器	或	L

举报电话：(010) 88254396；(010) 88258888
传　　真：(010) 88254397
E-mail：　dbqq@ phei. com. cn
通信地址：北京市海淀区万寿路 173 信箱
　　　　　电子工业出版社总编办公室
邮　　编：100036